この本に登場する屋久島の地名・施設名など

○スギ天然林試験地
1 「小花山」
2 「天文の森」
3 「二人だけの小径」
4 「花山」
5 「白谷」

世界遺産指定区域
針葉樹・広葉樹混交天然林
針葉樹天然林
ヤクタネゴヨウ分布地
周回道路

ヒズクシ峰（西部林道より）

栗生川河口（メヒルギ自生地）

破沙岳（平内地区より）

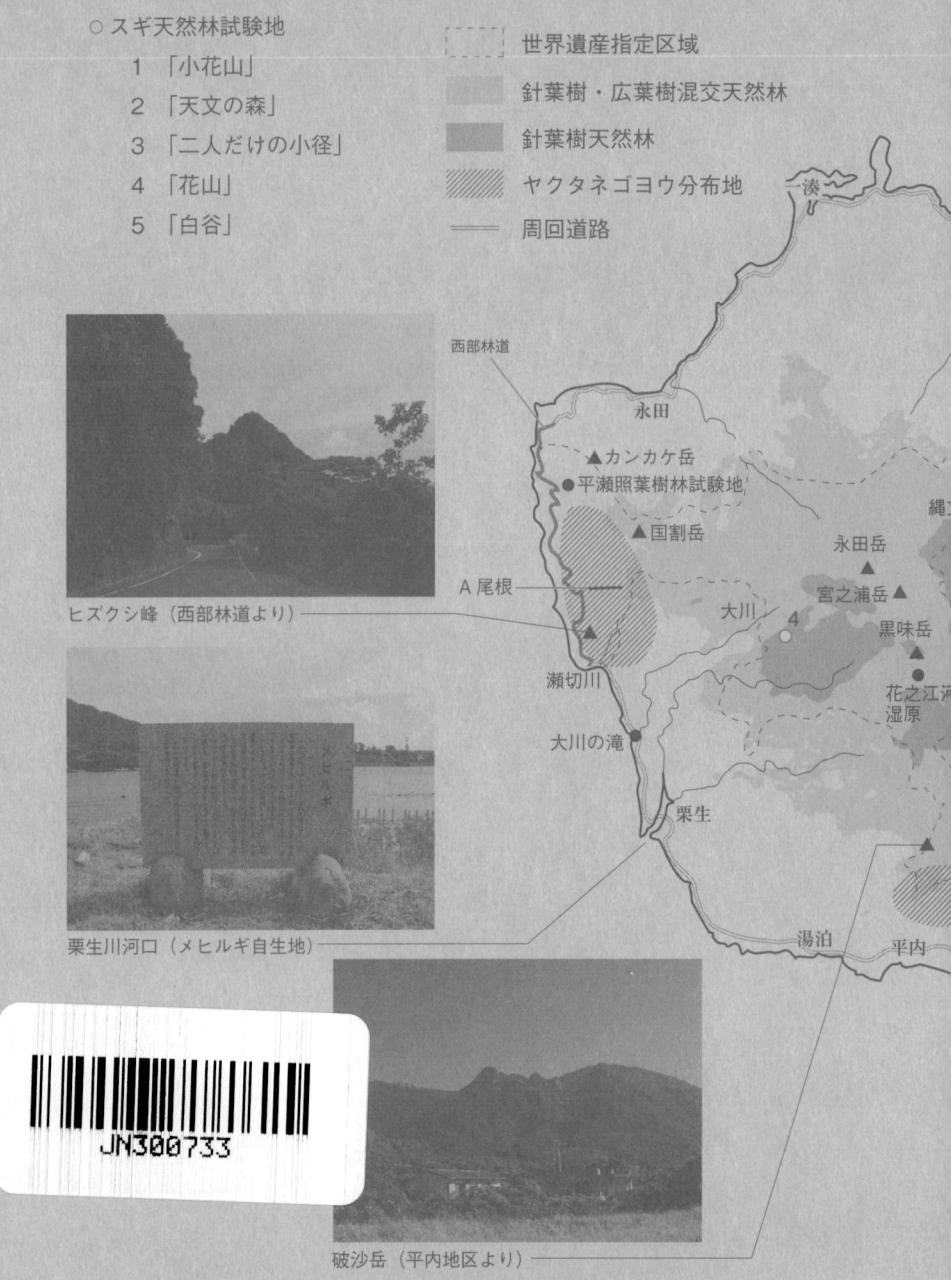

前ページ：霧にけむる縄文杉（撮影／谷 尚樹 2004年7月）
上：瀬切川右岸付近から栗生方面を見る。急峻な斜面に照葉樹林が発達する（撮影／永松 大 2004年4月）
下：黒味岳から花之江河湿原を見下ろす（撮影／金谷整一 2004年7月）
左ページ上：屋久島最高峰の宮之浦岳（標高1936m）。左奥に永田岳が見える（撮影／金谷整一 2004年4月）
左ページ下：明星岳展望台より奥岳を見る。冬期，奥岳では積雪が見られる（撮影／金谷整一 2005年3月）

上：西部林道から斜面を見上げる。枯死したヤクタネゴヨウの，白化した幹が林立する（撮影／金谷整一　2004 年 5 月）
中左：「鴻之峰」と名づけた母樹から得た種子から発芽した実生のようす。左側が他家受粉，右側が自家受粉の種子から芽生えたもの。自家受粉種子からの実生には色素異常の苗が多い。異常苗は，本葉が出る前にすべて枯れてしまう（撮影／金指あや子　1997 年 5 月）
中右：天然林下で見つけたヤクタネゴヨウの実生。芽生えて 3 年めの個体だった。幼木がなかなか見つからないのが心配だ（撮影／金谷整一　1997 年 11 月）
下：岩の上に生育する幼木（撮影／金指あや子　2003 年 5 月）

右：ヤクタネゴヨウの球果（まつぼっくり）（撮影／金谷整一　2004 年 5 月）
下：種子の出来具合を調べるため，裂開前の球果を採取する（撮影／金谷整一　2004 年 9 月）

上：小花山試験地で調査した切り株。江戸時代に伐られたものと考えられる。平木に加工するため，いびつな根元を避け，幹がまっすぐになる高い位置で伐っていた（撮影／吉田茂二郎　2005年9月）
中右：黒味岳の標高1800m付近に生育するスギ（撮影／金谷整一　2004年7月）
中左：黒味岳でDNA分析用の針葉を採取する（撮影／金谷整一　2004年7月）
下：スギの幼木は，倒木や切り株の上で成長しているのを見かけることが多い。こうした世代交代の様式を「倒木上更新」とよぶ（撮影／吉田茂二郎　1995年11月）

上：栗生川右岸の河口付近のメヒルギ群落。過去には，左岸に大きな生育地があった。右岸の群落も最近は衰退の兆候が著しい。メヒルギは植生の垂直分布のいちばん低い場所にあり，その役割を担える植物はほかにない（撮影／吉丸博志　2000 年 9 月）
右：発芽したメヒルギの胎生種子（撮影／金谷整一　2001 年 11 月）
左：生育地は満潮時には株元が海水に浸かるような汽水域（撮影／金谷整一　2000 年 11 月）

上：大木にからみついたアコウ。「しめころし植物」とよばれるイチジクのなかま（撮影／大谷達也）
左：カンカケ岳の岩場に咲くサツキ（撮影／金谷整一　2004 年 7 月）
右：周回道路沿いでよく見かける，サキシマフヨウの花（撮影／金谷整一　2004 年 10 月）

屋久島の森のすがた

「生命の島」の森林生態学

金谷整一・吉丸博志 編

謝辞

私たちの調査研究活動を進めるにあたり、いろいろな形でお世話になった皆様方に心よりお礼申し上げます（敬称略、五十音順）。

相川拓也、青柳慶子、明石孝輝、揚妻直樹、揚妻芳美、浅原友子、浅原瞳、東正明、穴井隆文、安部哲人、雨海千秋、荒田洋一、安藤公門、五十嵐哲也、池亀寛治、石川元、石原誠、市川聡、井手征男、出田元起、伊藤哲、伊藤義松、稲員優次、稲本龍生、井上正、井上信義、井上由扶、井原悦子、伊原徳子、今村義行、岩崎隆義、岩坪博秀、岩橋彩、牛島伸一、臼井陽介、浦辺菜穂子、浦辺誠、大島博文、太田敬之、大谷達也、大谷雅人、大津文次、大場孝裕、大森貢、大山末広、岡田愛、岡本守、小川有子、奥村学、樫村精一、梶本卓也、柏木光裕、香月茂樹、勝木俊雄、軽部動夫、川上哲也、川上利江子、川口エリ子、川野智美、川原田圭介、川又泰子、河原崎里子、神崎菜摘、菊地賢、菊地幸子、菊地泰生、木口実、北原文章、木下香里、木下大然、清岡清造、玉泉幸一郎、吉良今朝芳、九島宏道、楠本哲也、久原由美子、久保木哲郎、久保島吉貴、熊本啓介、久米篤、小柴美佐子、児玉秀一、小林律子、小柳剛、小山孝雄、近藤栄輔、齋藤明、斉藤俊浩、斎藤真己、早乙女達也、坂田幹人、坂本法博、坂本楽、佐藤崇之、佐藤保、鮫島功継、鮫島安豊、塩井孝、塩崎實、塩野宏佳、重留尚雄、柴田銃江、島田和則、島田健一、白拍子定雄、城田徹央、杉田高行、杉山正幸、鈴木敦史、鈴木利明、諏訪実、平英彰、高木鉄哉、高木秀雄、高木正博、高橋了、高橋宏美、武生雅明、田口由利子、田中憲蔵、田中成直、田中清公、田中信行、田中浩、谷尚樹、田内裕之、田村淳、田村省二、千吉良治、趙炳薫、辻野亮、手塚あずき、手塚歌野子、手塚木咲、手塚太加丸、手塚田津子、手塚夏実、手塚みお、寺川眞理、戸川誠、内藤洋子、奈尾正友、中内あゆみ、長倉淳子、長坂壽俊、中西誠、長野大樹、長野広美、中村徹、名越裕一、西川真理、丹羽花恵、野口悦士、野宮治人、野村末義、長谷川りえ、濱田辰広、早石周平、林重佐、原口隼人、東岡礼治、日下田紀三、平野毅、平山未来、廣田俊之、深田尊熙、福地晋輔、藤井新次郎、藤村早苗、布施健吾、古市康廣、細山田三郎、堀田満、堀野眞一、正木隆、松本薫、真鍋徹、丸山エミリオ、三浦真弘、水之浦義輝、湊貞行、南橋成、八木橋勉、安室正彦、山尾純一、山口恵美、山口桜、山崎貴之、森口喜仁、宮川茂則、村上素子、村山乙次郎、元村正彦、盛口満、山田英道、山中知恵、山部正富、山本千秋、山本博雄、吉井エリ、吉田明夫、吉田直樹、吉永直昭、吉村充史、吉村加代子、鷲尾紀子、和田裕介。

大分県立大分舞鶴高等学校、鹿児島県熊毛支庁、鹿児島県森林技術総合センター、鹿児島大学教育学部寺山自然教育研究施設、鹿児島大学農学部森林育種・保護学研究室、鹿児島大学農学部森林経理学研究室、上屋久町、環境省屋久島自然保護官事務所、九州大学農学部森林計画学研究室、九州大学農学部造林学研究室、財団法人屋久島環境文化財団、社団法人林木育種協会、仙巌園（磯庭園）、種子島開発総合センター（鉄砲館）、種子島・ヤクタネゴヨウ保全の会、独立行政法人森林総合研究所、中種子町、西之表市、南種子町、屋久島山水会、屋久島・ヤクタネゴヨウ調査隊、屋久町、屋久町立屋久杉自然館、有限会社種子島経済林業、林野庁屋久島森林管理署・屋久島森林環境保全センター。

屋久島と鹿児島を結ぶプロペラ機

はじめに

屋久島に向かう朝、鹿児島空港で乗り継ぎの合間をみてさつま揚げを試食し、ちょっといい気分になってプロペラ機に乗れば、霧島《きりしま》連山、桜島《さくらじま》、開聞岳《かいもんだけ》など鹿児島の名峰を眼下に見て、いよいよ屋久島に到着です。島の中央に聳《そび》える奥岳の峰々は、いつも雲の中に見え隠れして、空から見てもなかなかその全貌を見せてはくれません。地上に降り立つと、湿気を含んだ暖かい風がゆるやかに心地よく包み込んでくれます。

人口一万四〇〇〇人のこの島には、飛行機やフェリーで、年間三〇万人近い人々が訪れてきます。屋久島への来訪者のうちどれほどの人が山に入るかは定かではありませんが、年々増加していることは実感されます。山小屋に泊まって奥岳の峰々に登る人、日帰りで往復一〇時間も歩いて縄文杉《じょうもんすぎ》やウィルソン株に会いに行く人、ヤクスギランドや白谷雲水峡《しらたにうんすいきょう》の遊歩道を散策して清冽《せいれつ》な水と緑濃い森の入り口で森林浴を楽しむ人。日常の身辺にはない大きく深い森林に出会い、長久な森の歴史を感じて心動かされ、再び日常に立ち向かう力を与えられるような気がします。この豊かな森林が、いつまでも残ってほしいというのが多くの人の願いだと思います。

屋久島は深い森林の島です。その森林のコアとなる地域が平成五（一九九三）年に世界自然遺産に指定され、人類共有の財産として保護されることになりました。しかし、それは人間の社会制度の話であり、屋久島の森林はつねに変化を続けています。

有名な縄文杉に象徴されるスギが優占する湿潤な森林は、屋久島中央部の標高八〇〇メート

生育限界高度付近のスギ林

ル以上の地域にあります。しかし、じつはほとんどの地域が手付かずの原生林ではなく、江戸時代以降にかなり伐採された森林なのです。伐採から三〜四〇〇年ほどの時を経て立派に成長したように見える太いスギも、苔むした古い切株の太さにはまだまだおよびません。いま私たちが見る屋久島のスギ林は、人手が入る前の状態にまだ戻っていないのでしょう。この森林はいつごろどのくらい伐《き》られ、現在どのように変化しつつあるのでしょうか。

屋久島の海岸線に沿って一周する周回道路は明るくまぶしく、まさに南国です。この周回道路が島の西部にさしかかると、道幅が急に狭くなります。頭上は木々の梢で覆われて暗くなり、大型バスは通れません。ここは、貴重な照葉樹林《しょうようじゅりん》の中を横切る西部林道《せいぶりんどう》です。自然遺産の重要な要素であるこの照葉樹林は、どのような構造になっているのでしょうか。

この西部林道から鬱蒼《うっそう》とした照葉樹林に覆われた緑の山肌を見上げると、枯れて白骨化したヤクタネゴヨウの巨木がいたるところに見られます。屋久島と種子島《たねがしま》だけに分布するこの巨大なマツは、ゆっくりとしかし確実に絶滅の危機に直面しています。いまどのくらい残存し、その減少を防止する手だてはあるのでしょうか。

このように屋久島は様々なタイプの森林を抱いており、それぞれに自然の変遷と人間の営みの影響を受けながら、過去から現在への歴史を刻んできました。それらを一つずつ紐解いていくことで、世界遺産の屋久島を後世に受け継ぐ道筋が拓けてくると思います。

本書は、屋久島で発行されている季刊誌「生命の島」（屋久島山水会）に、平成一五（二〇〇三）年から平成一九（二〇〇七）年にわたり、「屋久島森林生態系」というシリーズで連載された記事を基にして修正・加筆したものに、幾人かの新たな執筆者に原稿を依頼して完成させたものです。執筆者は、森林生態学・森林経営学・遺伝学などの研究者、自然保護の活動を進める

花之江河湿原とスギ

ボランティア、森林を管理する行政機関の担当者など多岐にわたっていますが、屋久島の森林の良好な保全をはかるにはどうすればよいかという共通の目標に向けて、それぞれの立場から調査研究の概要、活動の足跡、森林管理の歴史と現状などをまとめています。

第一部では屋久島の概要、第二部でスギ天然林の成り立ちと変化、第三部でヤクタネゴヨウの危機、第四部で照葉樹林の特徴・マングローブの現状・台風の影響、第五部で森林を保全する民・官・学の役割と協働の試みをご紹介します。

屋久島の森林生態系に関しては、これまでにさまざまな書物が刊行されていますが、まだまだ未解明な部分が多く残されています。森林の深さと同じように、科学的な興味は尽きることはありません。本書は、屋久島の森林の魅力をより多くの方に知ってもらうために、なるべく中・高校生でも読めるわかりやすい解説を目指しました。もしかすると、その分だけ詳しさが欠けているかもしれません。より専門的な内容に興味のある読者の方には、巻末に参考文献の一覧を載せましたので、さらに読み進んでいただけると幸いです。

編　者

屋久島の森のすがた　生命の島の森林生態学

目次

ヤクタネゴヨウの部

屋久島の環境を知る　照葉樹林・マングローブ・台風の部

将来に向けて　森林生態系の保全にとりくむ

植物カット：手塚 賢至

屋久島とはどんな島

まずは、最初の二つの章で、屋久島の地形、
気候、動植物、森林、伐採利用と保護など、
おおまかな全体像を知ることから始めましょう。

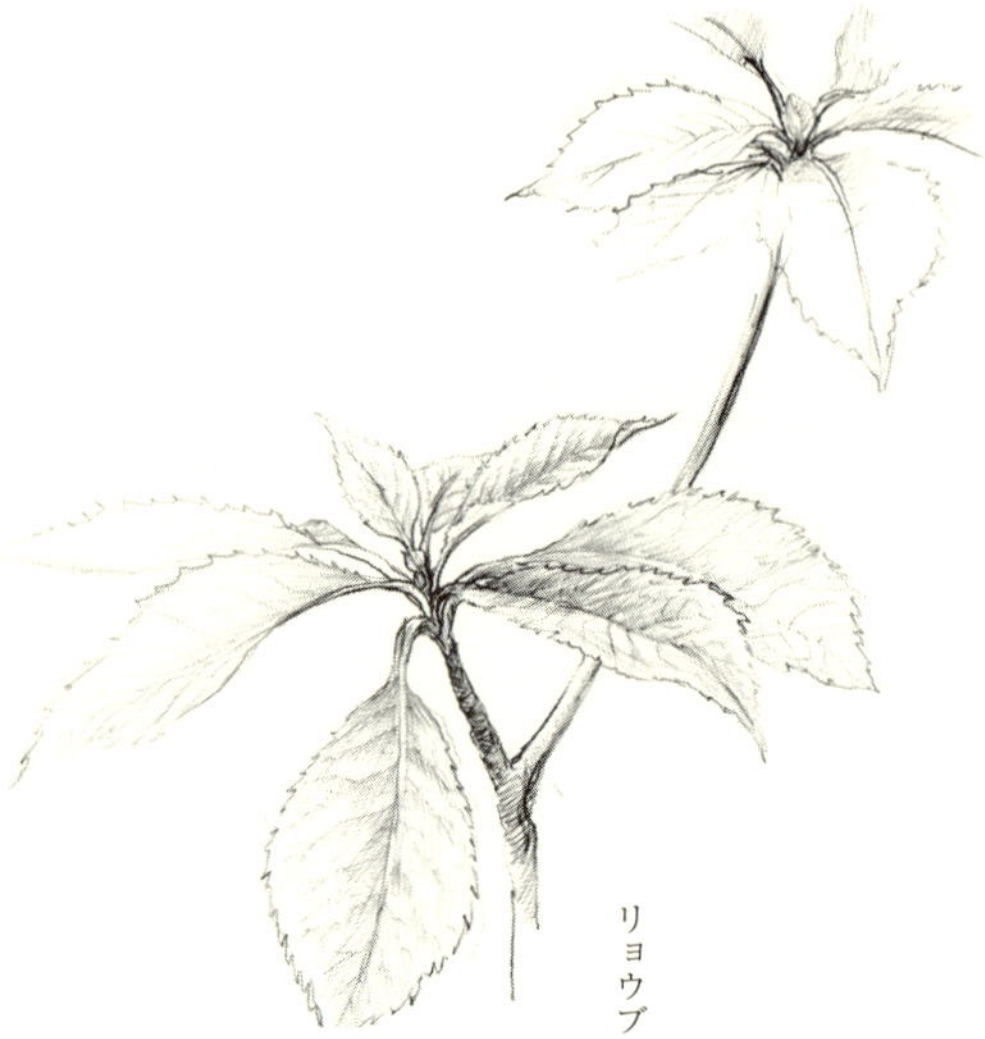

リョウブ

第一章　屋久島の自然と歴史

金谷整一・吉丸博志

屋久島の位置と大きさ

屋久島は、九州本土の最南端の大隅《おおすみ》半島佐多《さた》岬より南南西約六〇キロメートルの海上に浮かぶ、周囲が約一三二キロメートル、面積が約五〇五平方キロメートルの円形の島です。その大きさは、北海道、本州、四国、九州、北方領土（択捉《えとろふ》島・国後《くなしり》島）を除くと日本の島の中で七番目にランクされます。また屋久島は、九州最高峰の宮之浦《みやのうら》岳（標高一九三六メートル）を筆頭に、九州本土にはない標高一八〇〇メートルを超える山岳を七座も擁《よう》しており、日本で最も高い島でもあります。

屋久島の山岳部は、第三紀末期の約一四〇〇万年前、花崗岩の隆起によってできました。島の北西部を除き、この花崗岩を馬蹄形上に取り囲んでいるのが、屋久島の土台となっている熊《くま》毛《げ》層群です。約六〇〇〇万年前の新生代古第三紀には、九州の南東部はアジア大陸沿岸の海底に位置していました。この大陸から流れ込んだ土砂が堆積して、砂岩や頁岩等が幾重にも重なって熊毛層群が形成されました。屋久島の北東部二〇キロメートルの海上に位置する種子島では、大部分がこの熊毛層群で形作られています。

熊毛層群と隆起した花崗岩が接する部分は、花崗岩が上昇する際の熱の影響により変成し、ホルンフェルスという変成岩が形成されました。また花崗岩と熊毛層群の堆積岩の接触付近では、タングステンの鉱山が開かれ、大正時代から昭和五〇年代にかけて採掘が行われていました。屋久島最大の鉱山は、安房《あんぼう》にあった仁田鉱山で、採掘されたタングステンは電球や真空管等に利用されていました。

現在もマグマの上昇は、一〇〇〇年間で一メートルくらいの速度で続いているといわれており、屋久島は現在でも成長しているのです。このマグマの活動によって、火山島でない屋久島でも南部の尾之間《おのあいだ》（屋久島温泉）、平内《ひらうち》（平内海中温泉）、湯泊《ゆどまり》（湯泊温泉）では温泉が湧いており、人々はその恩恵を受けています。

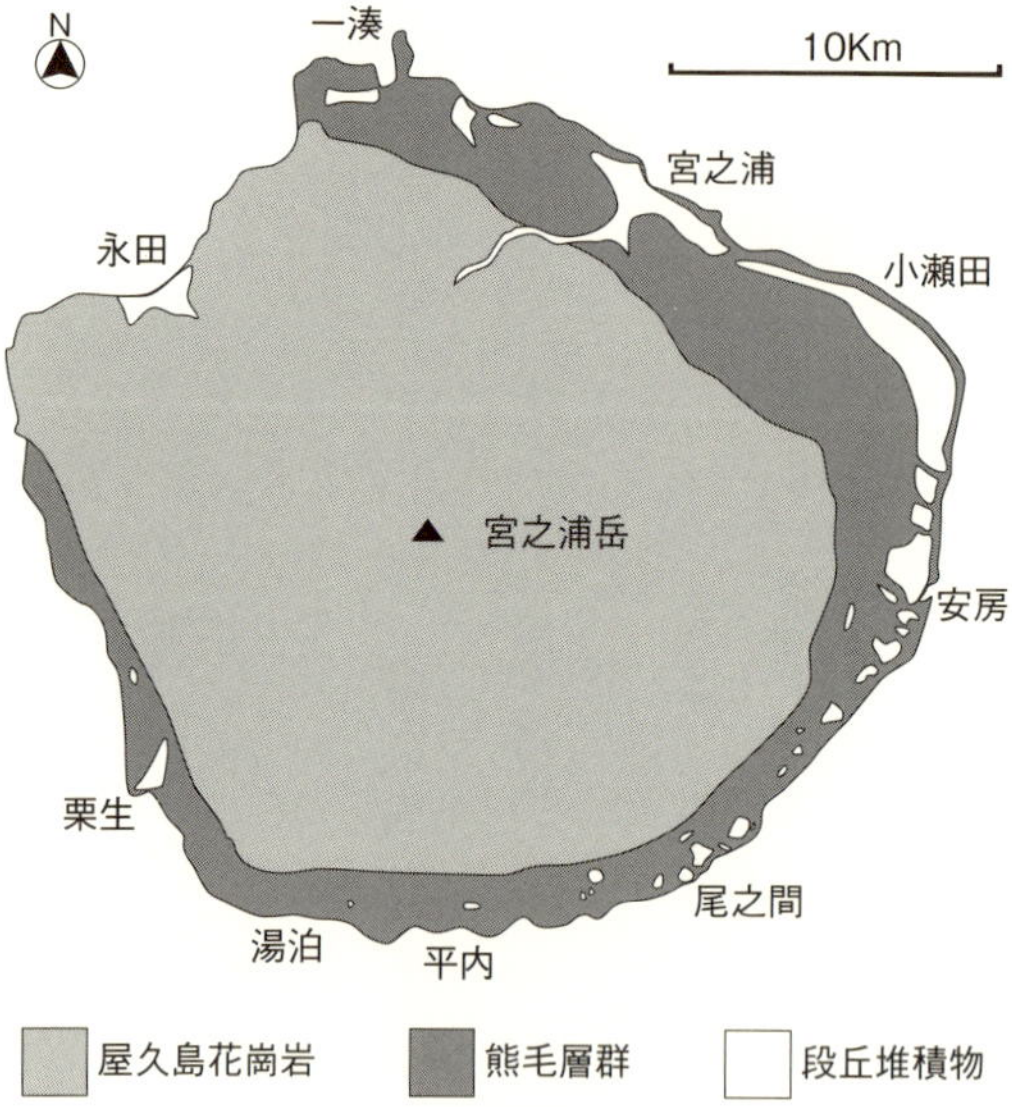

屋久島の地質[＊1]

また屋久島は、これまでに九州本土の阿蘇《あそ》カルデラや姶良《あいら》カルデラ等、周囲の火山噴火による火砕流や降灰の影響を受けています。約七三〇〇年前の[＊2]「幸屋《こうや》火砕流」は、屋久島の北北西四〇キロメートルにある鬼界《きかい》カルデラの大噴火によってもたらされました。この鬼界カルデラの噴火は、ここ一万年間で日本最大とされています。この火砕流や火山灰による堆積物は、屋久島全体を数十センチメートル～一メートルの厚さで覆っています。この鬼界カルデラの噴火は、現在の屋久島における動植物の分布に大きな影響を及ぼしたと考えられています。

屋久島の気候

「ひと月に三五日雨が降る。」と林芙美子の『浮雲』にある

＊１：岩松暉・小川内良人（一九八四）を改変。
＊２：暦年補正による推定。

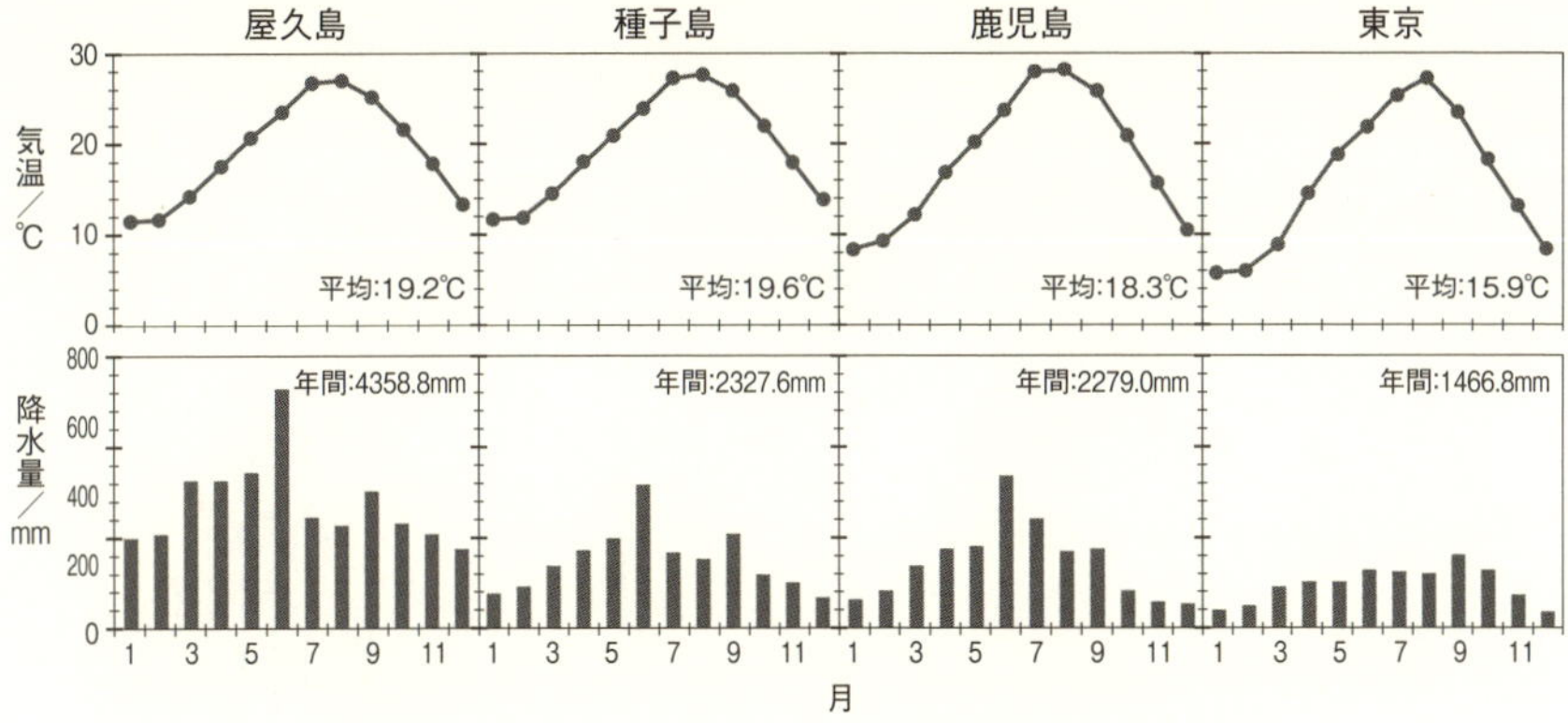

各地域における月別の平均気温と降水量の平年値

平年値は、昭和46（1971）～平成12（2000）年の30年間の平均。平年値は気象庁のホームページのデータを参考にした。

ように、屋久島は雨の多い島として有名です。屋久島は標高一〇〇〇メートル以上の山々を擁していることから、北上する黒潮の影響を受けた温かい水蒸気が、山の斜面を上昇する際に急激に冷却され雲になりやすいことが雨の多い要因です。

年間降水量は、東京では一四〇〇ミリメートル程度ですが、屋久島では平地で四〇〇〇ミリメートル前後、山間部では八〇〇〇ミリメートル以上に達します。屋久島内で降水量の分布は異なり、東部で多く西部で少ない特徴があります。低気圧や台風が南西海上にある場合、南東の風が吹きつけることから、東部から南東部を中心に多量の雨を降らせることになるからです。なお東部の小瀬田《こせだ》にある屋久島測候所（屋久島空港に併設：標高三七メートル）における年間降水量の平年値は四三五八・八ミリメートルであり、気象庁の観測点の中で最も多いそうです。

屋久島測候所における年平均気温は一九・二度で、冬でも〇度以下になることはありません。しかし、中央部の山岳地帯では、一〇月から翌四月にかけて雪に覆われ、一メートル以上積もることがあります。平成一七（二〇〇五）年一二月、標高一三〇〇メートル付近に分布する縄文杉の大枝が積雪の重みで折れてしまったことは、記憶に新しい出来事です。

気候帯の区分には、吉良が提唱した「暖かさの指数」が、よく用いら

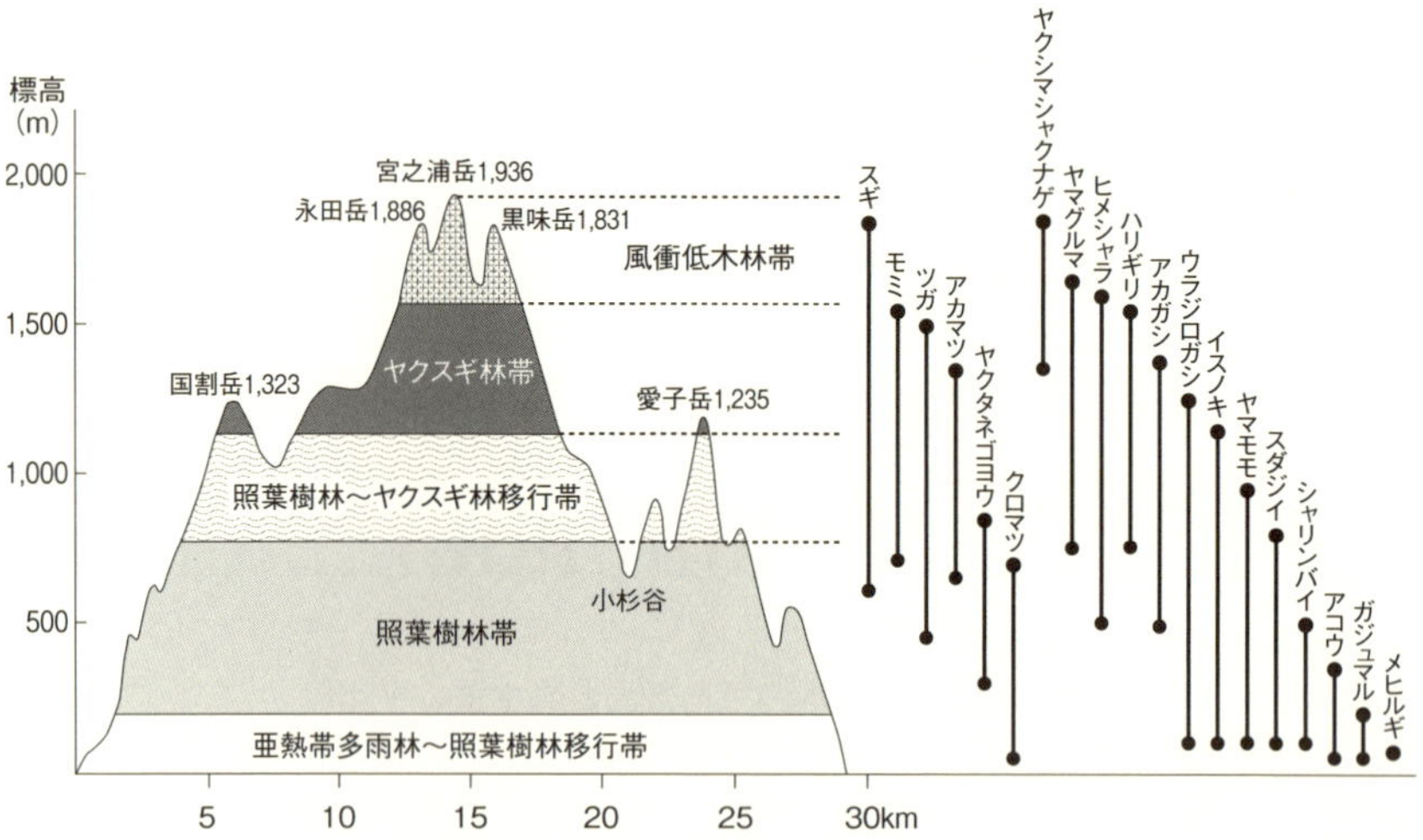

屋久島における植物の垂直分布[*5]

左側は、屋久島の標高の違いによる植生帯を示している。右側は、主要な針葉樹ならびに広葉樹の分布範囲を示している。

れます。[*3] この指数は、月別の平均気温が五度を超える月については五度を差し引き、平均気温が五度以下の月はゼロとして一年分を積算したものです。熱帯多雨林帯が二四〇度・月以上、亜熱帯多雨林帯が一八〇～二四〇度・月、照葉樹林帯が八五～一八〇度・月、夏緑樹林帯が四五～八五度・月、亜寒帯針葉樹林は一五～四五度・月、ツンドラ帯は〇～一五度・月と定義されています。

屋久島測候所の気象データから暖かさの指数を算出すると一七〇・二度・月となり、屋久島の低地は、亜熱帯多雨林帯から照葉樹林帯へ移行する境界付近になります。

屋久島の動植物

海岸部から急傾斜な標高一〇〇〇メートル前後の前岳《まえだけ》[*4]を経て、標高二〇〇〇メートルほどの奥岳《おくだけ》[*4]へと続く屋久島における植物の「垂直分布」は、非常に多様性に富み、「日本の植生の縮図」と言われています。屋久島では、標高によって各気候帯に区分できます。つまり標高〇～一〇〇メートルは亜熱帯から照葉樹林への移行帯、標高一〇〇～八〇〇メートルは照葉樹林帯、標高八〇〇～一二〇〇メートルは照葉樹林からヤクスギ林への移行帯、一二〇〇～一六〇〇メートルはヤクスギ林帯、標高一六〇〇メートル以上は風衝《ふうしょう》低木林帯となっています。

屋久島の垂直分布で特徴的なことは、北方系のブナやミズナラを中心とした夏緑樹林帯を欠くことです。すぐ北に位置する九州の大隅半島では、これら落葉広葉樹種の分布が確認されています。一方、海岸付近には亜熱帯を象徴するようなメヒルギやスナヅルといった南方起源の植物が分布しています。これには黒潮の流れが起因していると考えられ、屋久島と遠い南方の島々とのつながりを如実にあらわしています。

屋久島で自生が確認されている植物は一五〇〇種に達し、そのうち世界で屋久島だけにしか分布しない固有種が四七種、固有変（亜）種が三一種記録されています。[*6] また屋久島は、分布の北限種あるいは南限種も多く分布しています。

九州本土南端から沖縄を経て台湾に達する琉球弧にある島々は、氷期とよばれる冷涼な時期と、間氷期とよばれる温暖な時期の繰り返しによる影響を受けてきました。つまり、気候変動に伴う海水面の上下により、各島は他の島や大陸と地続きになったり離れたり、はたまた海中に沈んだりと様々な歴史を持っています。屋久島は、琉球弧の北端部に位置するため様々な植物の南下や北上の通り道となり、また周囲の島々にはない標高一〇〇〇メートル以上の山々を擁していることから、急激な気候変動時における北方系の植物の逃避地として役割を果たしたようです。そのため屋久島は、北限種や南限種、固有種を育める環境を多く含み、特異的な植生が遺っているのでしょう。この多様な植生から屋久島は、「植物の宝庫」や「生命の島」とも呼ばれています。

屋久島のように、過去に日本本土や大陸と陸続きであった歴史をもつ大陸島で、これほど固有種が多い島は類がありません。屋久島の植物相の多様さは、これまでの地史的あるいは地形

＊3：吉良（一九四九）。

＊4：屋久島では、島の外周の集落から見ることができる標高一〇〇〇メートル前後の山を前岳、中央部の一八〇〇メートル級の山々を奥岳と呼んでいる。

＊5：熊本営林局・屋久島森林環境保全センター（一九九六）を改変。

＊ 6 ： Yahara *et al.* (1987)

ヤクシカ

的な背景に加え、山岳部で年間八〇〇〇ミリメートルにも達する豊富な降水量に支えられた様々な気候帯によって、醸成されたことは間違いありません。

一方、植物と同様に、ヤクシカやヤクシマヒメネズミ等の「ヤクシマ」を冠した屋久島固有の動物（哺乳類・鳥類・昆虫類）が分布しています。特に屋久島の多くの哺乳類は、九州本土と比較して小さく、亜種や固有種として位置づけられています。またウサギやイノシシ、タヌキ等の大型哺乳類が分布しないことも特徴の一つといえます。これは植物と同様に気候変動に伴う海水面の上下により、移動が制限された結果と考えられています。

しかしながら、最近では、屋久島各地でタヌキの出没が確認されており、人為的に持ち込まれたものとみられています。屋久島に分布しないはずのタヌキは雑食性で、屋久島の森林生態系に及ぼす影響が懸念されています。

屋久島の森林を代表する針葉樹―スギ・ヤクタネゴヨウ―

屋久島には、モミ、ツガ、クロマツ、アカマツ、スギ、ヒノキ等、ここを南限の地とする針葉樹が自然分布しています。その中で世界遺産の屋久島を代表する樹木はなんといっても、縄文杉などの巨木・著名木で知られるスギであることは間違いありません。

スギといえば、日本の人工林で最も多く植栽されている造林樹種です。また近年では、春先に全国的な問題となっているスギ花粉症の原因植物としても有名で、厄介者の扱いを受けています。一方、屋久島では森林生態系の重要な一員であると同時に、経済的あるいは観光的な資源としての役割を担っています。

ウィルソン株

屋久島最大のスギの伐根。地上 4.5 mの高さで伐られている。根まわりは 32 mもある。

屋久島でスギは、樹齢一〇〇〇年以上を「ヤクスギ」、一〇〇〇年未満を「コスギ」と区分して呼ばれています。屋久島のスギは、標高六〇〇～一八〇〇メートルに自然分布していますが、「ヤクスギ」といわれる巨木は標高一〇〇〇メートル前後に多くみられます。

また、屋久島の森林にとって忘れてはならないのが、西部地域に広がる照葉樹林です。特に国割岳《くにわり》（一三二三メートル）西斜面では、海岸から山頂まで垂直分布を一望できるポイントがあります。その照葉樹林の林冠から、ポツポツと突き出ている白骨木を見ることができます。この白骨木は、枯れてしまったヤクタネゴヨウ（屋久種子五葉）というマツです。

ヤクタネゴヨウは、その名が示す通り屋久島と種子島にのみ自生し、胸高直径三メートル、樹高三〇メートル以上にも達するマツ属の常緑高木です。ヤクスギとならんで屋久島を代表する針葉樹と言っても過言ではありません。ヤクタネゴヨウは、屋久島では標高二五〇～九〇〇メートルに分布し、その多くが照葉樹林帯に含まれています。現在では、屋久島で一五〇〇～二〇〇〇個体、種子島で三〇〇個体ほどしか分布し

ヤクタネゴヨウの枯死木。

ていないと推定されています。そのため絶滅の危険性が高いことから、環境省のレッドデータブックでは、「絶滅危惧ⅠB類」にランクされています。

この希少なヤクタネゴヨウは、一般の方々が直接見る機会は少ないでしょうが、鹿児島市の仙巌園《せんがんえん》（通称：磯庭園《いそていえん》）や種子島の西之表市立種子島開発総合センター（通称：鉄砲館《てっぽうかん》）では、間近で見ることができます。磯庭園では、御殿前に植栽されている巨大なヤクタネゴヨウを、雄大な桜島と錦江湾《きんこうわん》を背景に眺めることができます。鉄砲館では、残念ながら昭和二二（一九四七）年に枯死してしまったヤクタネゴヨウなのですが、西之表市万波に実在した「七尋五葉《ななひろごよう》」と呼ばれる過去最大（胸高周囲一二メートル）の個体の伐根（本物）と根元のレプリカが常設展示されています。またヤクタネゴヨウで製作された丸木舟も展示され、その製作過程や利用についての紹介もあり、人々の生活との関わりも知ることができます。

伐採利用・保護の歴史

屋久島におけるスギの伐採利用については、一六世紀半ば以降から歴史上の文献に見ることができます。一六世紀末以降、屋久島を直接統治するようになった薩摩藩島津氏は、屋久島の森林資源の豊かさに着目し、その伐採流通を制限しました。しかし、一七世紀半ばには、屋久島出身の儒学者の泊如竹[*7]によってスギ利用の献策があり、宮之浦に奉行所が設置され組織的な伐採が始まりました。

伐採されたスギは、その現場で「平木《ひらき》」とよばれる、長さ四八センチメートル、幅一〇センチメートル、厚さ七ミリメートルほどの薄板に加工され搬出されました。この平木は、屋根を

＊7：とまり・じょちく（一五七〇～一六五五）江戸時代の儒学者。

屋久島の森林生態系に関する年表

年号	出来事
永禄 6 (1563)	・日秀上人が大隅正八幡宮（鹿児島神宮）を改築するため、スギ等を伐採したとされる。
天正 14 (1586)	・京都の方広寺（文禄 4 年完成）大仏殿建立のため、島津氏より樹齢 3000 年のヤクスギが豊臣秀吉に献上され、その一つがウィルソン株だといわれている。
文禄 4 (1595)	・島津氏の領地繰替により、屋久島を領していた種子島氏が薩摩国知覧に移され、島津以久が領した。 ・屋久島の支配権を握った島津氏は、「屋久島置目」を出し、島外・他国への材木の持ち出しを禁止した。
慶長 4 (1599)	・種子島氏を元の所領の種子島に戻したが、屋久島と口永良部島は島津氏の直領のままであった。
寛永 17 (1640)	・この頃、儒学者泊如竹がヤクスギの資源に着目し、島津氏へ伐採を献策したといわれる。
寛永 19 (1642)	・島津氏は、屋久島に代官を置いた。組織的なヤクスギの伐採開始となった。
元禄 6 (1693)	・屋久島奉行を置いて、伐採から搬出まで厳しく規制し、平木（屋根を葺く板）を米に代わる年貢として納めさせた。
享保 13 (1728)	・島津氏は、「屋久島手形所規模帳」により、屋久杉等の取り扱いに関する基準を作った。
文化 5 (1808)	・スギの蓄積量の減少を考慮して「屋久島条令」を出して、伐採（山稼）を制限した。
天保 14 (1843)	・漁業への転業者が増加したため、「山稼奨励達書」が出され、スギの蓄積量の調節が図られた。
明治 2 (1869)	・版籍奉還により、島津氏所有の山林は明治政府の官林（国有）とされ、鹿児島県令の管轄となった。
明治 4 (1871)	・鹿児島県令の大山綱良が、大阪商人の中野清吉と島田文次郎に屋久杉伐採の許可を与えた。後に、平川風之助が、伐採の権利を譲り受け、事業を遂行した（明治 10 年、西南戦争のため事業は中絶）。
明治 12 (1879)	・地租改正（明治 7 年、開始）により、全面積の 95%（山林の 98%）が官有地となった。
明治 14 (1881)	・農商務省山林局が設置された。
明治 15 (1882)	・鹿児島山林事務所宮之浦出張所（屋久島部、種子島部）が設置された。 ・官林調査が行われた。
明治 19 (1886)	・鹿児島山林事務所は鹿児島大林区署となり、宮之浦派出所が設置された。
明治 22 (1889)	・官民有林境界踏査が行われ、各地の民有地が官有地に編入された。
明治 23 (1890)	・「民有林山林御引戻願」が提出された。
明治 24 (1891)	・宮之浦派出所は、屋久島小林区署に格上げとなった。 ・盗伐の監視を行うため、宮之浦、小瀬田、安房、原、平内、栗生、一湊、永田の 7 カ所に保護区（監視所）が設置された。
明治 26 (1893)	・鹿児島大林区署が廃止となった。
明治 32 (1899)	・「国有土地森林原野下戻法」が公布された。

葺《ふ》く材料として用いられ、山岳島であり平地が少なく米の生産に適していない屋久島では、米の代わりに年貢として納められていました。

平木の製作には、幹がまっすぐで空洞がない木が選ばれました。一方、曲がった木や瘤《こぶ》のある木、樹幹の中が空洞になっている木などは平木製作に適しておらず、伐採の対象外でした。現在、残っているヤクスギ巨木の多くは、江戸時代に伐採されなかったものです。

明治時代以降、屋久島のほとんどが国有林に組み込まれ、スギの伐採は継続されました。奥岳の大規模開発の前線基地として、また島民の雇用の場として、安房川上流の標高六四〇メートル付近に開設された小杉谷《こすぎだに》事業所の役割は、非常に重要でした。小杉谷事業所が稼働した大正一二（一九二三）年から昭和四五（一九七〇）年の約五〇年間は、スギ利用の歴史において最も激しく伐採が行われました。特に戦後は、復興による木材需要の高まりや、チェーンソーの導入で伐採量が飛躍的に増大しました。

また前岳周辺でも、薪炭材への利用の他、戦後はパルプ材として照葉樹林も大量に伐採され、その跡地にはスギが植林されました。

屋久島ではヤクタネゴヨウについて、どれくらい伐採利用されたかという詳しい資料はみられませんが、ヤクタネゴヨウで造られた臼《うす》が現在でも利用されていることが確認されています。一方、種子島のヤクタネゴヨウは、江戸時代には藩の御用木として保護管理されていましたが、明治時代以降に丸木舟の用材として、戦後は建築材として伐採されたとの記録があります。これらのことから、屋久島のヤクタネゴヨウについても、人々の生活に利用されていたのでしょう。

屋久島の森林は、伐採されたという歴史だけを持っている訳ではありません。文化五

明治 33 (1900)	・上屋久、下屋久の両村は下戻申請を提出した(明治 36 年、申請は不許可)。
明治 37 (1904)	・土地官民区分を不服とする島民から、国有林下戻訴訟が起こされた(大正 9 年、住民敗訴が確定)。
大正 3 (1914)	・ウィルソン株の由来となったアメリカの植物学者 E.H. ウィルソン博士が来島し、屋久島の植物を世界に紹介した。
大正 9 (1920)	・田代善太郎は、内務省より委嘱された「屋久島天然記念物調査」を開始した(～大正 12 年)。
大正 10 (1921)	・「屋久島国有林経営の大綱(いわゆる屋久島憲法)」が制定され、前岳部分の国有林 7,000ha を委託林として設定し，その保護を地元に委託し，住民の利益になるように、その代償として一定の林産物の譲与を行うこととした。 ・宮之浦岳周辺から愛子岳、モッチョム(本富)岳、国割岳に至る稜線沿い 4,278ha に学術参考保護林が設定され、伐採は禁止された(これらの地域は後に、天然記念物や国立公園特別保護区に指定される)。
大正 11 (1922)	・農商務省が、屋久杉学術参考保護林 4,343ha を設定した。
大正 12 (1923)	・屋久島小林区署は、上屋久小林区署と下屋久小林区署とに分離された(大正 13 年、営林局署官制公布により、それぞれ熊本営林局上屋久営林署、下屋久営林署となる)。 ・安房～小杉谷間に森林軌道(16km)が完成し、「安房官行斫伐所(後の小杉谷事業所)」が設置され、奥岳の大規模開発が開始された。 ・「屋久島国有林施業計画」が策定され、国有林としての経営が本格的に開始した。
大正 13 (1924)	・内務省は、「史跡名勝天然記念物法(後の文化財保護法)」によって、「屋久島スギ原始林」を国の天然記念物に指定した。
大正 15 (1926)	・沿岸林道の設置が開始された。
昭和 5 (1930)	・下屋久沿岸林道(42km)が完成した。
昭和 7 (1932)	・上屋久沿岸林道が完成し、島内 81.6km が開通した。
昭和 12 (1937)	・軍事用木材として、国有林の伐採が始まった。
昭和 20 (1945)	・太平洋戦争後は、住宅建設等復興のため木材需要が増大した。
昭和 22 (1947)	・国有林野事業が、特別会計の独立採算制となった。
昭和 26 (1951)	・戦後の復興資材の需要を満たすため、奥岳の大部分が森林開発の対象地域に組込まれ、全面皆伐とスギ植栽が行われた。 ・国有林野法の改正で，委託林は共用林野に切り替えられ，地元による共用林組合(上屋久町 8 組合，屋久町 12 組合)が設立された。 ・(株)明生木材(後に(株)明生林業、昭和 22 年設立)が競売により、西部地域の土地を所得した。
昭和 29 (1954)	・「屋久島スギ原始林」は、国の特別天然記念物に指定替えされた。
昭和 31 (1956)	・小杉谷事業所に九州最初のチェーンソーが導入された。
昭和 32 (1957)	・「国有林経営合理化大綱」により、国有林生産力増強計画が策定された。
昭和 33 (1958)	・従来禁伐とされていた樹齢 800 年以上の屋久杉も伐採対象となった。

花山原生林。原生自然環境保全地域に指定されている。

（一八〇八）年に島津氏は、スギの蓄積量の減少を考慮して、伐採を制限しています。明治時代以降は、屋久島の森林生態系は貴重なものとして認識され、様々な保護の施策が講じられてきました。すなわち、大正一一（一九二二）年に国有林において学術参考保護林が設定されたのを皮切りに、大正一三（一九二四）年に「屋久島スギ原始林」が国の天然記念物へ指定（昭和二九（一九五四）年に特別天然記念物に指定替え）、昭和三九（一九六四）年に国有林の約半分が国立公園へ編入されました。その後は、昭和五〇（一九七五）年に花山《はなやま》地域が原生自然環境保全地域へ指定され、昭和五八（一九八三）年に生物圏保護区への指定、平成四（一九九二）年に学術参考保護林の再編・拡充により森林生態系保護地域の設定が行われてきました。そして平成五（一九九三）年一二月、白神山地とともに世界自然遺産地域に日本で最初に登録されました。これにとどまらず、平成一四（二〇〇二）年には、国立公園の見直しが行われています。

昭和 35 (1960)	・「屋久島林業開発計画」が策定され、生産力増強のため天然林を皆伐し、その大部分をスギ人工林へ転換した。
昭和 36 (1961)	・県、町、地元集落の出資により、(社) 屋久島林業開発公社が設立された (平成 11 年に (社) 鹿児島県林業開発公社と合併し、(社) 鹿児島県森林整備公社となった)。
昭和 37 (1962)	・広葉樹パルプの需要が急増したことから、広葉樹を中心に木材生産量が、ほぼ倍増となった。
昭和 38 (1963)	・製紙会社 7 社によって (株) 屋久島森林開発 (昭和 61 年解散) が設立され、伐採量がさらに増加した。
昭和 39 (1964)	・厚生省が、18,000ha の国有林 (国有林の 47%) を、「霧島国立公園」に組込み「霧島屋久国立公園」とした。うち特別保護区は、6,058ha であった。
昭和 40 (1965)	・営林署が、トロッコ運材を廃止した。
昭和 41 (1966)	・縄文杉が、岩川貞次氏によって発見された。
昭和 42 (1967)	・昭和 39 年に着工された永田〜栗生間 (西部林道) が開通し、島一周道路となった (昭和 40 年代半ばに鹿児島県に移管された)。
昭和 44 (1969)	・「屋久島国有林の自然保護に関する調査報告」がまとめられ、伐採面積の縮小、花山地域および国割岳北面の保護林設定、荒川地区および白谷地区に展示林を設置するよう指摘された。
昭和 45 (1970)	・小杉谷事業所が閉鎖された。 ・林野庁が、花山・国割岳学術参考保護林等を 1,120ha 設定した。学術参考保護林は 7,912ha に拡大し、保護区域の質的・量的充実を図られた。
昭和 46 (1971)	・林野庁は、屋久杉鑑賞のため荒川地区に 217ha の展示林を設定し、「屋久杉鑑賞林」として公開した (昭和 49 年、屋久島自然休養林 (通称：ヤクスギランド) となった)。
昭和 47 (1972)	・林野庁は、屋久杉鑑賞のため白谷地区に 327ha の展示林を設定し、「白谷雲水峡」として公開した (昭和 49 年、屋久島自然休養林となった)。 ・熊本営林局は、皆伐区画を 15ha 以下 (場所によっては 10ha あるいは 5ha 以下) に制限し、隣接区画との間に幅数十メートルの保護樹帯を残すこととした。
昭和 48 (1973)	・上屋久町から原生林の保護に関する申し入れが行われた。
昭和 50 (1975)	・熊本営林局が、屋久杉土埋木の直営搬出を開始した。 ・環境庁は、花山地域 (1,219ha) を自然環境保全法 (昭和 47 年制定) に基づき、原生自然環境保全地域に指定した。 ・環境庁国立公園管理官事務所が、屋久町安房に開設された。
昭和 52 (1977)	・熊本営林局は、保護や風致の維持のため、保護樹帯等 8,000ha 設定した。伐採に適した天然林が、一層限定されてきたため、針葉樹と広葉樹の伐採量はとも大きく減少した。
昭和 56 (1981)	・ユネスコ (UNESCO：国際連合教育科学文化機構) の MAB (人類と生物圏計画) 国際委員会によって、屋久島は生物圏保護区 (Biosphere Reserve) に白山、志賀高原、大台ケ原・大峰山とともに指定された。 ・「屋久島を守る会 (昭和 47 年結成)」が、瀬切川右岸の原生林の伐採反対活動を起こした。
昭和 57 (1982)	・熊本営林局は、「屋久島国有林の森林施業に関する報告書」の中で、天然林施業を導入し、樹齢 800 年以上の屋久杉とその予備軍であるコスギを原則として禁伐とした。 ・瀬切川流域について、環境庁が国立公園区域の見直しを行い、特別保護地区及び第 1 種特別地域 3,000ha を拡大した。 ・林野庁は、学術参考保護林として 640ha を追加指定した。
昭和 58 (1983)	・環境庁自然保護局が、屋久島原生自然環境保全地域の調査を実施した (〜昭和 59 年)。
昭和 60 (1985)	・ヘリコプターによる屋久杉土埋木の搬出が開始された。

つまり、屋久島の森林は、人々の生活と密接にかかわり合い、伐採利用と保護を繰り返し受けてきたのです。

昭和 62 (1987)	・熊本営林局は、伐採は群状択伐とし、更新はスギを主体とする天然林施業を一層推進した。
平成元 (1989)	・屋久町立屋久杉自然館が、屋久町安房に開設された。
平成 4 (1992)	・林野庁は、これまでの学術参考保護林を再編・拡充し、「森林生態系保護地域」として 15,185ha（保存区域：9,600ha、保全利用区域：5,585ha）を設定した。 ・鹿児島県が、西部林道の拡幅工事計画を発表した（平成 9 年に白紙撤回）。
平成 5 (1993)	・ユネスコの世界自然遺産地域に計 10,747ha（国有林：10,260ha、それ以外：487ha）が、指定された。 ・上屋久町および屋久町の両町議会において、「屋久島憲章」が制定された。 ・熊本営林局は、森林を 4 つの機能類型（国土保全林、自然維持林、森林空間利用林、木材生産林）に基づいた施業を開始した。 ・屋久島環境文化財団が設立された。
平成 7 (1995)	・林野庁は、上屋久営林署と下屋久営林署を統合改組し「屋久島営林署」に改め、「屋久島森林環境保全センター」を設置した。
平成 8 (1996)	・環境庁が、屋久島世界遺産センターを屋久町安房に開設した。 ・屋久島環境文化財団が、「屋久島環境文化村センター」を上屋久町宮之浦に、「屋久島環境文化研修センター」を屋久町安房に開設した。
平成 10 (1998)	・屋久島営林署が、樹木医による診断を受け、縄文杉の樹勢回復工事を行った。類似の工事を紀元杉、仏陀杉、翁杉、大王杉、弥生杉にも施工した。
平成 11 (1999)	・林野庁の組織再編により、屋久島営林署は「屋久島森林管理署」と改称された。 ・屋久島ヤクタネゴヨウ調査隊が結成され、西部地域におけるヤクタネゴヨウの分布調査を開始した。
平成 12 (2000)	・九州森林管理局が、「ヤクタネゴヨウ増殖・復元緊急対策事業」を開始した（～平成 15 年）。
平成 13 (2001)	・林野庁の管轄区域の整序により、種子島が屋久島森林管理署の管轄となった。 ・屋久島森林管理署は、天然コスギの生産事業所を閉鎖した。また、土埋木の生産は民間委託された。 ・（独）森林総合研究所が、環境省の受託研究「屋久島森林生態系における固有樹種と遺伝子多様性の保全に関する研究」を開始した（～平成 18 年）。
平成 14 (2002)	・環境省は国立公園の見直しを行い、公園区域の面積は 2,262ha 増加して 20,989ha となり、西部林道周辺が第一種特別地域から特別保護区へ格上げとなった。
平成 17 (2005)	・鹿児島県は、西部地域における（株）明生林業の土地を買い取った。

第二章　屋久島の森林

田川　日出夫

屋久島ではこのような花崗岩の巨石が見られる場所が多い（撮影／吉田茂二郎）

屋久島の自然環境と森林

新生代第三紀の終わり頃の一四〇〇万年前、九州の南の海底に堆積してできた熊毛層群の割れ目を突き破り、花崗岩が隆起して地表あるいは海中から姿をあらわしたのが現在の屋久島です。一年で〇・一四ミリメートル隆起してきた勘定になります。海岸で見られる黒い岩石は熊毛層群のもので、前岳から奥岳にかけての白い岩は花崗岩です。西側の海へ落ち込む急斜面では、熊毛層群は見られないし、前岳もありません。花崗岩の隆起はまっすぐ上に起きたのではなく、西に傾いて隆起したようです。

生態系を発達させる最も基本的なものは、岩石の中に植物を育てる無機物質の含有量と降雨量です。花崗岩は、桜島の溶岩である安山岩に比べると、植物にとっての栄養素は少なくなります。しかも、平均して四〇〇〇ミリメートル以上、小杉谷では一万ミリメートルを超える雨量が観測されており、降り過ぎるきらいがあります。この原因は、冬でも海表面が二六度もある高温の対馬海流から蒸発する水蒸気にあります。冬には九州では見られないくらいの積雪をもたらし、夏にはうんざりするほどの降雨をもたらします。多量の雨が降ると土壌中の塩類が流れてしまい、植物にとっては養分不足になります。その代わり海では、最近少なくなったとはいえトビウオ漁が盛んです。屋久島の鬱蒼とした森林は、魚つき林[*1]としてのはたらきをも持っているのです。

海岸近くの河川水を除いて、屋久島の川を流れる水はマグネシウムイオンとカルシウムイオンが少ない超軟水で、水の電気伝導度も低く、海に近くなるとナトリウムイオンと塩素イオンが多くなり、海から吹き付ける海水の影響が現れています。[*2]

このように、多量の降雨によって栄養塩類が長い時間をかけて流出するため、薩摩藩では、株元が膨らんでいるスギの伐採には、櫓《やぐら》を組んで、まっすぐな幹の部分から伐採しました。現場で瓦の代わりになる平木《ひらき》[*3]を造って持ち出し、不用部分は現場に残しておいたことは、意識していたかどうかは別にして、土壌を含めた生態系にとっては、栄養塩類を残す有効な措置であったと考えられます。現在、人工林で行われている皆伐方式は、きれいさっぱり持ち出してしまい、新たに植林を行うやりかたです。このような伐採と植林を繰り返していると、やがては森林を育てるために肥料をやらなければならなくなるでしょう。

屋久島には天然のスギ林があり、薩摩藩では山稼ぎ（スギの伐採）と海稼ぎ（トビウオ漁）とを、森林保全と魚群の維持とのバランスを考えながら行い、天然資源の保護を図ってきました。屋久島出身の泊如竹《とまりじょちく》（一五七〇〜一六五五）は藩主島津光久《しまづみつひさ》に請われて、屋久杉の資源としての利用を勧めました。地元屋久島の大木には神が宿ると信じている山稼ぎの人達には、杉の大木を伐採する際に一定の神事を行い、樵夫《きこり》が伐採の際に直面する呪縛を解いたといいます。その神事とは、伐採予定のスギに斧を立て掛け、神の許しを得るため、焼酎《しょうちゅう》と米を捧げて祈った後、一晩おいて翌日、斧が倒れていなかったら伐採の許しが出た証しであるとしたものです。

＊1：森林の魚つき機能として、①土砂の流出を防止して、河川水の汚濁化を防ぐ、②清澄な淡水を供給する、③栄養物質、餌料を河川・海洋の生物に提供する等があると考えられており、森林の魚つき機能は古くから漁民にはよく知られている。最近では、河川の上流域において漁民や一般市民による魚つき林の造成が全国的に行われている。参考：吉武孝（二〇〇三）

＊2：山口晴幸・徳田淳（二〇〇六）。

＊3：樹脂が多量に含まれているので、関西方面で瓦の代用として使われた。

崩落により陥没した道路。西部林道の一部分（撮影／手塚賢至）

6500万年前　5650万年前　3540万年前　2330万年前　520万年前　164万年前　1万年前　現在

第三紀					第四紀	
暁新世	始新世	漸新世	中新世	鮮新世	更新世	完新世

地質年代表

屋久杉の伐採は大木を伐採し、麓に運ぶのではなく、伐採現場で平木に加工して背中に担いで降ろしていました。そのため、根に近い膨らんだ不要部分が残りました。これが現在土埋木《どまいぼく》として、加工品の原料となっているものです。『五代史』王彦章伝に「豹死留皮、人死留名」[*4]とありますが、「屋久杉死留土埋木」といえます。

屋久島では高齢なスギ大木には名前がついており、その樹齢に応じて多くの草本、樹木、蘚苔《せんたい》やシダ類が着生しています。最も長齢なスギが「縄文杉」とされます。幹の中央部が枯死・腐食しているので、正確な樹齢はわかりませんが、推定で四〇〇〇年から六千数百年と開きがあります。七三〇〇年前に、北の鬼界カルデラの大噴火で発生した幸屋火砕流[*5]が屋久島にも押し寄せてきました（第四章参照）。現在、島の中央部でも火砕流堆積物が一メートル程度の厚さで残っています。この火砕流で樹木がなぎ倒されたのは確実であると、地学研究者は述べています。昭和五五（一九八〇）年の米国ワシントン州のセントヘレンズ火山の大爆発では、針葉樹林が一方向にきれいになぎ倒されていま

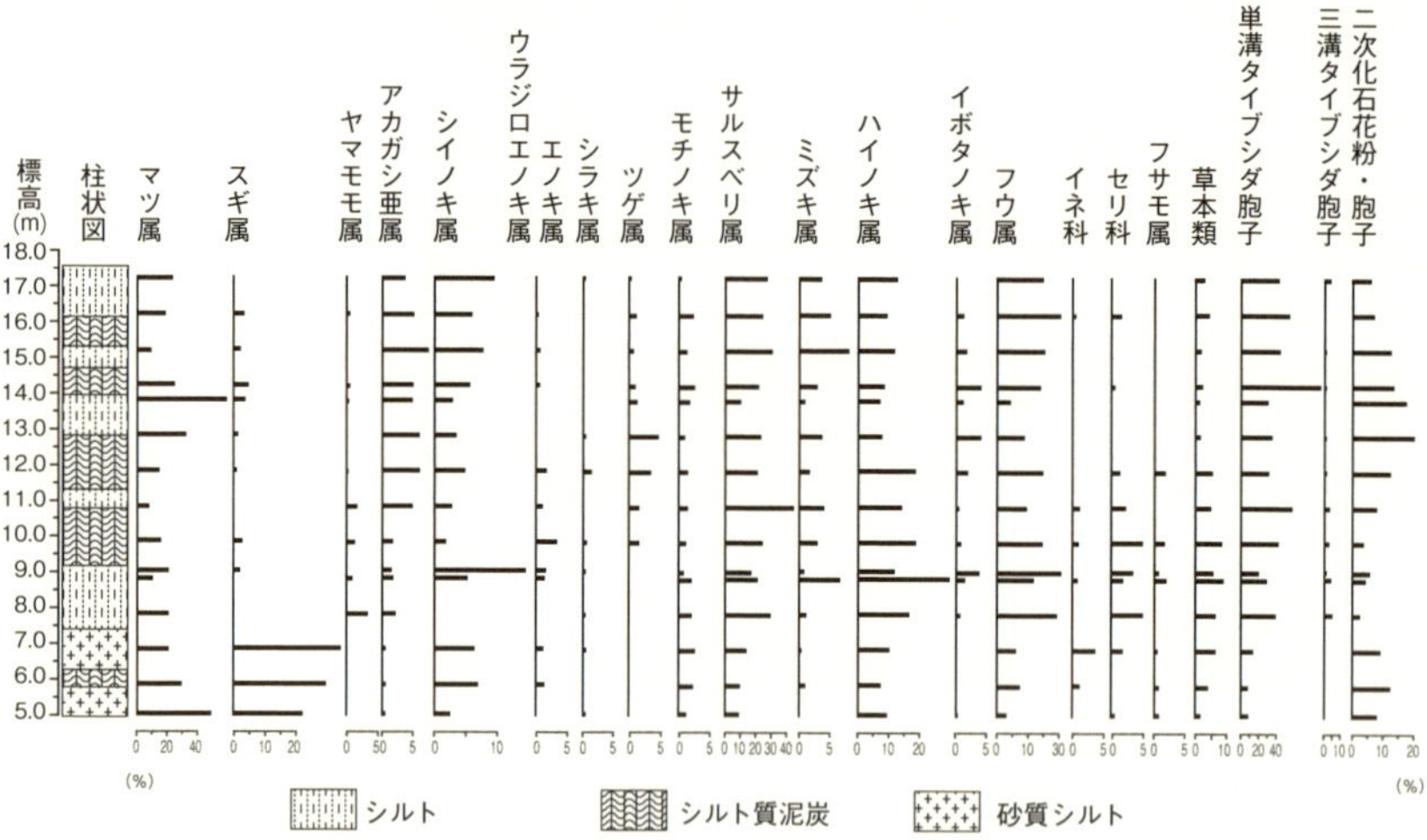

沖縄県中部の下部更新統国頭礫岩層の主要花粉ダイアグラム*6

した。

花崗岩は深層風化を起こし、屋久島では風化の方向が北東から南西へ、北西から南東への縦の二つの風化層があり、川はこの層に沿ってできていることが知られています。西部地域の急斜面では、花崗岩が風化に伴って崩落し、道路が寸断され通行不能になることが頻繁に起きています。

地元では、上昇する花崗岩と熊毛層群の岩石との摩擦で変成した硬い岩から、硯を生産しています。また、屋久島で尾之間や平内の海岸に温泉がありますが、これも両者の摩擦熱によって地下水が温められて地表に出てきたものです。

屋久島のスギは何処から来たか

日本固有のスギ *Cryptomeria japonica* は、台湾のタイワンスギ *Taiwania cryptomerioides* やランダイスギ *Cunninghamia konishii* と同じスギ科に属しています。台湾にスギが現存していても不思議ではありませんが、スギの自然分布は台湾には見られません。台湾から屋久島までの距離を考えると、かつては沖縄列島か奄美諸島のどこかに、スギかスギの祖先が生育していたのではないかと想像していましたが、それが事実になりました。

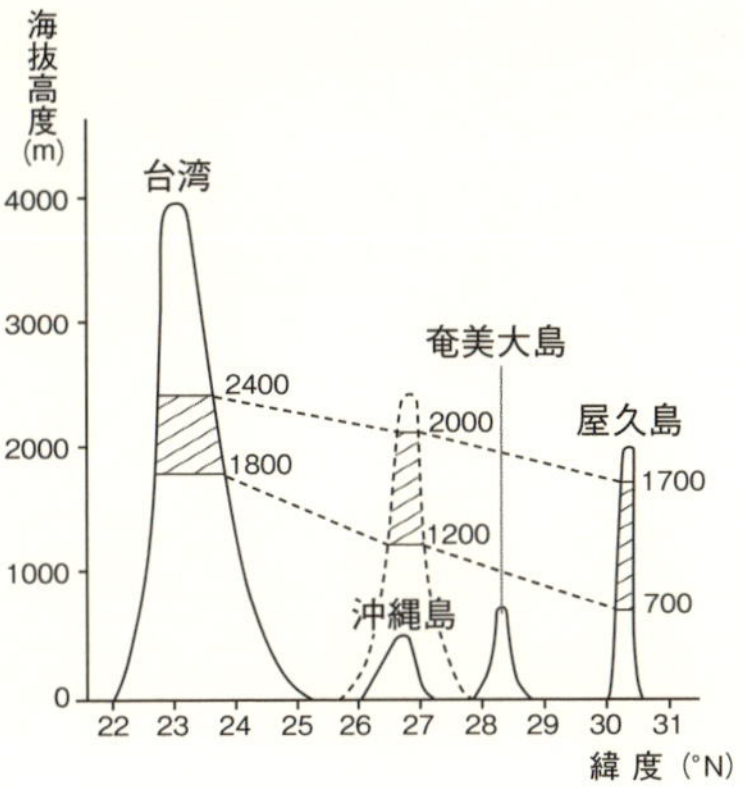

前期更新世頃の気温からスギ属の垂直分布を示した。当時の沖縄島には2000mに達する山があったと考える。[*6]

沖縄島知念半島の島尻層群上部新里層からスギ、ヒノキの材や花粉の化石が出土しました。[*6] 島尻層群より年代の新しい下部更新統国頭礫層の最下部層（一二〇〜八〇万年前）から、多数のスギ属花粉が検出されました。台湾におけるスギ科の分布高度と屋久島でのスギの分布高度と結んでみると、当時の沖縄島には、スギ属の生育に適する二〇〇〇メートルを超える山があった可能性が考えられます。九州以北でもスギが鮮新世と更新世の地層から出土しているので、[*7] 沖縄で同時代の地層からスギの花粉や枝の化石が出土してもおかしくありません。

このことは屋久島のスギの祖先が、台湾から沖縄へと屋久島に近付いたことを意味するかもしれません。現在、当時あったとされる一〇〇〇メートルを超す山は沖縄島にはありません。その後の地殻変動で、海底へ没したと考えられています。沖縄から屋久島へ、屋久島から九州以北へという分布の広がりが考えられます。

スギは、その分布地となる証拠を残しながら、温暖化につれて屋久島から北へと分布を拡大しました。宮崎県では鬼の目山、四国では高知県の魚梁瀬《やなせ》国有林に天然林を残しています。さらに紀伊半島に渡って神社、仏閣とともに保存されています。日本列島の東岸を北上したスギはオモテスギと呼ばれ、屋久島のスギとほとんど変わっていません。

山陰から北上したスギは多雪地帯に適応して株立ちをする萌芽《ほうが》性質を獲得し、日本海側を北上して青森県鰺《あじ》ヶ沢《さわ》町矢倉山まで分布しています。途中の立山連峰剣岳や秋田県の米代川流域などにも天然林が知られています。この日本海型のスギは、アシウスギ（*Cryptomeria japonica* var. *radicans*）または通称ウラスギと呼ばれています。

マツ属の樹木では戦後マツ材線虫病により森林が破壊され、大きな被害が出ていますが、現在のところスギには、枯死に至る病気、寄生虫、食害昆虫などの大発生による大きな被害は出ていません。スギは日本でアシウスギ一変種を生み出し、屋久島から本州北端にかけて、暖温帯から冷温帯にかけて日本の木材生産の大きな部分を担っています。

ヤクタネゴヨウ林の保護

ヤクタネゴヨウの学名は、*Pinus amamiana* または *Pinus armandii* var. *amamiana* とされています。種小名にある「*amamiana*」は「奄美《あまみ》」を示しますが、奄美諸島には分布しておらず、屋久島と種子島に現存するだけです。中国や台湾にはヤクタネゴヨウの基本種であるタカネゴヨウ *Pinus armandii* が分布しています。

台湾には五葉松としてこの他に、タイワンゴヨウ *Pinus formosana* が自生しています。どうしてヤクタネゴヨウは、奄美諸島に分布していないのでしょうか。スギは第三紀には古沖縄島に分布していたことが判明し、一歩台湾に近付いたことになりましたが、ヤクタネゴヨウは日本列島を南下したのか、北上したのか今のところ不明です。本州中部の亜高山帯や四国の東赤石山に分布しているチョウセンマツ（チョウセンゴヨウ）*Pinus koraiensis* に近いと考えられています。[*8]

ヤクタネゴヨウがどこから来たのか現在の段階では不明ですが、生態学的に見るとヤクタネゴヨウは陽樹であり、その保護については陰樹の保護と同様に森林の遷移に任せる訳にはいき

*4：中国の歴史書『新五代史』にある故事。「豹は死んで皮を留め、人は死んで名を留める」とある。ここでは「屋久杉は死んで土埋木を留める」。

*5：鹿児島県枕崎市南方の島の大噴火により放出された火砕流で、噴火の跡に現在の硫黄島と竹島が残っている。

*6：黒田登美雄・小澤智生（一九九六）。

*7：堀田満ほか（一九八九）。

*8：倉田悟（一九七二）および牧野富太郎（一九七七）。

ません。つまり、日陰にならないような手入れが必要となります。屋久島の主な生育場所は、花崗岩が露出する急斜面で、かなりの頻度で崩落が見られる岩礫地です。そのような日当たりのよい場所を選んで植栽するか、種子島で見られるような急斜面でなくても耕作ができないような荒れ地の群落では、陰樹が多くなれば陰樹を伐採するなどの手入れが必要になるでしょう。

亜熱帯上陸

屋久島の南部、屋久町尾之間《おのあいだ》の気象データでは、暖かさの指数が一八三度となっており、亜熱帯に入りつつあることがわかりました。屋久島は稲栽培に適した平地が少なく、自家消費用の稲栽培は永田《ながた》に残っているだけです。太平洋戦争以前からは屋久島の基幹産業はサトウキビの栽培でした。

ポンカン園。最近はタンカンの方が増えている（撮影／日吉眞夫）

沖縄が返還されると、安価な黒糖が容易に入手できるようになり、サトウキビ栽培は下火になって、昭和四〇（一九六五）年に筆者が訪れたときは、サトウキビ畑がなくなり、ポンカン畑が広がっていました。現在はポンカンよりもタンカン栽培が多く、収入を上げるための地元の努力が実っています。さらに、一部ではパイナップル栽培が行われましたが、屋久島の農産物としては知られずに終わりました。

柑橘類の栽培は、思わぬところから困難に直面しました。これらの収穫直前にヤクシマザルの襲来を受け、

ヤクシマザル。

サルとの戦いが始まったのです。サルがポンカン・タンカン園の囲いの中に入ると、大きな曝鳴を鳴らす装置では最初は効果がありました。しかし、「サルも然《さ》る者」、学習してしまい、効果が薄れてきました。現在では、ポンカン・タンカン園の囲みの枠の最上部に、パルス電流を流す電線をつけています。完全にサルの侵入を阻止するところまではいきませんが、ある程度効果がある由です。この装置も弱点があります。ツル植物がこの電線に巻き付くと、効果がないので、それなりの手入れが必要になります。

現在、屋久島では、クダモノトケイソウ（トケイソウ科）、マンゴー（ウルシ科）、パパヤ（パパヤ科、野生化）、フトモモ（フトモモ科、野生化）などの果樹や、アリアケカズラ（キョウチクトウ科）、コダチチョウセンアサガオ（ナス科、野生化）、ユスラヤシ（ヤシ科）、シュロチク（ヤシ科、野生化）などが、果実や植栽などの目的で栽培されており、野生化している種も見られます。地球環境が温暖化するにつれて、外来の熱帯、亜熱帯の植物がこれからも増えてくるでしょう。

スギ天然林の部

成り立ちと変化をさぐる

屋久島のスギ林の未来のために、
過去と現在を正確に知る研究を行いました。

屋久島を代表する林といえば、なんといってもスギ天然林です。

スギ花粉症が大きな問題となっている日本では、スギといえばどこにでもある木と思われがちですが、それは植林地が多いからです。天然のスギの林というのは、実はごくわずかしか残っていません。屋久島のスギ天然林は、そうした意味でもたいへん貴重な環境なのです。

このスギ天然林を良好に保って行くには、どうすればよいのでしょうか。

森林の保全を考えるときには、その成り立ちと変化の歴史を知ることが重要です。そうすることにより、今後の変化の方向を推測できるようになるからです。そこで私たちは、それをとらえる研究を進めました。

スギ科やヒノキ科の樹木がたがいにどのような関係で進化してきたかという非常に古い時代の出来事や、国内各地のスギ林がどのような遺伝的関係にあるかという最近数万年の出来事は、ＤＮＡの解析によって推定することができます（第三章）。

湿原などの土壌の花粉を分析すると、数千年あるいは数万年前に生育していた植物の種類を知ることができます。また、スギなど巨木の立木や切株の年輪からは、その木がいつの時代に生きていたか、またいつ伐られたかという、数百年前の出来事がわかります（第四章）。

さらに、一ヘクタールまたは四ヘクタールの調査地をつくり、その中の一本一本の樹木の種類、太さ、位置などを記録して、定期的な調査を繰り返すことにより、最近数十年の森林の変化を明らかにすることができます（第五章）。

そして近年のスギ林にどのような変化が起こっているかは、第六、七章をご覧ください。

遠い過去の出来事を知る手がかりになったＤＮＡの解析はまた、ヤクスギ巨樹が合体木ではないかという疑問や、個体間の血縁関係がどのようになっているかにも答えを出してくれました（第八章）。

＊1：Kusumi, *et al.* (2000).
＊2：未発表データ。

第三章　スギのなかまと屋久スギ

津村 義彦

はじめに

日本の森林面積は、外国に比べると人工林の比率が極めて高いことはご存じでしょうか。国土の六七％（約二五〇〇万ヘクタール）が森林で、そのうちの四〇％（約一〇〇〇万ヘクタール）が人工林で占められています。外国では、このように人工林が多い国はまれです。

日本の人工林の多くはスギが植栽されていて、全人工林面積の四五パーセントにもなります。一方、屋久スギのような天然林は保護林として各地に小面積が残っているだけです。

スギは春先に多くの花粉を飛散させるため、それが花粉症の主な原因となり社会問題となっています。このため好ましく思われていないのも事実です。しかし、屋久スギだけは別格で、スギを見るために日本各地から人々が集まります。これは縄文杉のような巨木の存在と、広大なスギの優占したすばらしい天然林が残されているからです。屋久島のほかに、四国には魚梁《やな》瀬《せ》スギ、東北には秋田スギなど日本各地に天然林が残っています。

遺伝的に見ると、屋久スギは他のスギ天然林と比べてどのような関係にあるのでしょうか。日本のスギは太平洋側に分布するオモテスギと日本海側に分布するウラスギがあると言われていますが、屋久スギとこれらの関係はどうなっているのでしょうか。また、日本のスギと世界のスギのなかまとの関係はどうなっているのでしょうか。

ここでは、これまでにわかっているスギのなかまの分類及び遺伝的多様性について紹介して

ヌマスギ。フロリダのポンドサイプレスのドーム
湿地や沼地に生育するポンドサイプレスは、沼地にドームをつくる。一方、ボルドサイプレスは川沿いに生育している。

いきます。

スギのなかま

スギ科は九属からなり、それらは太平洋を取り巻く地域に分布しています。アメリカ東南部およびメキシコの湿地帯に分布しているヌマスギ *Taxodium* は、日本でも公園の池の周りなどに植えられているのを見かけます。ヌマスギの周りには、地面から飛び出した気根があるのが特徴です。

アメリカのカリフォルニアには、セコイアオスギ *Sequioadendron* とセコイアメスギ *Sequoia* が分布しています。セコイアメスギはレッドウッドと言われ、樹高百メートル以上にもなる巨木です。セコイアオスギも巨木になりますが、現在ではカリフォルニアの一部にしか分布していません。

中国にはコウヨウザン、ランダイスギ（台湾）*Cunninghamia*、スイショウ *Glyptostrobus* とメタセコイア *Metasequoia* が分布しています。メタセコイア（アケボノスギ）は生きた化石として三木博士により世界に紹介された樹木です。現在では、天然性の個

カリフォルニアのセコイアオスギ（左）とセコイアメスギ（右）
巨大さは下方に写っている人と比べてほしい。

体は単木的にしか残っていないようです。日本にも挿し木として持ち込まれ、街路樹としてまたは公園に多く植栽されています。

中国および台湾にはタイワンスギ *Taiwania*、オーストラリア南部のタスマニア島にはタスマニアスギ *Athrotaxis* があります。タスマニアスギも湿地を好み湖沼の周辺によく分布しています。

そして、日本にはスギ *Cryptomeira* が分布しています。スギ科で林業樹種として使われているのはスギ、セコイアメスギとコウヨウザンの三種だけです。

これらのスギの仲間の系統進化的な関係は、ＤＮＡの調査によって明らかになっており、過去の地史的な変遷と関係があることもわかってきました。スギに最も近縁な樹種は、中国にあるスイショウとアメリカのヌマスギでした。これらはどちらも落葉性で、スギは常緑性なのですが、系統進化上は近いということになります。

スギ科と近縁なヒノキ科との関係もＤＮＡを用いて調べてみると、ヒノキ科がスギ科の中に含まれてしまうことが明らかになり、形態に基づく分類で言われて

中国のランダイスギ自生地（撮影／中村徹）

中国のメタセコイア自生地（撮影／中村徹）

いるほど離れている科ではありません。[*1] この結果から、スギ科とヒノキ科は別の科ではなく、一つの科として取り扱ったほうが良いようです。しかし、分類の命名法に従うと早く命名されたヒノキ科に優先権があり、スギ科という名称はなくなることになります。

ウラスギとオモテスギ

スギには日本海側の多雪地帯に適応した「ウラスギ」と、太平洋側に多く見られる「オモテスギ」があると言われています。ウラスギは針葉が短く開いていないため雪がつきにくい形態をしています。一方、オモテスギは針葉が長く大きく開いた形状をしています。これらは形態上で変種に分類されていますが、遺伝的に違うかどうかは不明でした。

そこで、スギの持つジテルペン炭化水素の成分に注目し、全国のスギ天然林を調査した例があります。この研究によると、オモテスギとウラスギは分化している結果でした。DNAで調べた結果でもこの二変種は遺伝的に分化している結果を支持するものでした。

日本の天然スギの遺伝的な関係

スギの天然分布は、北は青森県の鯵《あじ》ヶ沢《さわ》天然林から、南

タスマニアのタスマニアスギ自生地
山火事に弱いためか、沼地や湖の周囲に生育している。

台湾のタイワンスギ自生地（撮影／中村徹）

は鹿児島県の屋久島まで広範にわたっています。スギは湿潤な土壌を好むため、降水量が多い地域に天然分布が多く見られます。現在の天然分布は、花粉分析の結果、四〇〇〇年ほど前に形成されたといわれています。それ以前の最終氷期（約一万五〇〇〇年前）には、いくつかの逃避地（伊豆半島周辺・若狭湾周辺・隠岐《おき》ノ島・屋久島など）に大きな集団が分布していたと考えられています。

スギは、古代から建築材料などとして各地で利用されてきました。そのため、天然林の伐採、保育などが積極的に行われてきており、現在では原生林としてのスギ林はほとんど存在しません。広大なスギ天然林が残っている屋久島でも、山奥まで過去の伐採の形跡が残っています。

現在、遺伝子保存林として指定され

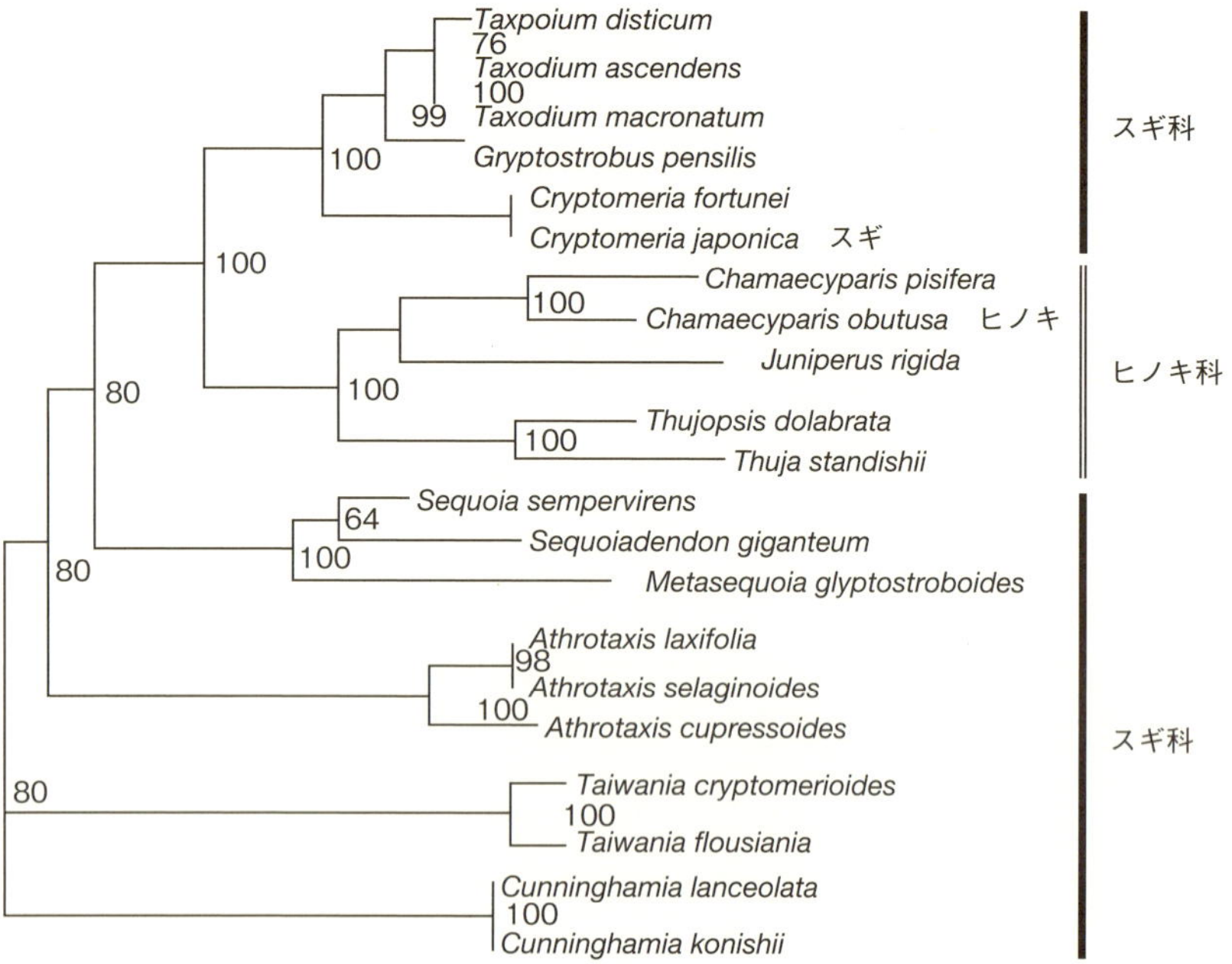

スギ科及びヒノキ科樹種の分子系統樹[*1]

数字は各分枝の確からしさを示す値で、100に近いほど分枝の信頼性が高い。

ている森林は二一二か所で、百ヘクタール以上の屋久島、秋田県仁別《にべつ》、秋田県桃洞《とうどう》佐渡、三重県大杉谷などの大きな森林を除くと、どこも数ヘクタールから数十ヘクタールの小さな森林しか残されていません。

全国のスギ天然林の遺伝的多様性と地域間の遺伝的な違いを、DNAを用いて調べるために、全国のスギ天然林から材料を集めました。その結果、西日本のスギ天然林のほうが東日本より遺伝的多様性が高い傾向になりました。これは、最終氷期の頃にスギが寒さを逃れて避難していた地域が主に西日本であったことと一致していました。

その後、温暖になるにつれて分布域を北に拡大していったと考えられます。スギの分布の北限に近い秋田北部および青森のスギ天然林は遺伝的多様性が特に低くなっています。これは分布拡大に伴って移動する際に、徐々に遺伝的多様性を失っていった結果であると理解されます。

しかし、スギ天然林の地域間の遺伝的な違いは、わずかに四パーセント程度でした。この結果は、ス

秋田スギの天然林、仁別国有林

屋久スギ天然林、花山国有林

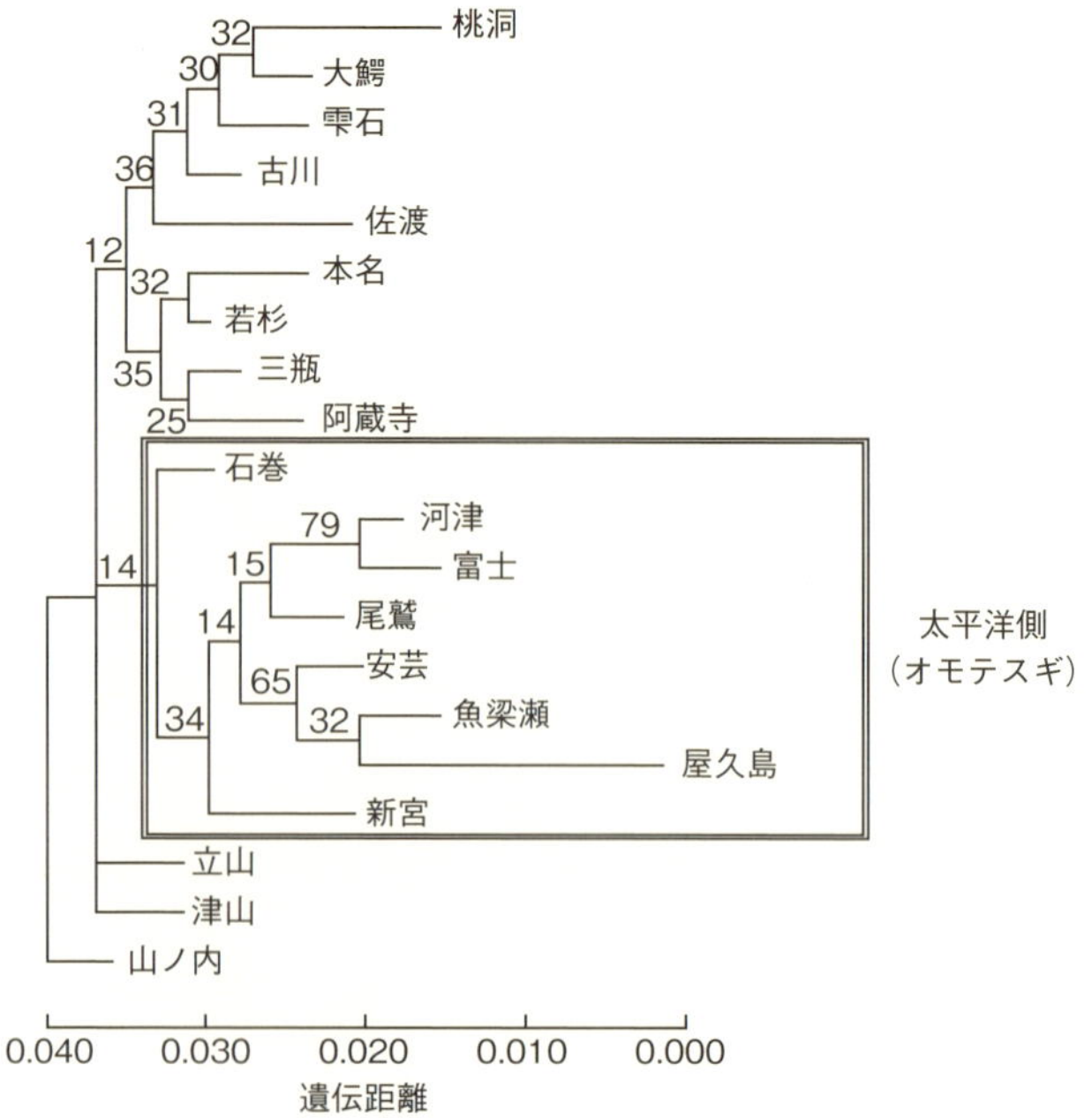

スギの天然林集団の遺伝的分化[*2]

オモテスギとウラスギが遺伝的に分化している。

ギを地域間で比較すると九六％はどの地域でも同じ変異をもっているということで、残り四％の違いが、ウラスギとオモテスギの違いや、秋田スギ、吉野スギ、屋久スギの違いをつくり出していることになります。[*2]

屋久スギの遺伝的特徴

屋久スギは他のスギ天然林と比較した場合、遺伝的多様性が高いという結果が得られています。屋久島には他の地域と違い、広大な面積のスギ天然林が残されています。まったくの原生林といわれるものは少ないものの、保存状態の良い森林が存在しています。また約一万五〇〇〇年前の氷河期にも屋久島にスギ林が有ったことが分かっていますので、そのまま継続して現在でも比較的高い遺伝的多様性が保持されているものと推測されます。

一般的に、分布の端にあたる地域の遺伝的変異は低いと言われていますが、屋久スギは例外です。これは地理的に屋久島の南に陸地がないため、屋久島がスギの南限となっていると考えるべきでしょう。

また屋久スギはＤＮＡの分析でもオモテスギのな

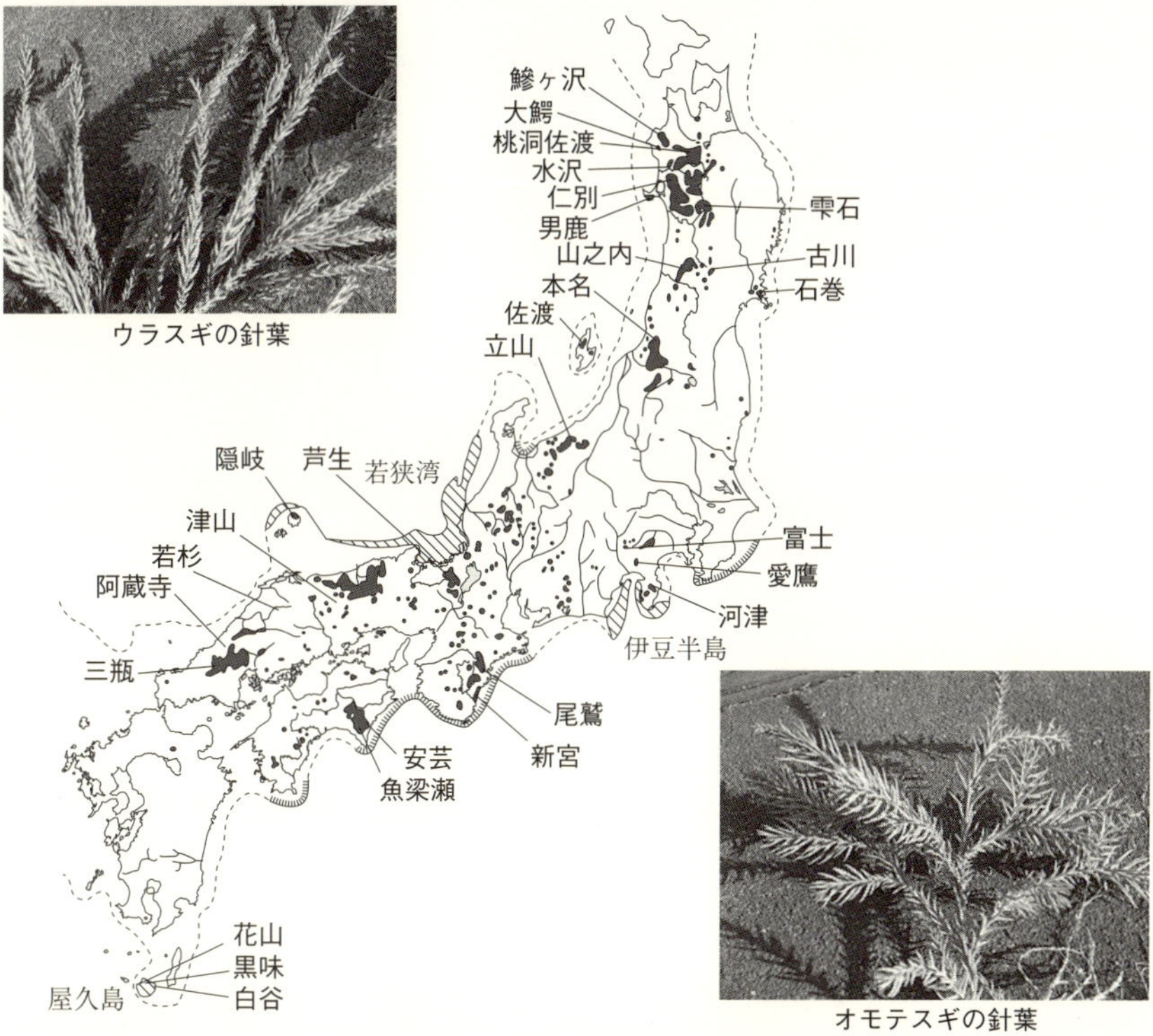

ウラスギの針葉

オモテスギの針葉

わが国のスギの天然分布と調査地

かまに入りますが、遺伝的にも他の太平洋側集団にはないユニークな特徴を持っています。

屋久スギ林保全のための調査

平成一三年（二〇〇一）度から五年間の予定で屋久スギの遺伝的な調査を進めてきました。私たちが行っている主な調査は、ここでお話した屋久スギと他の地域のスギとの関係に加え、屋久スギの森林における親子・兄弟関係などの近縁関係の調査です（第八章参照）。すなわち成長や形質の良い個体が、どのくらい次世代の森林に子供を残す貢献をしているかを調査しました。

この調査には、ヒトの親子判定や犯罪捜査などにも使われている感度のよいＤＮＡマーカーを使用します。最終的には、これまでの生態調査だけでは見えなかった屋久スギ林の更新実態がＤＮＡレベルからも明らかになってきました。

ツガ

第四章　屋久島のスギ林が受けた大災難

木村 勝彦

はじめに

森林の変化はゆっくりしていて、人間の持つ時間感覚ではほとんど動きのないもののように見えます。それでも数十年の時間の中では、個々の樹木の成長・枯死や新しい稚樹の加入などいろいろな動きを実感できます。そのような観察から得られるデータは、森林がいかに維持され、どう変化していくのかを知るために欠くことのできない大切な情報です。また、我々が直接観察できない遠い過去の出来事も、その森林の現在の姿をつくり上げてきた重要なプロセスなのです。

屋久島のスギ林は、二回の大きな災難をくぐり抜けてきました。一つは約七〇〇〇年前に起きた火山噴火、もう一つは江戸時代に起きた大規模な伐採です。この二つの出来事について私が調べてわかったことを紹介します。

七〇〇〇年前の巨大噴火

屋久島では、「赤ボコ」と呼ばれるオレンジ色の地層が、島内の至るところに見られます。厚いところでは二メートルもあって、特徴的な色をしています。これは、屋久島の北西にある鬼界カルデラから噴出した幸屋火砕流の堆積物です。鬼界カルデラは七〇〇〇年前に巨大噴火を起こした海底火山で、そのときに噴出した火砕流は海を渡り、宮之浦岳の山頂にまで達してい

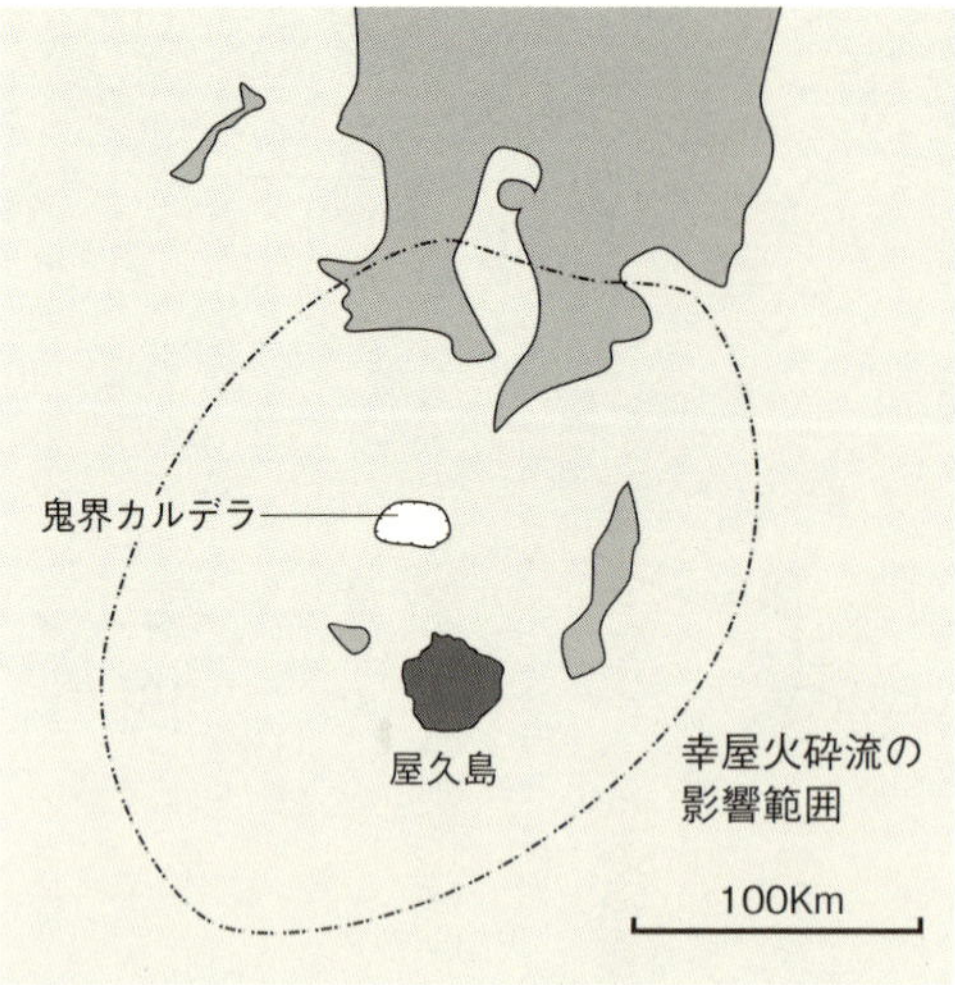

幸屋火砕流の分布範囲

ます。ちなみに、同時に噴出した火山灰は「アカホヤ」と呼ばれ、上空に舞い上がり、偏西風に乗って東北地方にまで達しました。このように広い範囲に降り注いだ火山灰は「広域テフラ」と呼ばれ、日本各地の地層年代を決める際の重要な目印として役立っています。

では、幸屋火砕流は屋久島の植物にどのような影響を及ぼしたのでしょうか。火砕流は、火山活動の中でも最も危険で破壊的な現象です。宮之浦岳に達するような大火砕流は、当時の植生を大きく変えてしまったはずです。

その証拠を調べる方法は、あるのでしょうか。

過去の植生を知る花粉分析

過去の植生を知るために良く用いられるのは、花粉分析です。これは、湿原や湖底の堆積物に含まれる花粉の化石を調べることで、堆積した当時の周辺の植物の組成を調べる手法です。湿原や湖底の堆積物を使う理由は、長期にわたる連続的なサンプルが得られるため、植生の変遷を知ることができるからです。

屋久島での花粉分析の研究は、花之江河《はなのえごう》湿原で行われてきました。これまでの研究では、花粉組成は現在の森林を構成する種と大して変わらず、噴火の影響を示す明確な証拠は得られていません。

花之江河でわからないとなると、湿原以外に過去の花粉を含む堆積物を見つけなくてはなりません。そこで注目したのは、火砕流の下に埋もれた「埋没土壌」です。火砕流直下の土壌の花粉を調べれば、噴火を受

埋没土壌は思わぬ所にあった。

ける直前の植生がわかるはずです。また、火砕流には、破壊だけではなく、それに覆われた物を風雨の浸食から守って保存してくれる効果があります。例えば、二〇〇〇年前に噴火したイタリアのベスビオス火山の火砕流に覆われたポンペイの街が、当時のままに埋まっていたことは有名な話です。

そこで、島中の火砕流の下に埋もれた土壌を探し回りました。しかし、林道脇の露頭の至る所に火砕流堆積物がありましたが、その下にあるのは屋久島の山体をつくっている花崗岩かその風化した砂で、埋没土壌はまったく見つかりませんでした。結局、噴火前の植生を知る手がかりは何も得られませんでした。なぜ埋没土壌がないのか、という理由はわかっていません。

噴火による植生破壊の決定的な証拠

火砕流堆積物直下の埋没土壌の探索は、失敗に終わりました。ところが、思わぬ所に埋没土壌はありました。それは火砕流の下ではなく、上にあったのです。その場所は、ヤクスギランドのすぐそばの林道脇です。

火砕流堆積物の上部は、普通、そのまま現在の森林土壌に移行します。森林土壌は火砕流自体が風化してできたもので、古いものから徐々に上に向かって堆積したものではありませんから、そこの花粉分析を行っても過去のことはわかりません。

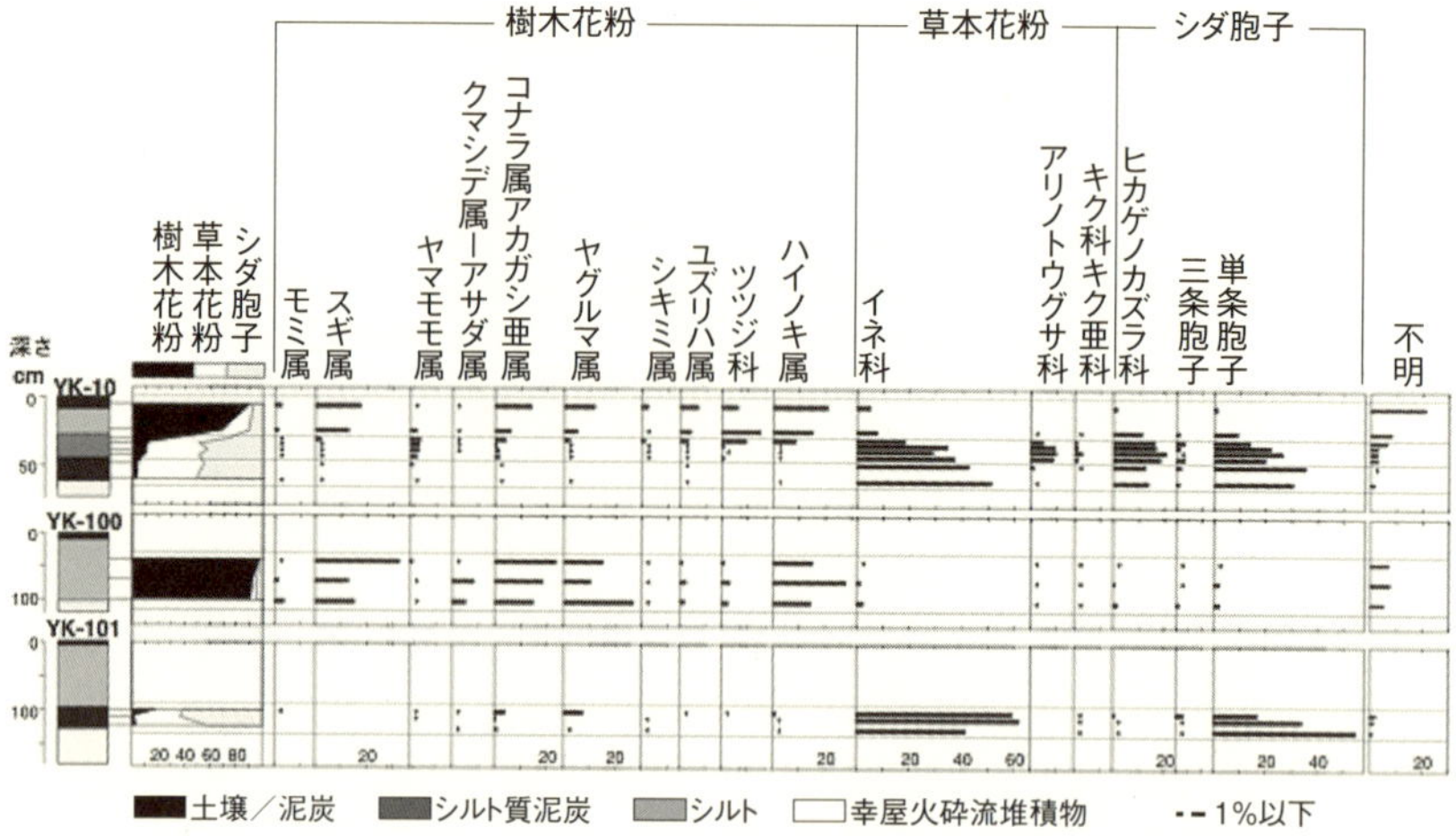

幸屋火砕流上にたまった埋没土壌の花粉ダイアグラム*[1]

ところが私の見つけた埋没土壌は、火砕流表面が削られてできた小さな凹地にあり、周囲の土壌よりも黒っぽい泥炭質のものでした。これは、どうやら噴火のすぐ後で火砕流表面が雨によって浸食され、そこにできた流路の中に草が育ち、その遺体が堆積して泥炭化し、さらに土砂に埋まるなどして現在の土壌とは切り放された形で保存されたもののようです。

この埋没土壌の花粉分析の結果は、驚くべきものでした。調べた三地点の埋没土壌のうち二地点では、泥炭層に樹木花粉をほとんど含まず、イネ科などの草本の花粉やシダの胞子が多くを占めていました。これは、火砕流に覆われた屋久島で起きた植生変化の決定的な証拠です。

花粉は風に乗って遠くから運ばれますから、樹木花粉がわずかであることは、その地点が草原状の植生であったことを明確に示します。つまり、現在、スギ林の広がるヤクスギランドの近くでは、ある時期、草原が広がっていたのです。

花粉が多く出てくるイネ科やシダのなかまについて、その種が何であるかまでは良くわかりませんが、ＹＫ－10で多く出てくるアリノトウグサ科は注目すべき存在です。アリノトウグサは、現在も屋久島の明るく湿ったところに生えるとても小さな草本です。アリノトウグサの存在は、鬱蒼としたスギ林とは似ても似つかぬ景色がそこにあったことを物語っています。

ところで、七〇〇〇年前の火砕流は、屋久島を覆いつくして植生を完全に破壊してしまったのでしょうか。それは、屋久島の植物相を見れば即座に否定できます。

屋久島には、たくさんの固有種を含む世界でも有数の多様な植物が生育しています。それらの植物が生き残るためには、多様な生育場所の存続が不可欠です。また、もし火砕流でスギがわずかしか生き残らなかったのならば、ボトルネック効果[*2]により遺伝的多様性は低くなるはずです。そうすると屋久島のスギ林が、他の地域のスギ林と比較して高い遺伝的多様性を保有していることはなかったでしょう。

とすれば、七〇〇〇年前の鬼界カルデラ噴火による、火砕流で植生は破壊され、一時的に広い範囲に草原状の植生が生じたものの、さまざまな場所にスギ林やその他の植生が破壊をまぬがれて生き残り、それらを種子の供給源として植生が回復した、ということが真実のようです。私達の見ているほとんどのスギ林はたかだか七〇〇〇年の歴史しか持たず、それは寿命の長いヤクスギから見れば、ずいぶん最近の出来事であったのかも知れません。

年輪から読みとるスギ林の歴史

以上述べてきたことは、私が今回の研究プロジェクトにかかわる前に調査した結果です。今回の屋久島プロジェクトで私が進めてきたのは、年輪解析によるスギ林の歴史を解明することです。ここからは、「天文の森」試験地（第五章参照）での年輪解析によってわかったことの一部を紹介します。

江戸時代のヤクスギ林の大規模な伐採は、現在のスギ林に大きな影響を及ぼしていることは

＊１：Kimura *et al.* (1996).

＊２：一時的な個体数の減少が原因で起こる、永続的な遺伝的多様性の低下。生物の集団の個体数が非常に少なくなると、偶然の効果により集団内の遺伝的変異が失われ、遺伝的多様性が低下してしまう。失われた変異は突然変異が起こらなければ回復しないため、あとになって個体数が増えても遺伝的多様性は元に戻らず、低いままになってしまう。

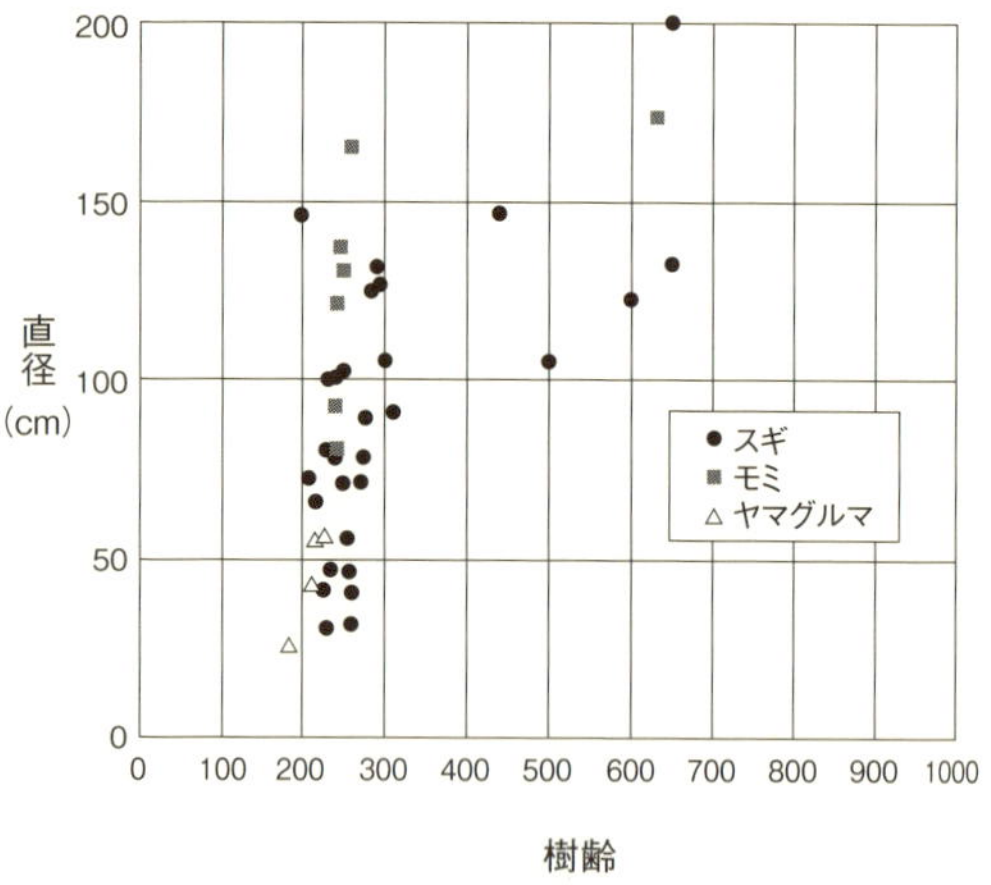

天文の森試験地の生木の樹齢と直径の関係

わかっています。それでは、当時の伐採はいつごろ行われ、現在の森林にどのような影響を残しているのでしょうか。このことをより正確に知るために、現在生きている木の年輪解析を行いました。

樹木の年輪を伐採せずに調べるには、成長錐《すい》という中空の錐《きり》を用います。これを幹にねじ込んで直径五ミリメートル程の細長いコアを抜き取ります。ところが、屋久島での年輪調査には、大きな問題がありました。それは樹木が太すぎて、普通の成長錐では中心まで届かないのです。中心に届かないと正確な樹齢を知ることができません。そこで、市販されている最も長い八〇センチメートルの成長錐を準備しました。胸高直径二〇〇センチメートルを超えるようなスギではまったく歯が立ちませんが、一五〇センチメートルの木ならば何とかなりました。

さて、「天文の森」のスギ、モミ、ヤマグルマについて樹齢を調べたところ、直径三〇～一五〇センチメートル以上のほとんどの個体が、直径にかかわらず樹齢二〇〇～三〇〇年の範囲に入りました。江戸時代の伐採は、一六四〇年頃から始まったと言われていますから、これらの個体は、伐採後の明るくなった場所で一〇〇年ほどの間に発生したと考えられました。つまり、現在のスギ林の主体をなす木の多くは、伐採後に定着した個体なのです。伐採前から生育している樹齢の長い個体は、ポツポツとしか

上：花山試験地内の倒木から得られた年輪解析用のコア。地上から約九メートルの高さ（直径八五センチメートル）の部分から採取したもの。中心まで約五センチメートルのところまで観測でき、一番内側は西暦九八七年、同外側は一四三〇年で、樹齢は六〇七年と推定された。その他のコアを解析した結果、花山では西暦一〇〇〇年前後に定着した（更新した）木が多く観察された。これらの結果は、スギの伐採が江戸時代のかなり前から行われていたことを裏付ける貴重な資料である（撮影／吉田茂二郎）

分布していません。

なお、成長錐が中心に届かなかったり、中心付近の年輪が腐っていて正確に樹齢推定ができなかった個体を加えていないため、図には樹齢七〇〇年以上の個体が含まれていません。実際に調査地内には、確実に一〇〇〇年を超える個体が分布します。

樹齢組成からわかるもう一つの重要な点は、最近二〇〇年間は新たな世代交代が起こっていないということです。現在の森林では、伐採後に定着した個体が成長しつつ少しずつ間引かれている状態です。本来の自然林に見られるように、老木が倒れて林冠層に穴があき（ギャップができ）、その下に新たな稚樹が定着する、というサイクルは、まだ回り始めていないようです。

「二人だけの小径」試験地で成長錐を使ってコアを抜く。幹の中央を通るようにまっすぐ軸をねじ込む（中）。軸は中空なので、ねじ込んだのちに抜き取ると、幹の一部を抜き取ることができる（下）。そこから年輪を読み取る。中の写真では、倒木の上で成長した個体からもコアを採集した。直径は65cm、樹齢は142年だった。下の写真では倒木からコアを抜いた。約500年前に倒れた木と推定され、直径は1m、樹齢は約300年だった。抜き取るコアの大部分はいわば死んだ部分なので、生きている木から採取しても樹木の生存に大きな影響を与えることは少ないが、抜き取ったあとや傷から菌類が侵入したりするなどのおそれがあるため、生きた木から抜き取る場合には、作業後に手当てを行っている。（撮影／吉田茂二郎）

「天文の森」はいつ伐採されたのか

「天文の森」の名称は、天文年間（一五三二〜一五五五）に伐採されたことに由来すると言われています。しかし、年輪解析の結果からは、天文年間に伐採が行われた証拠は得られませんでした。もし、この時期に多くの木が伐られたならば、伐採後に定着した樹齢四〇〇年程度のスギがたくさん見つかるはずです。しかし、そのような傾向はまったくありませんでした。小規模な伐採の可能性は残されますが、「天文の森」における伐採は、二〇〇〜三〇〇年前、もしくはその少し前に限って行われたようです。

おわりに

私が初めて屋久島を訪れたのは昭和五五（一九八〇）年、大学一年生の春休みでした。その時の目的はもちろん調査などではなく、登山と植物観察でした。今思うと信じられないことですが、食糧とテント、寝袋に植物図鑑を背負って楠川《くすかわ》のバス停から登り始め、残雪でルートを見失い、悪天候に悩まされながら山中で八泊し、宮之浦岳・永田岳を経て栗生まで歩いてたどり着きました。

その後、花山の原生自然環境保全地域の総合調査を皮切りに、さまざまな研究目的で何度も屋久島を訪れることになりました。屋久島の森林は、私の研究の原点でもあり、長い時間の流れを感じることのできる、世界でも珍しい森林です。ここで得られた長い時間スケールの知見が、ヤクスギの森の真の姿を明らかにし、その保全に何らかの形で役立てば幸いです。

第五章　スギ天然林の継続的な調査研究の方法

吉田茂二郎

はじめに

皆さんはあまり感じたことがないと思いますが、森林は常に変化をしていて、まったく同じではありません。それは、森林を構成している木々は季節や年とともに成長や更新（誕生）することもあるし、木々の間の生存競争や台風などの災害で一部の木が枯れることもあるからです。

森林の構造（樹種・大きさ・本数など）は、調査を一回行うことで把握できます。しかし、長期にわたる森林の構造と変化（動態）を明らかにするためには、同じ森林（試験地）の調査を定期的に繰り返すこと、つまり継続的に行う必要があります。

私達は、屋久島のスギ天然林の調査を継続的に行い、現在に至っています。指折り数えると、屋久島にかかわってから約二五年にもなります。ここでは、私が屋久島で行っているスギ天然林の調査研究の方法についてお話しします。

スギ天然林での調査

林野庁は、昭和四五（一九七〇）年に大がかりな屋久島の学術総合調査を行いました。その結果、屋久島のスギ天然林が非常に貴重であり、これを永続的に維持保全する必要があるとの報告が出されました。当時はまだスギ林の伐採が大規模に行われていたのですが、林野庁は屋久島での森林管理の参考とするために、昭和四八（一九七三）～四九（一九七四）年にかけて、ヤクスギランド、花山《はなやま》、そして白谷《しらたに》地区の優良なスギ天然林にそれぞれ一ヘクタール（一辺が一〇〇メートル四方の区画）の固定試験地を合計五か所設定しました。

一九八〇年頃。継続調査を行う区画を設定するため、機材を担ぎ上げる。以降二〇年以上にわたり、測定が続けられている。

　私が森林学（当時は林学と呼んだ）を学んだ九州大学農学部の井上教授がこれらの試験地を設定された縁で、私はそのあとを継いで、昭和五五（一九八〇）年頃からこれらの試験地を一〇～一五年ごとに測り続けています。現在は、林野庁屋久島森林環境保全センターと鹿児島大学農学部と共同で調査を進めています。平成一三（二〇〇一）年からは、太忠《たっちゅう》岳登山道沿いにある「天文《てんもん》の森」試験地が四ヘクタール（一辺が二〇〇メートル四方の区画）に拡大され、森林総合研究所とともに研究を行っています。

　屋久島の植生やスギ天然林の構造とその変化（動態）については、多くの報告がなされていますが、そのほとんどが一回限りか一か所のみの調査です。私たちのような大がかりで、かつ複数の試験地での継続的な調査研究によるスギ天然林の構造とその変化（動態）を明らかにする試みは、あまり行われていません。

　このように非常に長い期間にわたって行っている調査研究ですが、これまでその内容について説明をする機会がありませんでした。しかし、平成一六（二〇〇四）年の調査で、五か所すべての試験地をそれぞれ三回測定をしたことになり、ようやく正しい分析ができるようになり

調査地設定時の新しい真鍮の釘とアルミ製の番号ラベル（左）、設定後10～15年の見えにくくなった釘とラベル（中）、錆防止のために新しく採用したプラスチック製の番号ラベル（右）

ました。ここではその調査方法を簡単に説明したいと思います。

継続的な森林調査の方法

継続的な森林の調査に重要なのは、毎回同じ樹木の、しかも同じ高さ（普通は胸の高さ、地上一・二メートル）での幹の太さ（直径）を測ることです。このために、最初に試験地の位置を明らかにする目的で測量杭《くい》を地面に設置します。さらに試験地内の一本一本の樹木の位置を測量し、その幹には番号（ラベル）を取り付けています。ちなみに「天文の森」と「小花山《こはなやま》」の両試験地では、その中を太忠岳に行く登山道が通っているため、測量杭や番号ラベルが登山道から見えることがあります。

一般に、同じ樹木を判断してその大きさを測定するにはいくつかの方法がありますが、私たちの試験地で行われている方法は、これまで行ってきた調査の経験から独自に考えられたものです。

釘による番号ラベルの固定

毎回の調査時に各樹木の直径を輪尺《りんじゃく》という大きな物差しで測定します。一般に天然林の樹木の横断面はきれいな円ではないので、正確な直径は釘の部分とその直角方向の計二回の測定を行い、それらを平均して求めます。したがってこの釘は、測定の位置と方向の両方の目安となっているので、胸高（地上一・二メートル）に打ちつけられています。

なお、釘は真鍮《しんちゅう》製のものを使用しています。というのは、長年森林の中にあっても錆《さ》びないことが重要であるからです。

釘の余り

幹に打ち付けられた釘の全長は五センチメートルで、二・五センチメートルほど余して打ち付けられています。これは、幹が成長して釘が樹木の内部にあまり入らないようにすることと同時に、ラベルを巻き込まないための方策です。

さらに、直径が一メートルを超えるような大木の場合、輪尺では幹についた苔などで直径成長が実際よりも大きく見積もられる傾向があります。そのため、市販のクリップを利用して「釘の余り量」を一定にし、次回の調査でこの「釘の余り量」を測定します。この方法だと、幹に付着した苔などを落とすことなく、より正確な成長を把握することができると考えています。ちなみに試験地のヤクスギの場合、半径方向の成長は一年で大きくても約一ミリメートルですので、「釘の余り量」の二・五センチメートルは最短でも約二五年間の成長でなくなる計算です。

番号ラベル

番号ラベルは、試験地の設定当時は錆びにくい「アルミ製」でした。ところが、屋久島は非常に湿度が高いためか、一〇年ほどでラベルが見にくくなり、番号がわからなくなりました。そこで、平成一四年(二〇〇二)の「天文の森」と「小花山」試験地の調査では、錆び防止のため白色プラスチック製の番号ラベルに変更しました。

以上のように、試験地内の同じ樹木を判断するための番号ラベル付けは、これまでの調査研究の経験を充分に考慮し、正確で安価、そのうえできるだけ樹木を傷めないように考えた末に行っています。これからも、より良い方法求めて改善していきたいと思っています。

屋久島の貴重なヤクスギを含む森林生態系を保全していく上で必要な条件を解明するには、これらの試験地の調査は不可欠で、これからも定期的に調査を行う予定です。

先に書いたように、ヤクスギランドの太忠岳登山道沿いに、「小花山」と「天文の森」の両試験地があり、その広場には私たちの研究を理解してもらうために看板が設置されています。登山の途中に、この看板の周りで調査をしている人（おそらく私たちのグループだと思います）を見たら、気軽に声をかけてください。

おわりに

私はここ数年、私の講義を受ける学生諸君を講義の一貫として、屋久島に連れてきています。それは、森林・林業にかかわるコースの在籍者に、屋久島の素晴らしさを五感全体で感じて欲

輪尺を使った直径の測定方法（上・中）、釘の余り量を一定にするために、クリップを利用して釘を打つ（下）

しいと思っているからです。これからも、可能な限り多くの学生諸君に屋久島のすべてを見てもらいたいと思っています。また平成一八（二〇〇六）年度からは、それを九州大学農学部の森林コースに関係のない学生（全学部の一・二年生）を対象に、「フィールド科学研究入門」として屋久島を訪れる機会を作りました。講義に先立って説明会があったのですが、すごい人気でした。これからこの講義が夏の定番となり、最低でも年に一度は屋久島を訪れることになりそうです。

私は屋久島で本格的に調査を始めたときから、島を訪れるたびにスギ工芸品の「ぐい呑み」を一個ずつ買うようにしました。それが今では、三〇個を超えるようになり、私の宝物になっています。

「ぐい呑み」の裏に書かれた来島した日付と目的、またぐい呑みの「年輪」をひとつひとつ見ると、私と屋久島とのかかわりとともに、ここ二五年間の屋久島の様子が見えてきます。私が初めて屋久島に来たときと比べると、世界自然遺産に登録された現在、いろいろなものが大きく変わったように思いますが、私たちをいつも受け入れてくださる方々の「暖かさ」と安房川の「冷たさ」は、今でも変わっ

前ページ写真：ヤクスギランドでの講義。

ていません。

研究に終わりはありませんが、少し研究成果がまとまってきたことから、これらを公表することで、長い間お世話になってきた屋久島への恩返しが今後少しでもできればと思っている今日この頃です。

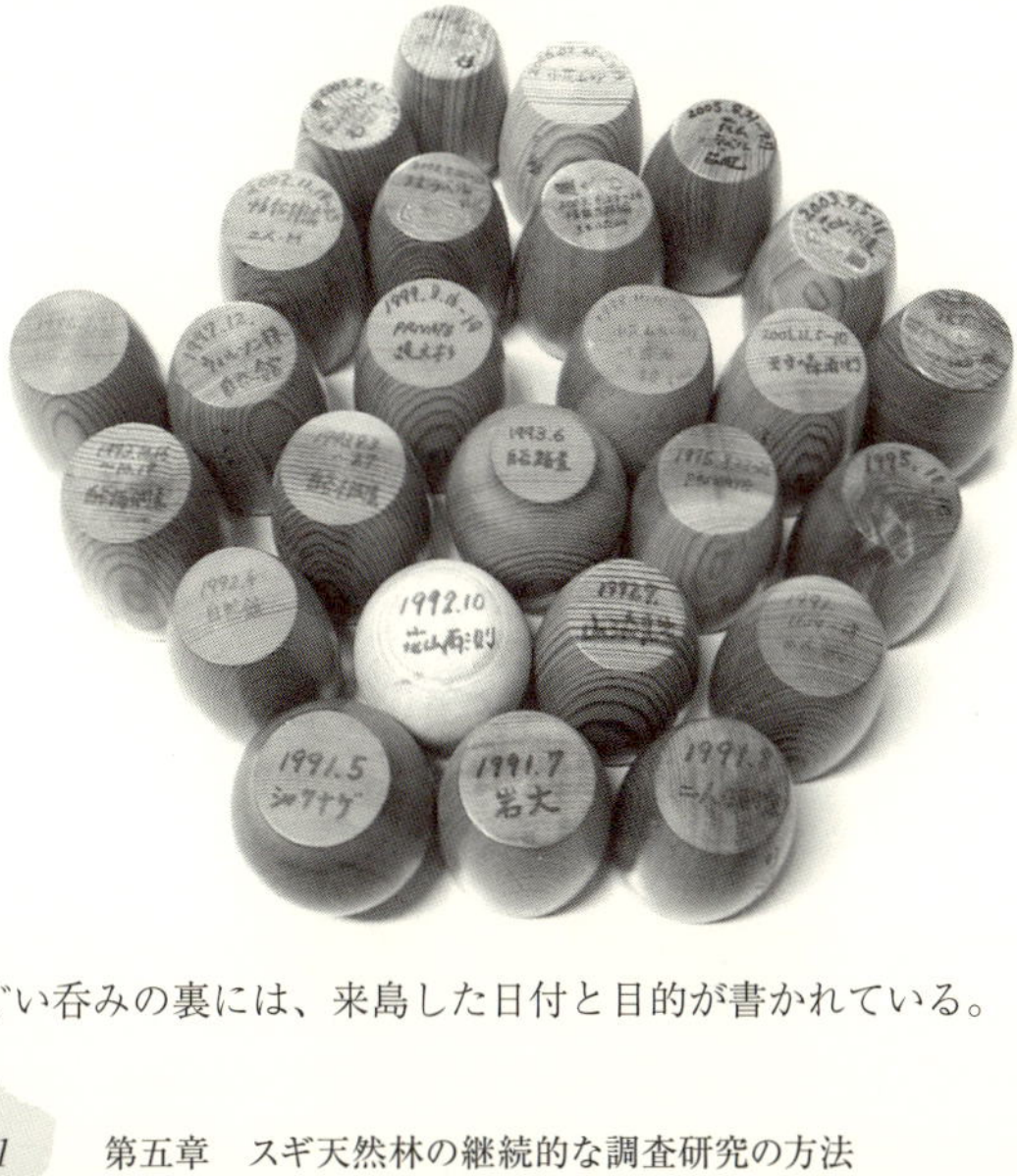

ぐい呑みの裏には、来島した日付と目的が書かれている。

第六章　スギ天然林のうつりかわり
―三〇年間の調査から―

高嶋　敦史

屋久島のスギ天然林調査の歴史

昭和四五（一九七〇）年、林野庁は屋久島の学術調査を行い、スギ天然林が非常に貴重であり、これを永続的に維持保全する必要があるとの報告を出しました。この報告を受けて、熊本営林局（現九州森林管理局）は、昭和四八（一九七三）年から四九（一九七四）年にかけ、スギ天然林内の五か所に一〇〇メートル四方（一ヘクタール）の大規模な固定試験地を設定しました。固定試験地とは、何度も繰り返し調査を行えるよう森林の中に設けられた区域のことを指します。繰り返し調査を実施することにより、一度きりの調査ではわからない、森林の動態（変化）を把握することが可能になるのです。

スギ天然林内の五か所の試験地は、ヤクスギランド内に三か所、花山原生自然環境保全地域内に一か所、白谷自然休養林内に一か所と島内に分散して設置され、広域にわたるスギ天然林を網羅しています。これらは、それぞれ「小花山」試験地、「天文の森」試験地、「二人だけの小《こ》径《みち》」試験地、「花山」試験地、「白谷」試験地と名づけられました（「白谷」は後に〇・八ヘクタールに縮小）。なお、「白谷」を除く四つの試験地は、江戸時代前後の伐採以降、人間の活動による影響を受けていません。「白谷」に関しては、明治時代にも伐採が行われたのではないかという記録が残っています。

固定試験地の概要

	試験地	標高（m）	面積（ha）	測定年			備考
				第１回	第２回	第３回	
1	小花山	1100	1.0	1973	1988	1998	ヤクスギランド内
2	天文の森	1200	1.0	1973	1988	2001	ヤクスギランド内
3	二人だけの小径	1050	1.0	1973	1991	2002	ヤクスギランド内
4	花山	1250	1.0	1974	1992	2003	花山原生自然環境保全地域内
5	白谷	850	0.8	1974	1993	2004	白谷自然休養林内

注）白谷試験地は設定当時 1.0ha であったが、第２回測定時に 0.8ha に縮小された

これらの試験地が設定された昭和四八年から四九年という時代は、このような大規模固定試験地を設定するような研究例は、まだ多くは存在しませんでした。また、仮に固定試験地が設定されても、再調査・再々調査の際の利便性を考慮して、アクセスの良い場所が選ばれることが多かったと言われています。それに対し、私たちの五か所の固定試験地は、最短でも山道を三〇分程度歩いて辿り着く、代表的なスギ天然林内に設定されています。最もアクセスの悪い「花山」では、登山口から三時間以上かけて、標高差八〇〇メートルを登ります。調査地に辿り着くことすら大変ですが、このような場所に試験地を設定した熊本営林局の決断のおかげで、現在までスギ林の貴重なデータが蓄積されつつあるのです。

私たちは、これらすべての試験地で、直径四センチメートル以上のすべての樹木を対象にして、約一五年間隔で調査を実施しています。平成一六（二〇〇四）年をもって、第五章で紹介している継続調査が、五つの試験地すべてで三度ずつ完了しました。そして、この三〇年間のスギ天然林の動態も明らかになってきました。ここでは、その結果をお伝えしていきます。

スギ天然林の樹種構成

「天文の森」の樹種構成については、第七章に詳しく紹介しています。他の試験地でも、結果はほぼ同様でした。よってここでは代表的な樹種を挙げ、それらがどの程度の高さまで成長するかを記述するにとどめておきます。

スギ天然林に生育する樹種は、成長すると樹高が一五メートルを超え上層（林冠層）に達するものと、下層で一生を終えるものの二つのタイプに分類されます。前者の代表的な

ヤマグルマ

ヒメシャラ

ハリギリ

種として、針葉樹ではスギ、モミ、ツガの三種、広葉樹ではヤマグルマ、ヒメシャラ、ハリギリなどが挙げられます。後者には、シキミ、サカキ、ハイノキ、イヌガシ、サクラツツジなどの広葉樹が含まれます。

植物は、種によって最大でどのぐらいの大きさまで成長するか、あらかじめ決まっています。スギ天然林の代表的な樹種を樹高の高い順に並べると、スギが樹高三〇～三五メートルと突出した高さになり、台風等の強風により梢を失った個体でも、二〇～三〇メートルの高さを維持しています。続いて、ヤマグルマが樹高一五～二〇メートルとスギの下の層まで達し、シキミやサカキは樹高一〇～一五メートル、ハイノキやサクラツツジは樹高七～一〇メートルと、スギと同じように林冠層を形成することはありません。

私は、スギがこの林の中でとりわけ高い樹高をもつことは、生きていくうえでの重要な利点になると考えています。スギは明るい環境を好む樹木ですから、周りに自分より高い木があると、成長に必要な光を得ることができず、枯れてしまいます。たとえ梢を失っても、樹冠を他の広葉樹より上に広げるということは、スギにとって非常に重要な生存戦術なのです。

スギ天然林の特徴

樹木の成長

さて、スギ天然林に分布する樹木の胸高直径（地上一・二メートルの高さの直径。以下直径と略す）は、一年間でどのぐらい太くなっているのでしょうか。

スギの直径の成長量は、その大きさ（太さ）に応じて異なっています。直径五〇センチメートルだと年間一～二ミリメートルですが、直径八〇センチメートルだと最も成長が良く、年間

サカキ

二〜三ミリメートルに達します。一方、直径が一メートルを超えると成長が悪くなり、年間一〜二ミリメートルになってしまいます。

では、直径が一メートルを超えるスギは、なぜ成長量が小さくなるのでしょうか。直径が一メートルを超えるスギは、江戸時代ごろの伐採以前から成育していた個体と考えられ、その後更新した直径一メートル未満の個体と成長特性が異なっている可能性があります。また、直径一メートルを超えるスギは樹高が高いので、台風などの強風で梢や枝が消失し、光合成を行う葉の量が減少するためとも考えられます。しかし、その原因は、はっきりとはわかっていません。

一方、広葉樹の直径成長量は、その種が最大でどのくらいの高さまで成長するかによって異なります。樹高が上層まで達するヤマグルマは、年間約一〜一・五ミリメートル成長します。一方、一生を下層で過ごすシキミ、サカキ、ハイノキ、サクラツツジなどは、年間約〇・五〜一ミリメートルしか成長していません。

これらの結果から、スギ天然林で生育する木々の直径成長は、種や最大サイズに応じて差があるということができるでしょう。また、これらの直径成長量は、他の地域に生育する木々と比べて、全体的に小さな値です。これは、屋久島の基岩が花崗岩であり、スギ天然林の土壌も栄養が乏しいためと思われます。また、屋久島の特徴である多雨により、せっかく生成した土壌も流失しやすいことが影響しているでしょう。

樹木の枯死

試験地設定当時、計四・八ヘクタールの五つの試験地内には、合計七〇二本のスギが分布していました。そして、平成一〇（一九九八）年から一六年にかけて実施された三度目の測定の

着生個体の直径測定の様子（撮影／吉田茂二郎）

際には、そのうち六六本が枯死していました。百分率になおすと、九・四％になります。
それでは、どの直径サイズのスギが枯死したのでしょうか。直径六〇センチメートル以下では三七九本のうち六〇本（一五・八％）が枯死していました。それに対して、直径六〇～一〇〇センチメートルでは二五二本のうち四本（一・六％）、直径一〇〇センチメートル以上では七一本のうち二本（二・八％）しか枯死していませんでした。
直径サイズの小さいスギは、江戸時代の伐採後に発生した集団と考えられます。ですから、現在までに枯死してしまったスギの大半は、その集団の中で大きくなりきれなかった個体といえるでしょう。また、スギは直径六〇センチメートルを超えると、なかなか枯死しないということも明らかになりました。
広葉樹では、切株等に着生するヤマグルマの枯死が目立ちました。試験地設定当時に分布していた個体のうち、すでに三割近くが枯死しています。斜めに幹を伸ばすことの多いヤマグルマは、サイズが大きくなるとバランスをとるのが困難になり、強風で倒れたり折れたりしてしまうのです。一方、一生を下層で過ごすハイノキは、最大でも直径一五センチメートル程度にしかなりません。一定のサイズになると枯死してしまうようです。また下層に存在する樹木は、スギ、モミ、ヤマグルマ等の大木が倒れた際に、巻き添えで死んでしまいます。このような場合、樹木の存在しない「ギャップ」と呼ばれる空間が生まれ、林床の光環境がよくなる現象を伴います。ギャップができれば、林床のスギ稚樹の成長が促進され、やがてそれらは上層の開いた空間を埋めていくのです。

進界木

約一五年ごとに調査を繰り返していると、「前回は測定対象でなかったが、成長して今回は測定対象になった」という個体が出てきます。これらは「進界木《しんかいぼく》」と呼ばれるのですが、ここではこの進界木についてお話しします。

スギの進界木は、五つの試験地の三〇年間を通じて、わずか五本しか記録されませんでした。前述のように、枯死木が六六本であったことから、本数は差し引き六一本の減少になりました。これらのスギ進界木は、「二人だけの小径」の沢沿いの明るい場所に集中していました。スギの稚樹が生育するには、明るい光環境が必要だということが知られています。今回の調査から、現在のスギ天然林内には、スギの稚樹が生育するような明るい林床が、ほとんど存在しないということが確認できました。

しかし、このような暗い林床の光環境でも、広葉樹は十分生育可能です。よって、進界木のほとんどがハイノキ、サクラツツジ、シキミ、サカキといった下層に生育する広葉樹です。これらの広葉樹の本数は、スギ天然林の中で確実に増加しています。

江戸時代前後のスギ伐採の実態は？

＊1：未発表データ

現在のスギ天然林の林床は暗く、スギ稚樹は生育できません。では、現在の林冠を構成するスギは、どうして成長することができたのでしょうか。

屋久島のスギ林では、江戸時代前後に大規模な伐採が行われました。そして伐採後には、林床の光環境は大幅に改善され、スギ稚樹が大量に発生したと考えられます。それでは、当時のスギの伐採の強度は、いったいどの程度だったのでしょうか。ここでは、ヤクスギランド内の「小花山」、「天文の森」、それに「二人だけの小径」について、林内に残る切り株を測定した結果をお話しします。

図に、三つの試験地に残されていたスギの切株の測定結果をまとめてみました。ここでは、斧等で伐採された人工的な切断面が明瞭であるものを「切株」と呼んでいます。切株のような形をしていても、腐朽が激しかったりして切断面が不明瞭なものは、「存在跡」と区別するよ

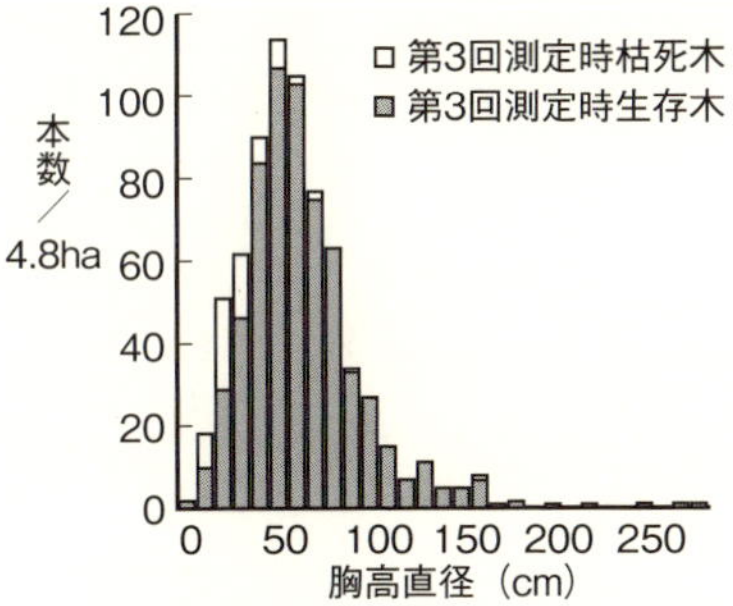

試験地設定当時のスギ直径階別本数と枯死の関係（5試験地合計）＊1

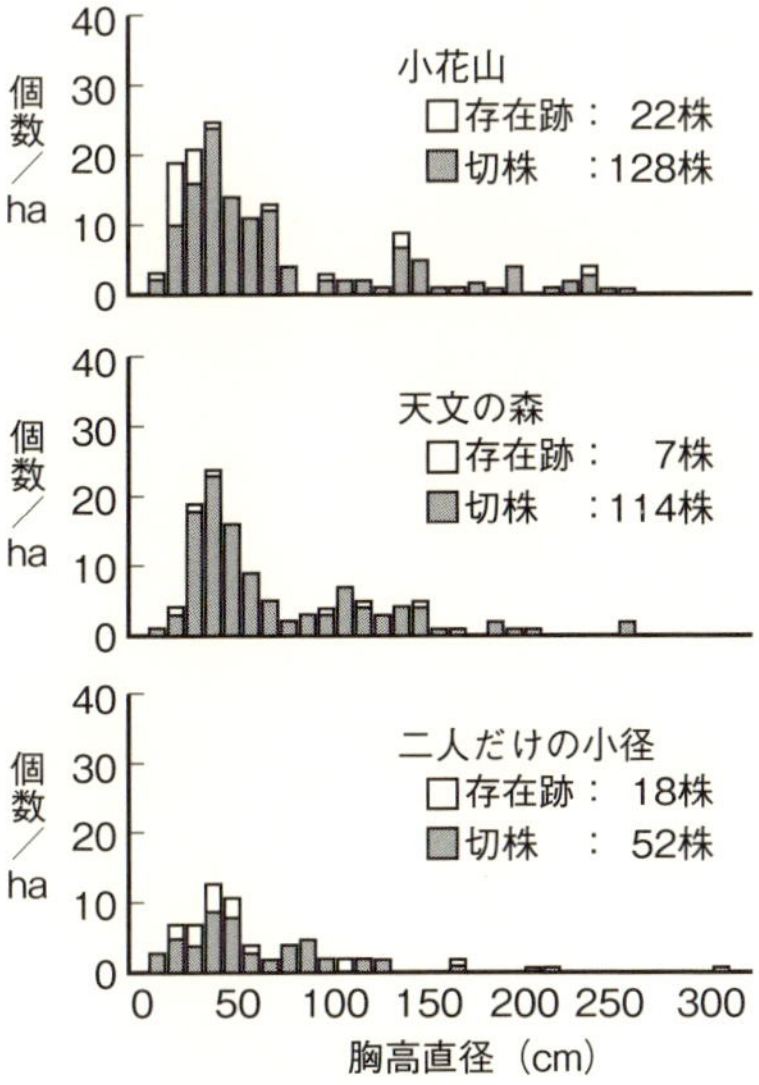

1haの試験地内に残存するスギの切株・存在跡の数＊1

うにしました。

するとスギの切株は、「小花山」に一二八株、「天文の森」に一一四株、「二人だけの小径」に五二株存在していました。なお、スギの存在跡は「小花山」に二二株、「天文の森」に七株、「二人だけの小径」に一八株確認できました。これらの試験地に現在生存するスギは、「小花山」で一九五本、「天文の森」で一一二本、「二人だけの小径」で一二三本です。このことから、江戸時代前後の伐採は、非常に大規模なものであったことがうかがえます。

また、この図で着目したいのは、切株がサイズの大きなグループと小さなグループに分かれる点です。この傾向は、「小花山」と「天文の森」でよくあらわれており、直径八〇～九〇センチメートル付近が、二つのグループを分ける閾値になっています。

ここで私は、サイズの大きな切株はこの伐採前から存在した個体、サイズの小さな切株は伐採が始まってから発生した個体と推察しています。現在、九州大学と福島大学が取り組んでいる年輪の解析から、この時代の伐採は、約三〇〇年間の長期にわたって実施されたことが明かされようとしています。すると、初期の伐採によるギャップに発生したスギは、伐採後期にはすでにある程度の大きさまで成長していたと考えられます。これらのスギも、そのときには十分伐採の対象と成り得たことでしょう。

すると、江戸時代前後の伐採が始まる前の森林は、切株の中でサイズの大きなグループに属する、直径九〇センチメートルを超えるスギがまばらに存在する林だったと推察されます。しかしながら、この仮説に対する科学的な根拠を得るには、もうしばらくデータの集積や解析が必要と思われます。

いずれにせよ、この切株の測定結果は、当時の伐採が林床の光環境を大幅に改善したことを裏付けるものです。仮にこの伐採が行われず、林床の光環境が暗いままだったとしたら、スギ稚樹の大量発生は起きなかったはずです。この場合、今日のスギ天然林は、ハイノキ、サクラツツジ、シキミ、サカキといった広葉樹の中に、直径一メートル以上のスギがまばらに存在する、現在と大幅に異なる様相を呈していたことでしょう。

「天文の森」試験地にそびえる釈迦杉

おわりに

私は、「天文の森」の中に立つ釈迦杉《しゃかすぎ》と、その周りに広がる風景が大好きです。平成一三（二〇〇一）年に、初めて屋久島のスギ天然林の調査を経験した場所だからかも知れませんが、何度訪れても素晴らしさを感じることのできる場所です。

しかし、樹齢が一〇〇〇年を超えると思われる釈迦杉も、心持ち傾いているように見えますし、これからの一〇〇〇年を生き抜くことは容易でないと思われます。今回書きましたように、屋久島のスギ天然林は常に変化しています。高齢な木が多く、その変化はなかなか肌で感じることはできませんが、長い長いタイムスケールの中で少しずつ変化しています。現在も、大きな木が倒れたギャップには新しい稚樹が定着しているのが見受けられます。

今後、私は数千年という時間を遡り、スギ天然林を維持・管理していくうえで重要な情報となり得るこれらの林の成り立ちを解明していきたいと考えています。

第七章　屋久島のスギ天然林の今と昔

新山　馨

はじめに

屋久島のスギ天然林は、江戸時代の伐採とともにできあがってきたことが知られています。ですから、屋久島のスギ天然林は、決して、人跡未踏の原生林ではありません。むしろ、大きくて立派なスギがほとんど伐採された後、自然に更新した森林であることが、しだいに明らかになってきました。縄文杉に代表される樹齢一〇〇〇年以上のヤクスギは、この江戸時代の伐採を免れた生き残りです。

では現在、屋久島のスギ天然林は、どのような状態になっているのでしょうか。ここでは、新たに設定した四ヘクタール（二〇〇メートル四方）の試験地のデータを基に、屋久島のスギ天然林の現在と過去の姿について紹介します。

新しい試験地は、ヤクスギランドの奥、太忠岳への登山道沿いにあります。これは、昭和四八（一九七三）年に熊本営林局と鹿児島大学が共同で設定した「天文の森」試験地（現在、九州大学吉田氏が継続調査中）を拡張したものです。

ヤクスギとは

「ヤクスギ（屋久杉）」というのは、地方名で、正式な学術上の名称ではありません。「吉野スギ」、「秋田スギ」、「魚梁瀬《やなせ》スギ」は、どれも種としては同じスギ *Cryptomeria japonica* です。「スギ」は標準和名、「*Cryptomeria japonica* 」は学名です。

調査地の林冠の様子
スギ，モミ，ツガの針葉樹種が最上層（林冠）のほとんどを占めている。

特に屋久島では、樹齢一〇〇〇年を超えて、年輪が詰まった、木目の美しい状態になったものを「ヤクスギ」、それより若く成長が盛んで年輪幅の広いものを「コスギ」と呼んで区別されてきました。これはあくまで便宜的な呼び名（通称）で、生物学的にはすべてスギという種です。

スギ天然林にはどんな樹種が生育するか

試験地内に生育する胸高直径（胸の高さ、地上高一三〇センチメートルでの直径）が五センチメートル以上の幹をすべて調査しました。その結果、四九八一本の幹があり、三一種類の樹種が確認できました。

すべての樹種が、大木となって大きな樹冠をつくるのではありません。低木や亜高木性の樹種など、あまり太くならずに一生を終えてしまう樹種もたくさん見られます。

まず、最大胸高直径が一メートルを超えるスギやモミ、ツガなどの温帯性針葉樹が、森林の最上（林冠）層を優占します。その隙間に、ハリギリ、ヤマグルマ、ヒメシャラなどの高木性の広葉樹が樹冠を広げます。

それらの林冠の下や空いた空間をシロダモ、シキミ、サクラツツジなど、亜高木、低木性の樹種が埋めていきます。そ

「天文の森」試験地（4ha）の種組成

種名	幹数	最大胸高直径（cm）	基部断面積（m^2）	（%）
1 サクラツツジ	1661	30.0	17.1	3.8%
2 ハイノキ	966	17.8	3.8	0.8%
3 シキミ	640	44.9	8.2	1.8%
4 スギ	570	269.3	282.9	63.0%
5 シロダモ	413	40.3	3.2	0.7%
6 ヤマグルマ	199	134.0	34.5	7.7%
7 サカキ	130	38.9	2.5	0.6%
8 ヒメシャラ	53	94.5	5.5	1.2%
9 ツガ	52	180.2	38.0	8.5%
10 ウラジロガシ	43	61.3	2.9	0.7%
11 モミ	39	181.9	38.7	8.6%
12 サザンカ	39	23.4	0.5	0.1%
13 アセビ	33	33.0	0.7	0.2%
14 ヤブツバキ	27	23.6	0.5	0.1%
15 カナクギノキ	22	57.2	1.4	0.3%
16 リョウブ	20	45.9	0.4	0.1%
17 ハリギリ	14	142.9	7.6	1.7%
18 ヒサカキ	13	14.2	0.1	0.0%
19 ユズリハ	10	23.2	0.1	0.0%
20 エゴノキ	8	33.9	0.4	0.1%
21 カクレミノ	7	12.3	0.0	0.0%
22 ソヨゴ	5	17.5	0.0	0.0%
23 ヤブニッケイ	5	9.3	0.0	0.0%
24 カラスザンショウ	3	12.7	0.0	0.0%
25 アオツリバナ	2	15.3	0.0	0.0%
26 イヌツゲ	2	14.5	0.0	0.0%
27 ヤマボウシ	1	29.7	0.1	0.0%
28 ヤクシマカラスザンショウ	1	18.6	0.0	0.0%
29 ナナカマド	1	12.3	0.0	0.0%
30 ヒメヒサカキ	1	7.4	0.0	0.0%
31 ミヤマシキミ	1	5.9	0.0	0.0%
総計（4ha）	4981	269.3	449.3	
1ヘクタール当たり	1245		112.3	

シロダモ

ヒサカキ

して、低木性のハイノキが密に林床を覆うという状況が、このスギ林の特徴です。

この他に、ウラジロガシやエゴノキ、カラスザンショウといった個体数の少ない種が散在し、この森林の種多様性を高めています。これら以外にもヤブツバキ、サザンカ、ヒサカキといった照葉樹林に多い樹種も出現しています。

幹の断面積の合計値ではスギが圧倒的に優占していますが、本数ではサクラツツジやハイノキが多い林です。

このようにスギが優占するのは、この付近の標高（一二〇〇メートル）が、温度と降水量の面でスギにきわめて適した気候条件になっているからです。

屋久島のスギ天然林は、スギという主役だけでなく、脇役や少しだけ顔を出す端役の樹種も含め、種多様性の高い森林として成り立っています。

スギ天然林は今

試験地には、太いものから細いものまで、さまざまな直径のスギが分布しています。現在のスギは、①江戸時代の伐採を免れたスギ、②伐採後に更新したスギ、③ここ一〇〇年ほどの間の台風や地滑りで更新したスギ、の三つのグループから構成されていると考えられます。

残念ながら胸高直径だけで、これら三つグループの区別はできません。大まかに分けると、直径一二〇センチメートル以上が第一グループ、それ以下が第二グループ、さらに直径三〇センチメートル以下が、最近更新した第三グループといったところでしょうか。特に直径二〇〇センチメートル以上のスギは、伐採以前より生育していた「ヤクスギ」なのかもしれません。

スギが芽生えて成長するには、まず、かなり明るい環境が必要です。屋久島では標高の高い

スギが更新している場所
スギが成長するには明るい環境が必要で，暗い林内では更新できない。スギの若木が見られるのは，台風などの撹乱によりできた明るい場所の下の崩壊地で，こうした場所には他の広葉樹種はあまり見られない。

道端に、スギの稚樹が多く見られるのはそのためです。したがって、林冠に葉が茂った暗い林内では、スギは更新できません。

試験地では、江戸時代に更新したスギがたくさん生育し、林冠はほぼ閉鎖して、林内は暗い状態になっています。魚眼レンズという特殊なレンズで全天（三六〇度）を一枚の写真に納めてみました。空の部分（開空度）は最大でも一〇・七パーセントと、よく林冠が閉鎖した森林であることがわかります。

また、スギの芽生えは、落ち葉のたくさんたまった場所が苦手のようです。落ち葉や腐葉土のない倒木や古い切株上に、スギの稚樹が多く見られます。少し表面の土砂が動いたような場所は、風化した母材（花崗岩）が露出し、スギの絶好の更新場所になります。一〇〇〇年単位の大規模な地滑りによって、いっせいにスギが更新するという研究例もあります。

林内の光環境と土壌の条件が良くなる台風や地滑りなどの撹乱がないと、新たなスギの発芽・定着は難しいでしょう。特にハイノキが密に茂った場所では、スギの更新は難しそうです。現在、若いスギが見られるのは、試験地のごく限られた部分だけです。

江戸時代の伐採は？

江戸時代の伐採は、寛永一九（一六四二）年頃から始まったといわれています。その根拠は、島津藩が屋久島に代官を置いた年が寛永一九年だからです。

もちろん詳しい記録はありませんが、この頃から、平木として割り易いまっすぐなスギが本格的に伐採されだしました。一方、幹が曲がりくねって、その中が空洞で平木に使えそうもないスギだけが、伐り残されたと考えられています。これが現在のいわゆる「ヤクスギ」になっているのです。

まっすぐで立派な木が伐られ、縄文杉のようにゴツゴツとして、曲がったスギは生き残りました。何が幸いするかわかりません。縄文杉よりも立派で通直なスギが伐られ、生き残ることができなかったのは皮肉なことです。

伐採は、川沿いや歩道沿いの搬出しやすいところから始まったと思われます。したがって、場所によって伐採の年代はズレています。例えば、瀬切川流域の伐採時期は、歩道に近い下流ほど早く、上流ほど遅くなっています。

試験地の全天写真
開空度は、最大でも 10.7%だった。

いずれにせよ寛永一九年からの二〇〇年余りの間に、全島で幅広く伐採が行われたことが、現在の大きなスギの切株の分布から見ても間違いないことです。

また、林内に残っているスギの切株の直径を見ると、さまざまな直径のスギが伐られたことがわかります。決して大木ばかりが伐採されたわけではなさそうです。また、伐採が二回行われた可能性のある場所もあります。

正直なところ、スギの切株と枯死木の株の区別は難しいものです。図に示した切株のなかには、江戸時代に伐採された切株だけでなく、その後に枯死した木の株も入っていると思われます。

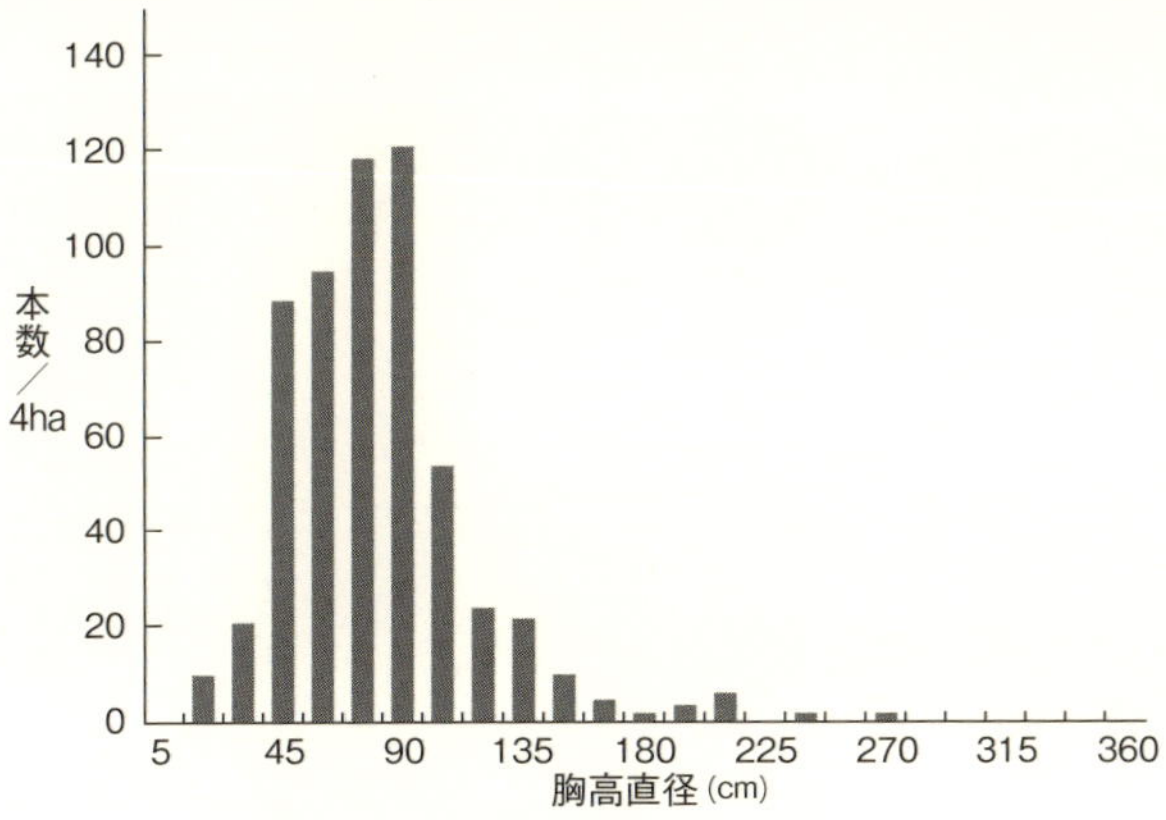

「天文の森」試験地（4ha）でのスギの胸高直径の頻度分布

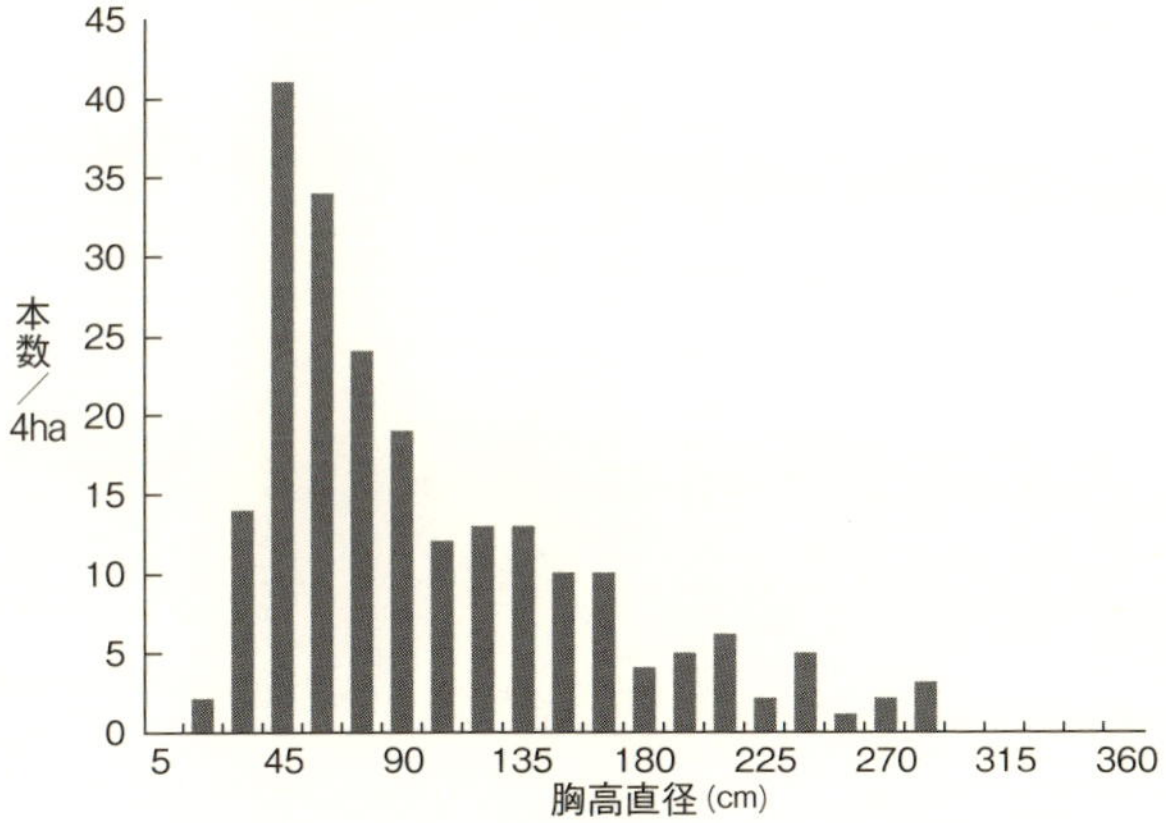

「天文の森」試験地（4ha）でのスギ切株の胸高直径の頻度分布

今後、年輪解析などの研究が進展すれば、江戸時代の伐採の状況が明らかになるかもしれません。われわれの研究チームでは、切株や倒木の年輪解析も同時に進めています。

将来のスギ林は？

現在の屋久島のスギ天然林は、江戸時代に更新した個体の中の劣勢木が、自己間引き現象で枯死しつつある状態と考えられています。自己間引きとは、同種の個体どうし、この場合はスギどうしが、光を巡って成長を争い、負けて劣勢になった木から枯れていく（間引かれていく）ことをいいます。

しばらくは、江戸時代に更新したスギの成長と自己間引き、それに伴う個体数の減少が続くでしょう。大きな台風や土砂崩れがあれば、新たなスギの更新は始まります。ですが、いつ、どこで、どの程度の広さで更新するかは、現在では予測は非常に難しいです。

スギは、標高九〇〇メートルから一四〇〇メートルが生育適地で、個体数も多く絶滅などの心配はありません。しかし、スギ林内に出現するモミやツガは、個体数も少なく、更新がうまくいくか心配な面もあります。今後、中国大陸からの大気汚染物質が、どのように影響するかということも心配な点です。

森林の動きは、きわめてゆっくり進みます。人間社会の好不況や戦争などを超えて、数百年、数千年の時間スケールで進んでいきます。私達が設定した試験地が、屋久島のスギ天然林の本当の姿を明らかにするために、少しでも役に立てばと心から願っています。

第八章　遺伝子から見たスギ天然林

高橋　友和

はじめに

「屋久島のスギを研究してみないか」。私が新潟大学の大学院生だったとき、研究を指導していただいていた方から、私にとっては望外のお誘いがありました。当時、全国のスギ天然林の遺伝的な関係を研究していた私にとって、屋久島は「スギの聖地」であり、また「あこがれの地」でありました。ですから、この誘いには間髪入れずに快諾しました。それから、「屋久島のスギ天然林」を対象とした研究を進めることができ、たいへん充実した研究生活を過ごすことができました。

これまでに、多くのスギ天然林の生態学的な研究が行われています。本書でも、そうした研究の成果が紹介されています。私は、スギの遺伝子（ＤＮＡ）情報を活用することで、これら生態学的な研究とは異なる視点から調査を行いました。

樹木のＤＮＡを調べてわかること

ＤＮＡ（デオキシリボ核酸）はあらゆる生物に存在し、その生物の遺伝情報が収められています。科学技術の向上とともに、現在ではＤＮＡに詰まっている情報を活用し、さまざまな分野に利用されています。ヒトの親子判定や犯罪捜査などで行われているＤＮＡ鑑定などが、わかりやすい例と言えるでしょう。

それではスギのような樹木において、DNAを用いた分析から具体的にどのようなことがわかるのでしょうか。

第一に、各地域に生育するスギの遺伝的な違いを調べることができます（第三章参照）。例えば、スギは日本海側の多雪地域に適応したウラスギと、太平洋側の地域に適応したオモテスギがあると言われています。DNA分析の結果、これらは遺伝的に分かれていることが明らかになりました。また、屋久島のスギはオモテスギに遺伝的に近いこと、他の太平洋側集団にない特徴を持っていることがわかりました。

第二に、外見上まったく別の個体だと思われるものでも、DNAを調べることで同じ個体であるかどうか確認することができます。植物の中には、地上では別の個体のように見えるものでも、実は根系でつながっているものが存在します。身近な例として、ササやタケなどがあげられます。どのような植物でもクローン（まったく同じ遺伝子をもつ個体）であるかどうかは、DNAを用いた分析で調べることができます。また、逆の場合もしかりです。

第三に、個体間の血縁関係がわかります。例えば、ヤクスギとコスギの親子関係や、コスギたちの兄弟関係といったことを明らかにすることができます。さらにこれらの関係がわかれば、種子の散布距離や花粉の飛散距離など生態的な特性の把握も可能となります。

この章では、スギの針葉より抽出したDNAを用いた分析からわかってきた「ヤクスギ巨樹は合体木？」、「スギ天然林の血縁関係」という二つの話題について紹介します。

ヤクスギ巨樹は合体木？

縄文杉を初めとして、屋久島には多くのヤクスギ巨樹が生育しており、三七本のヤクスギ巨

一〇メートル以上にも伸びる測桿を使用して、大川林道のスギから針葉を採取する。こうした調査には許可が必要。

樹に名前がつけられています。これらのほとんどのヤクスギ巨樹は、複数の太い幹を持っています。これは、不定枝（通常は芽が出てこない部位から生じた芽が成長してできた枝）の形成によるもの、あるいは複数の個体が合体した（合体木）ことに起因すると考えられます。

ここで言う合体木とは、元々別の個体であったものが生育過程で融合し、見かけ上一個体のようになったもののことを指します。実際に、一個体なのか合体木なのか、外見では判断のつかないようなヤクスギ巨樹が数多く存在します。

例えば以前、「縄文杉は合体木か」という話題がありました。その理由として、推定樹齢のわりに幹の直径が太いこと、また樹皮に接合したかのような縫線があるということからでした。

こうした中で、元鹿児島大学の林重佐先生がアイソザイム分析（遺伝子の直接産物であるタンパク質の変異を検出する方法）から、縄文杉は合体木ではないと結論付けています。ただし、アイソザイム分析は、ＤＮＡ分析と比較して精度の高い方法ではないので、同一個体かどうかという調査には向きません。

今回は、縄文杉、七本杉《ななほんすぎ》など六本のヤクスギ巨樹を選び、それらの太い幹四〜八本の針葉から抽出したＤＮＡを用いて、これらが合体木な

七本杉は白谷雲水峡の白谷山荘近くに生えている。幹は一つだが、上部で七つに分かれていて、いくつかの個体が癒合した「合体木」なのか、一個体から枝分かれしたものなのか、見た目ではわからない。しかしＤＮＡを分析すれば答えが出る。

のかどうか調べてみることにしました。

その結果、ほぼ一〇〇パーセントの確率で、調査したヤクスギ巨樹はすべて合体木ではないことがわかりました。今回、調査したヤクスギ巨樹については、一つの個体からあれだけの大きさにまで成長したということが科学的に確かめることができたわけです。

スギ天然林の血縁関係

屋久島のスギ天然林は、江戸時代に大きくて立派なスギがほとんど伐採され、その後に更新した森林であることが生態学的な研究から次第に明らかになってきました。この結果、現在のスギ天然林は「江戸時代の伐採を免れたスギ」、「伐採直後に更新したスギ」および「ここ一〇〇年ほどの間の台風などの攪乱後に更新したスギ」の三つのグループから構成されていると考えられます。

では、これらのグループには、どのような遺伝的（血縁）関係があるのでしょうか。例えば、伐採を免れたと考えられるヤクスギ巨樹の周りには、その子供たちが生育しているのでしょうか。この疑問に対しても、私たちはＤＮＡ分析を行いました。

対象としたスギ天然林は、ヤクスギランド内の「天文の森」に設定した四ヘクタール（二〇〇メートル四方）の試験地です。この試験地に生育する胸高直径五センチメートル以上のすべてのスギを対象として、調査を行いました。

まず試験地内において、江戸時代の伐採を免れたと考えられる胸高直径一一〇センチメートル以上の太いスギ（五一個体）と、その後更新したと考えられる胸高直径一一〇センチメートル未満の細いスギ（四八二個体）に大別して、それらの間で親子関係（種子親あるいは花粉親とその子供）の有無を調べました。

この分析には、「ヤクスギ巨樹は合体木？」で使ったマイクロサテライトマーカーを用いていますが、このマーカーは図のように母親からも父親からも子供に遺伝するので、太いスギが種子親（母親）であるか花粉親（父親）であるかまでは決定できません。そこで、スギでは花粉を通して父親から子供に遺伝する（母親からは遺伝しない）葉緑体のＤＮＡを調べて、親子関係のある中からさらに父親なのか母親なのかに分けてみました。

その結果、試験地内の太いスギを種子親に持つ細いスギは、全四八二個体中三三個体でした。残りの四四九個体の細いスギは太いスギの中に種子親が見つかりませんでした。研究を始めた当初、太いスギの周りには、そのスギの種子から育った子供たちが多く更新しているのだろうと予想していたのですが、その数は意外に少ない結果でした。このことから、試験地内の細いスギたちは、その近くに生育している太いスギの種子だけでなく、試験地外のスギの種子によっても更新していることがわかりました。

それでは、スギの種子はどのくらいの範囲まで散布されているのでしょうか。

DNA分析を行ったヤクスギ巨樹

巨樹名	分析した枝数	胸高周囲（m）	樹高（m）	分布場所	分布標高（m）
縄文杉	4	16.4	25.3	大株歩道沿い	1,300
川上杉	4	8.9	27.0	安房林道沿い	1,280
七本杉	9	8.3	18.0	白谷雲水峡	850
弥生杉	6	8.1	26.1	白谷雲水峡	710
太古杉	9	8.5	17.6	宮之浦歩道沿い	1,280
万代杉	8	8.6	13.2	モッチョム登山道	800
釈迦杉	7	8.4	29.1	太忠岳登山道	1,200

分析にはマイクロサテライトマーカー8遺伝子座（Cjg0078、Cjg0175、Cjs0333、CS1219、CS1364、CS1525、CS1579、CS2169）を用いた。
胸高周囲、樹高、分布場所、分布標高は、屋久杉自然館（1999）を参考にした。

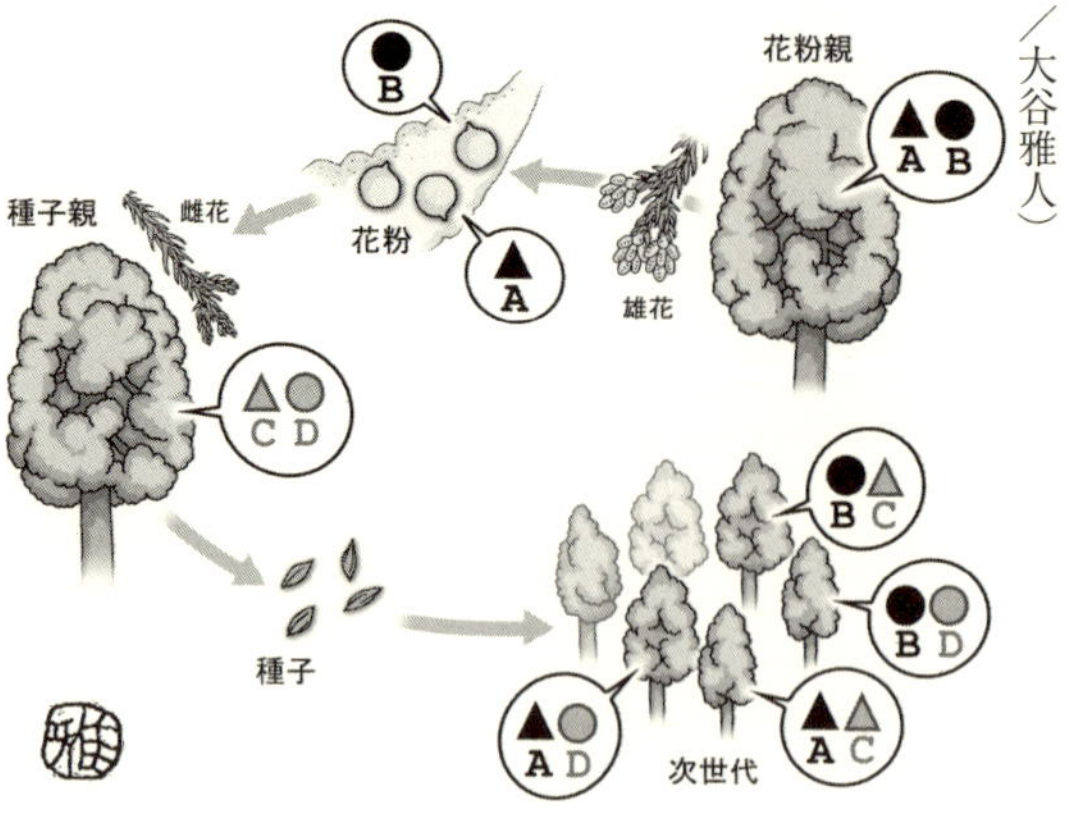

花粉親と種子親から次世代に遺伝子が伝わる様子
花粉親の持つ一対(二個)の遺伝子は一個ずつ花粉に入って雄花から飛び出し、雌花に届く。雌花では種子親の持つ一対(二個)の遺伝子のうちの一個が花粉と合体して、一対(二個)の遺伝子を持った種子が出来、それが次世代へと育つ。したがって、親と子ではいずれか一個の遺伝子が同じ型のはずである。多数対の遺伝子について検査すれば、確実な親子関係を調べることができる(原図/大谷雅人)

このことは、先ほどのデータを用いることで、ある程度推測することができます。つまり種子親と子供の関係にある太いスギと細いスギがわかっていますので、両者の距離から、種子の散布範囲を調べることができるのです。

その結果、試験地内の三三組の親子では、種子の散布範囲は〇～二〇メートルまでの頻度が最も多いことがわかりました。また、距離が遠くなるほど頻度が減少していくけれども、試験地内で最も遠距離になる二〇〇メートル前後でもまだ頻度が〇にはならないこともわかりました。種子親がいない四四九個体のうちの多くは、それより遠い距離となる周辺の広範囲な森林から飛んできたものでしょう。なお、ここでは種子親と子供という直接の関係だけを見ており、祖父母と孫のようなやや縁の遠い関係は調べていないので、四四九個の中にはそのようなものも含まれていると思います。

江戸時代の伐採状況がどのようなものか、DNAのデータだけでは推測することはできませんが、その伐採によりできた林冠ギャップ(光条件の良い更新に適した場所)には、試験地内外からスギの種子が散布され、更新したことが予想されます。

したがって、現在のスギ天然林は、一部の伐採を逃れた(伐り残された)すぐ近くの太いスギの子供たちだけによって維持されているのではなく、遠くの個体も関与して更新が行われたと考えられます。見た目からも立派な森林であるスギ天然林は、その見た目だけでなく、遺伝的にも多様性が十分に保たれ、維持されていることがわかりました。

終わりに

現在でも、スギ天然林の研究は続いています。これから蓄積されていく生態的なデータ、年輪解析のデータ、そして遺伝的なデータを総合的に考えていくことで、今までわからなかった屋久島のスギ天然林に関する新しい知見が得られることでしょう。

樹木においてＤＮＡを用いた研究は、まだ始まったばかりです。今後はより一層、生態学的な研究と組み合わせることで、さまざまな自然現象の解明に挑戦していく必要があります。また、私たち研究者は、得られた結果をわかりやすく説明していくとともに、実際にその知見が現場に生かされるよう努力していくことが重要だと思います。

私が、屋久島のスギ天然林の研究活動を始めて、はや五年の歳月が過ぎました。屋久島へ調査に行くたび、新たな発見や出会いがあり、その経験を通して勉強になることが多かったと感じています。森林・林業に対する私の思いは、この屋久島での経験が土台となっています。今後とも、この思いを忘れずに毎日を過ごしていきたいと考えています。

ヤクタネゴヨウの部

屋久島と種子島だけに
合計で 2,000 本程度しか存在しないマツのなかま、
ヤクタネゴヨウの危機を救うための研究を紹介します。

ヤクタネゴヨウは屋久スギほど有名ではありませんから、ここで初めて聞いたという方も多いでしょう。

ヤクタネゴヨウは、「屋久種子五葉」という名前のとおり、屋久島とお隣の種子島にしか分布していない、貴重なマツのなかまです。大きくなると胸高直径三メートル、樹高三〇メートルにも達し、スギと並ぶ巨木となります。

この貴重なマツが、現在、絶滅の危機に瀕しています。森林の中に立ち枯れた木が目立つ状態になっていて、環境省による絶滅危惧種の「レッドリスト」では、「絶滅危惧ＩＢ類」に指定されています。これは、国際自然保護連合（ＩＵＣＮ）の規準でいえば「Endangered（絶滅寸前）」にあたる極めて危険な状態です。実際、屋久島で一五〇〇～二〇〇〇本、種子島で三〇〇本しか残っていないと推定されています。

生物を絶滅の危機から救うためには、まずその生物が生育地の自然環境の中でどのように生きているのかを明らかにする必要があります。そこで、ヤクタネゴヨウがどのような条件の地点に生えているのか、照葉樹林の他の樹木とどのような関係にあるのかを調べました（第九章）。

もちろん、個体数減少の要因を明らかにすることも必要です。立ち枯れには生きものがかかわっていて、とても手強い相手であることがわかりました（第一〇章）。

もし大木が枯れてしまっても、それを補う次世代が育っていれば、絶滅は回避できるはずです。しかしヤクタネゴヨウは、自然状態での種子の出来具合が非常に悪くなっていました（第一一章）。そこで、絶滅を回避する緊急手段として、クローン樹木をつくる技術も開発されています（第一二章）。

とはいえ、自然の生物の保全のあるべき姿は、もともとの生育地で継続的に世代を重ねていく状態をとりもどすことです。ヤクタネゴヨウをなんとか自生地で保全するために、どのようにしたらよいのかも考えてみましょう（第一三章）。

第九章　ヤクタネゴヨウの生きる道

永松　大

ヤクタネゴヨウの島

屋久島、世界遺産の森と問われて巨大なヤクスギをイメージする方はあっても、ヤクタネゴヨウを思い浮かべる方はそれほど多くないでしょう。植物、特に樹木の生態学を専門としながら、九州や屋久島に縁のなかった私もまたこの木について知らない一人でした。

「ヤクタネゴヨウ？　ああ、あのガケみたいな斜面に生えている巨木ね」。周囲からのそんな情報が、ヤクタネゴヨウに関する私の最初の知識となりました。ガケに生える巨木にして絶滅危惧種、ヤクタネゴヨウの生きざまにはひとかどの物語が隠されていそうです。ヤクタネゴヨウとはどんな木なのか、多様性の島、屋久島で、どのように生きているのか、がぜん興味がわいてきました。

まずはその姿をこの目で確かめることから始めよう。「ガケ」という言葉をかみしめながら、私が初めて屋久島に降り立ったのは、平成三（二〇〇〇）年一一月でした。ヤクタネゴヨウ研究の先達である森林総合研究所の金谷さんの案内で、ヤクタネゴヨウが自生する屋久島西部林道を訪れました。

初めての屋久島、世界遺産地域の照葉樹林。そこは東シナ海から直接立ち上がっている急峻な斜面でした。そそり立った斜面に照葉樹林が広がり、その中にポツポツとヤクタネゴヨウの

西部林道沿いのヤクタネゴヨウ自生地

茂みが見えます。

ヤクタネゴヨウは、過去の伐採により個体数が減少し、近年はマツ材線虫病による被害などによりさらに個体数が減少したと考えられています。確かに、立ち枯れしたヤクタネゴヨウの幹が残ってできた白骨木がそこここに立っていて、異様な感じを受けます。遠望したヤクタネゴヨウの第一印象は「照葉樹林の海におぼれかけた船」でした。ほうっておくと、照葉樹林に飲み込まれそうだ……。

大小の岩がごろごろした急な斜面を登ること数十分、林道から一番近いところに生えているヤクタネゴヨウにたどり着く。直径約一六〇センチメートル、高さは先が折れていながらも十数メートル、周囲の照葉樹を圧倒する太さ、頭抜けた高さを持ち、ヤクタネゴヨウは単独でポツンと立っていました。根元には大きな岩を抱いている。ヤクタネゴヨウと照葉樹、となりあって生えてはいるけれど、生活のしかたはずいぶん違いそうです。まずは森のすがたを調査して両者の違いをあぶり出そう。そう考えて、研究はスタートしました。

ヤクタネゴヨウの森のすがた

絶滅が心配される種の保全を図るには、第一に自生地におけ

る生活のしかたの特徴、特に更新のメカニズムを明らかにすることが必要です。そもそも自生地でヤクタネゴヨウはどのような状態で照葉樹とともに暮らしているのでしょうか。

屋久島西部地区の林道からよく見え、ヤクタネゴヨウ調査隊が活躍している数十ヘクタールの急峻な尾根斜面（標高三〇〇メートルから八〇〇メートル付近）が、今に残るヤクタネゴヨウの最大の自生地です。ここでは、海に向かっていくつかの尾根が伸びています。そのうちの一つの尾根で、成熟したヤクタネゴヨウの森の構造について調べました。このタイプの森では、ヤクタネゴヨウと照葉樹がともに発達した森をつくりあげています。

一〇あまりの場所で森の調査を行ったところ、上層は自然林でよく見られるイスノキ、ドングリをつける常緑のカシのなかまやタイミンタチバナを中心に構成されていました。森の下層にはサクラツツジ、クロバイ、アデク、サカキ、ヒサカキ、ヤブツバキなどが多く見られました。このようなタイプの森は九州南部から奄美大島にかけて見ることができ、ヤクタネゴヨウが生えるこの場所に特有というよりは、日本の典型的な照葉樹林そのものでした。ただし木の大きさは、直径六〇センチメートルのスダジイ一本が最大で、他には五〇センチメートルを超える木はなかなかありませんでした。森の高さが一一〜一六メートルと低いことも特徴的です。つまり、森をつくり上げている木は典型的な照葉樹林でも、大きさが小さいのです。これは、現地が急峻な斜面で土壌が薄いことが一因と考えられます。木の高さが低く抑えられていることに関しては、台風が頻繁にやってくることも大きな原因に違いありません。なにしろ、東シナ海からいきなり二〇〇〇メートルの山がそびえる屋久島の、海に面した最前線なのです。

一方でこの森のヤクタネゴヨウは、大きなものばかりでした。直径二二センチメートルの一本を除くと、あとの個体は直径六〇〜一五〇センチメートルもあります。高さは、二二センチ

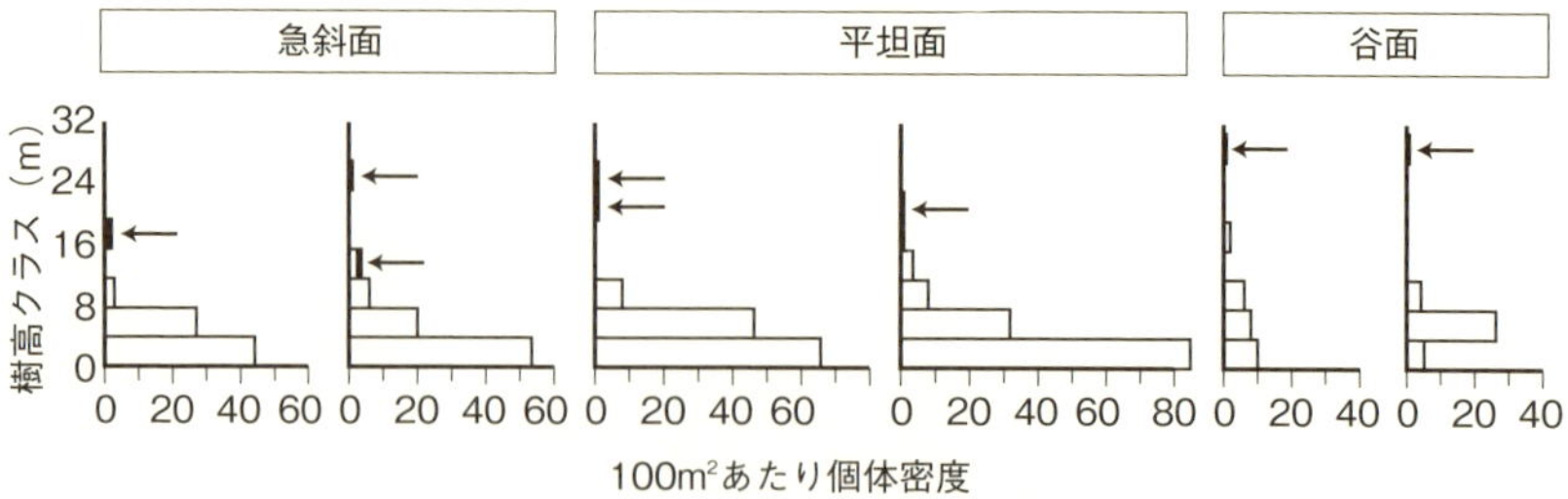

成熟したヤクタネゴヨウ林を構成する樹木の樹高分布（6調査区）

■:ヤクタネゴヨウ（頻度が低いので、その位置を矢印で示す）、□:照葉樹

メートルの細い個体を含めても、一二～三〇メートルです。前述の照葉樹とは、直径も高さも値がほとんど重ならないことがわかります。ヤクタネゴヨウは、照葉樹林の上層か、あるいはそれよりさらに高い位置に枝を広げ光をぞんぶんに受けているのです。ヤクタネゴヨウは大きいが数がごく少なく、照葉樹は小さいが個体数のほとんどを占める。ヤクタネゴヨウと照葉樹は違う階層に生きている。そのような構造の森であることがわかりました。

この森でヤクタネゴヨウは更新できるのでしょうか。同じ場所で我々はヤクタネゴヨウの稚樹を探索しました。地面を注意深く探した結果、一〇〇平方メートルあたり二～三本の芽生えを発見しました。それらのほとんどは小さく弱々しく、頭にまだ種皮をつけており、芽生えたばかりのようでした。しかし森の中では、芽生えて二年目以降であることを示す成長の跡を持つ芽生えはまったく見られませんでした。測定した開空度（地面から見える空の隙間）は数パーセントで、森の下層は暗く、ヤクタネゴヨウの芽生えに直射日光はなかなかあたりそうにありません。このとき見つけた芽生えを後年もう一度探してみたのですが、再び見つけることはできませんでした。

これらのことからわかることが二つあります。一つめは、ヤクタネゴヨウはこの場所で照葉樹よりも格段に大きくなれることです。屋久島と種子島、二島にのみ自生するという珍しさ、貴重さだけでなく、成長すると直径二メートル以上、高さ三〇メートル以上にも達する巨木となるヤクタネゴヨウは、ヤクスギとともに屋久島の豊かな生態系を象徴するまさにシンボル的な木であると言えるでしょう。二つめは、ヤクタネゴヨウは成熟した照葉樹林の中では次世代の木を残すことができない可能性が高いことです。土壌の薄さや台風といった物理環境には強くても、暗い照葉樹林という生物環境には弱い。そんなヤクタネゴヨウの性格がおぼろげながら見えてきました。

林床で発見した芽生え（撮影／金谷整一）

若いヤクタネゴヨウの林

こうなると次は、ヤクタネゴヨウの稚樹をぜひとも調べたくなります。我々はヤクタネゴヨウの稚樹を探して、そこにどんな林ができているのか調べることにしました。稚樹を見ればヤクタネゴヨウ更新のヒントが見えてくるはずです。ヤクタネゴヨウ調査隊の報告書を参考に、ねらいを定めて、岩だらけの、高度感あるやせ尾根を登る。こういった尾根では巨大な露岩に行く手を阻まれることが多く、この尾根でも登る途中五メートルほどの切り立った岩に出くわしました。しかし都合のいいことに、岩にはしめころし植物であるアコウが幹を複雑にからめていて、これを頼って登り切ることができました。その先に、今度は馬の背状の露岩の列。これはどうなることかとふと手をかけた細い幹、それがヤクタネゴヨウの稚樹でした。高さは二メートルほど、直径は約三センチメートルの個体。我々は尾根に沿った三〇×六メートルの細長い調査区をここに設置して、林の構造を調べることにしました。

岩場で調査中の著者ら

この「若い林」を構成している木の高さは六メートルほどでした。前述のカシやイスノキはなかったものの、タイミンタチバナ、サクラツツジ、クロバイ、アデクなど、成熟した林と同様の種が多くを占めていました。ひとつ大きな違いは、海岸沿いの岩場に

しめころし植物、アコウがからみついた照葉樹（撮影／金谷整一）

多いとされるウバメガシ（木炭の原料として重用される）が岩の上をはいながら横に広がっていたことでした。

　このような中にあって、ヤクタネゴヨウの稚樹は直径一・九～七・四センチメートル、高さは二・五～七メートルの大きさでした。ヤクタネゴヨウ、照葉樹ともに伸び盛りの状態で、ここではヤクタネゴヨウだけが他の木よりも高い場所にぬきんでてはいません。しかし、ヤクタネゴヨウが他の木の下で陰になっているわけでもありません。各個体の枝の広がりをあらわす樹冠投影図を描いてみると、見事に、すべてのヤクタネゴヨウが照葉樹に光をさえぎられない場所と高さに位置しており、のびのびと日光を浴びていることがわかりました。

　この原因としては、ヤクタネゴヨウの樹高成長が早いか、あるいは成長が遅かったヤクタネゴヨウは照葉樹の陰になってすでに枯れてしまっていたため調査にひっかからなかったという可能性が考えられます。マツのなかまは陽樹的な傾向が強いので、ヤクタネゴヨウが明るい場所を好むのは不自然ではありません。しかしそれよりも印象的だったのは、「岩の上」に生えているヤクタネゴヨウの稚樹です。ウバメガシが生えているような場所こそが、ヤクタネゴヨウにとって重要なのかもしれません。

ヤクタネゴヨウの更新場所

　我々は、ヤクタネゴヨウの定着場所が非常に限られているのではないか、と考えました。実

＊1：金谷ら（一九九七）

はヤクタネゴヨウでは、一九九〇年代以降に精力的な研究が行われ、稚樹が定着するには一定規模以上の斜面崩壊などで明るい場所ができることが必要なのではないかと推測されています。[*1] また、ヤクタネゴヨウの林とそれ以外のヤクタネゴヨウを含まない照葉樹林が成立している場所では巨岩率や土壌貫入度（土壌の硬さ）に差があり、ヤクタネゴヨウの林がより岩がゴ

ヤクタネゴヨウの若い林の樹冠投影図

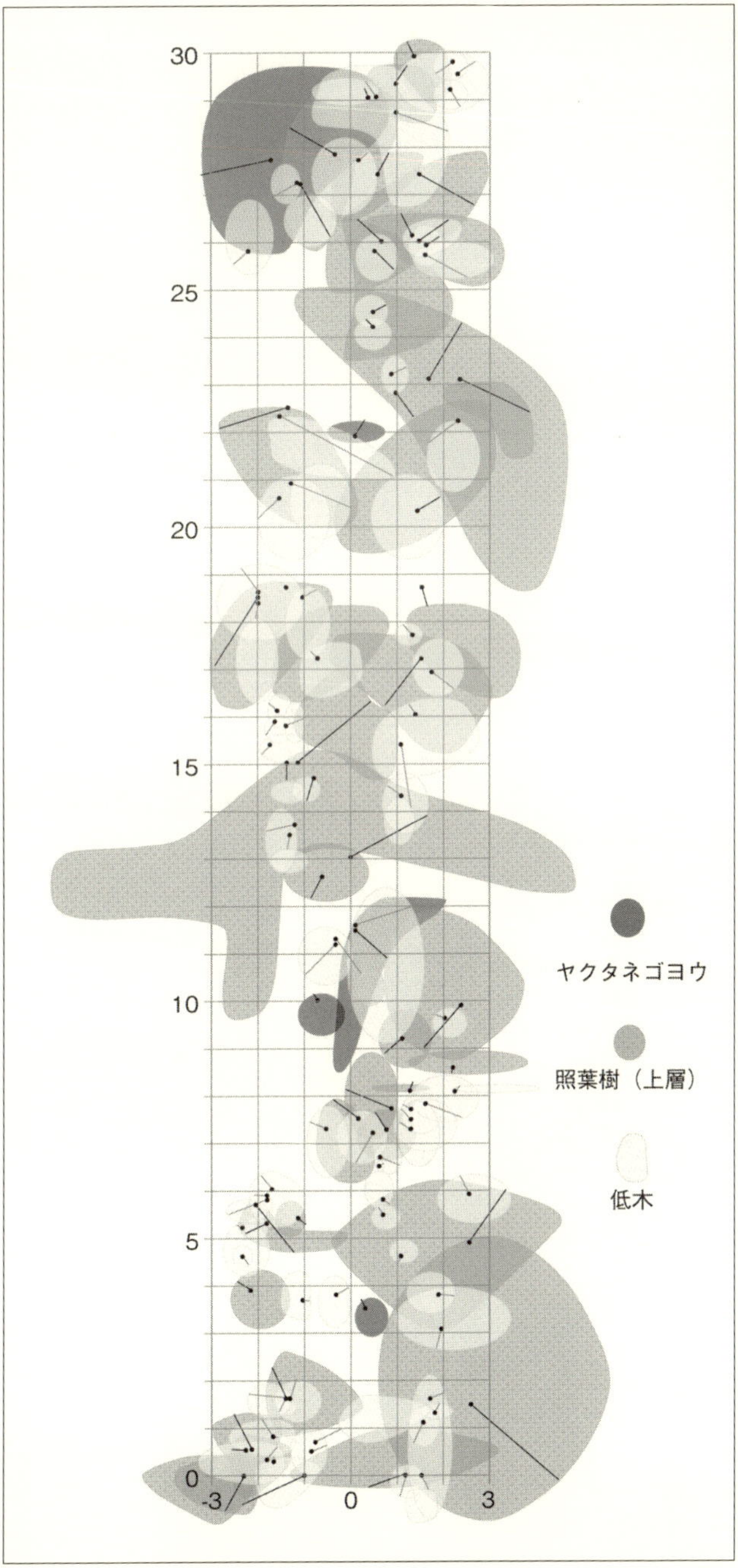

ロゴロした、土壌の乏しい場所に成立していることも報告されています。[*2] 我々が調べたヤクタネゴヨウの若い林もまさにこれにあてはまります。ヤクタネゴヨウの更新には、斜面が崩れて森林が壊れ、岩がゴロゴロと露出することが必要なのではないでしょうか。

樹木が更新できる場所を明らかにするには、環境条件を揃えて定着実験を行い、個体を追跡するのがよいのですが、屋久島の世界遺産地域で、しかも種子生産の少ないヤクタネゴヨウを使って野外実験を行うのは困難です。我々は生きている木から更新場所を推定するため、ヤクタネゴヨウをはじめとした主要樹種について、現地でそれぞれの木が根を下ろしている場所を分類し、種ごとの特徴を調べることにしました。場所の分類は三種類、A：通常の土の上、B：岩の上（薄い土壌が覆ったすぐ下が岩の場合を含む）、C：他の木の根上または倒木上、にまとめました。Cに分類される個体は非常に少なかったので、主要一九樹種を対象に、個体の分布がAとBのどちらに偏っているかについて統計的処理を行いました。

一九種全体で総計二〇〇〇あまりの個体のうち、岩の上に分布するのは約二割でした。しかしヤクタネゴヨウでは約六割の個体が岩の上に分布し、一九種全体の分布と比較して明らかに岩の上に多いと判定されました。ウバメガシ、シャシャンボ、シャリンバイの三種も同様に全体の値に比べて岩の上に多いと判定されました。これに対して、土の上に偏って多く分布する種はイスノキなど四種類、残りの一一種はどちらに偏るともいえない、という結果となりました。

植物にとって、岩の上、もしくは岩の上のちょっとしたくぼみにたまった土の上で生活するのはあまり好ましくありません。統計的な検定で全体の分布に比べ岩の上に多いと判定されたウバメガシ、シャシャンボ、シャリンバイでさえ、土の上と岩の上の集団とで個体の大きさを

＊２：武田・久保（二〇〇一）。

木の育成場所の区分
A：土の上、B：岩の上、C：根の上

比べると、土の上のほうが最大サイズが大きくなっていました。一方ヤクタネゴヨウでは、土の上でも岩の上でも同じように大きな個体が見られました。調査した中で最大のヤクタネゴヨウは、直径数メートルの大きな岩の上に乗って根でしっかり岩を抱え込み、直径一五〇センチメートル、高さ三三メートルに達していました。

ヤクタネゴヨウは、照葉樹林の中で照葉樹と生育場所を微妙に違えることで暮らしてきたと考えられます。特に岩の上のほうが、彼らにとって好ましい環境なのかもしれません。

ヤクタネゴヨウの生きる道

さて、ヤクタネゴヨウはどのような機会に更新するのでしょうか。まだ他の木が生えていない岩の上ならそれほど苦労なく見つかりそうですが、通常そのような岩では周囲の樹木が枝を

高平岳のヤクタネゴヨウ（撮影／菅谷貴志）

伸ばし葉を広げるので、そうそう明るい場所が残っているわけではありません。やはり台風による倒木でできる明るい場所（林冠ギャップ）か、まれに起こる斜面崩壊がカギなのでしょうか。

しかし現地に通った五年間で、調査地の中に新たにできた林冠ギャップを意識することはありませんでした。屋久島の小流域では数十年から百数十年の時間間隔で斜面崩壊が生じると推定されており[*3]、このようにまれにしか起こらない事象に依存してヤクタネゴヨウの個体群が維持可能であるのか、と疑問が浮かびます。

この問いには、森で見つけた人間活動の痕跡がヒントを与えてくれました。先に述べたヤクタネゴヨウの若い林は、ヤクタネゴヨウが伐られてできたものと推定されました。実は、稚樹のすぐ近くに、ヤクタネゴヨウの切株が残っていたのです。水に強いヤクタネゴヨウは昔から丸木船に使われており、かなり最近まで伐採されてきた歴史を持っています。我々と同じように急峻な尾根を登り、大きなヤクタネゴヨウを選択的に伐採し、谷に落として海に運び出した例は多かったのでしょう。調査した若い林の例は、このようなヤクタネゴヨウの択伐だけで次世代のヤクタネゴヨウ稚樹が定着できることも示しています。必ずしも大きな攪乱は必要とせず、そこに居座っていた前世代のヤクタネゴヨウがなんらかの要因でいなくなれば、次世代がそこに定着することができる、そんな構造を考えることもできそうです。もしかしたら林道から見えるたくさんの白骨木は、次世代のヤクタネゴヨウが定着するのに大きなチャンスがあることを示しているのかもしれません。

ヤクタネゴヨウについて何も知らないところから、五年間でいろいろなことが見えてきました。ヤクタネゴヨウはやはり「ガケ」と強く結びついた木でした。大部分が花崗岩《かこう》でできている屋久島は、雨が多く地形が急峻なため土壌が発達しにくく、あちこちに花崗岩が露出しています。照葉樹林がよく発達する多様性の島・屋久島にあって、花崗岩が露出する立地を頼りに、ヤクタネゴヨウはその個体群を維持してきたのでしょう。この先には、ヤクタネゴヨウの保全という命題が待っています。ぜひ研究を続けて、次世代のヤクタネゴヨウを定着させることにかかわりたいと思います。

＊3：下川・地頭薗（一九八四）。

ヤクシマオナガカエデ

第一〇章　ヤクタネゴヨウの立ち枯れに「材線虫病」の影を追う

中村　克典・秋庭　満輝

材線虫病屋、ヤクタネゴヨウに会う

話は、仲間と山登りで屋久島を訪れたものの雨やどりで手持ちぶさたにしていた著者の一人中村を、当時屋久島営林署春牧森林事務所の森林官だった諏訪実さんが西部林道に連れて行ってくれたところから始まります。

屋久島が世界に誇る常緑樹林の中に屹立するヤクタネゴヨウの威風堂々たる姿。ただし、最も目につくのは、姿は立派でもすでに生命は絶えた白骨木の群れです。目が慣れてくると、針葉が赤茶色に変色したヤクタネゴヨウらしき樹幹も見えてきます。材線虫病研究者としての職業病的な興奮が頭をもたげてきます。

この枯れは材線虫病じゃないのか⁉

材線虫病が希少樹種を絶滅させようとしている⁉

これは調べるしかあるまい、と即座に心に決め、一人勝手に思い描いた研究構想を大事な屋久島土産として持ち帰ったのでした。

さて調べようとはしたものの、屋久島に渡るには交通費がかかります。先立つものがなけれ

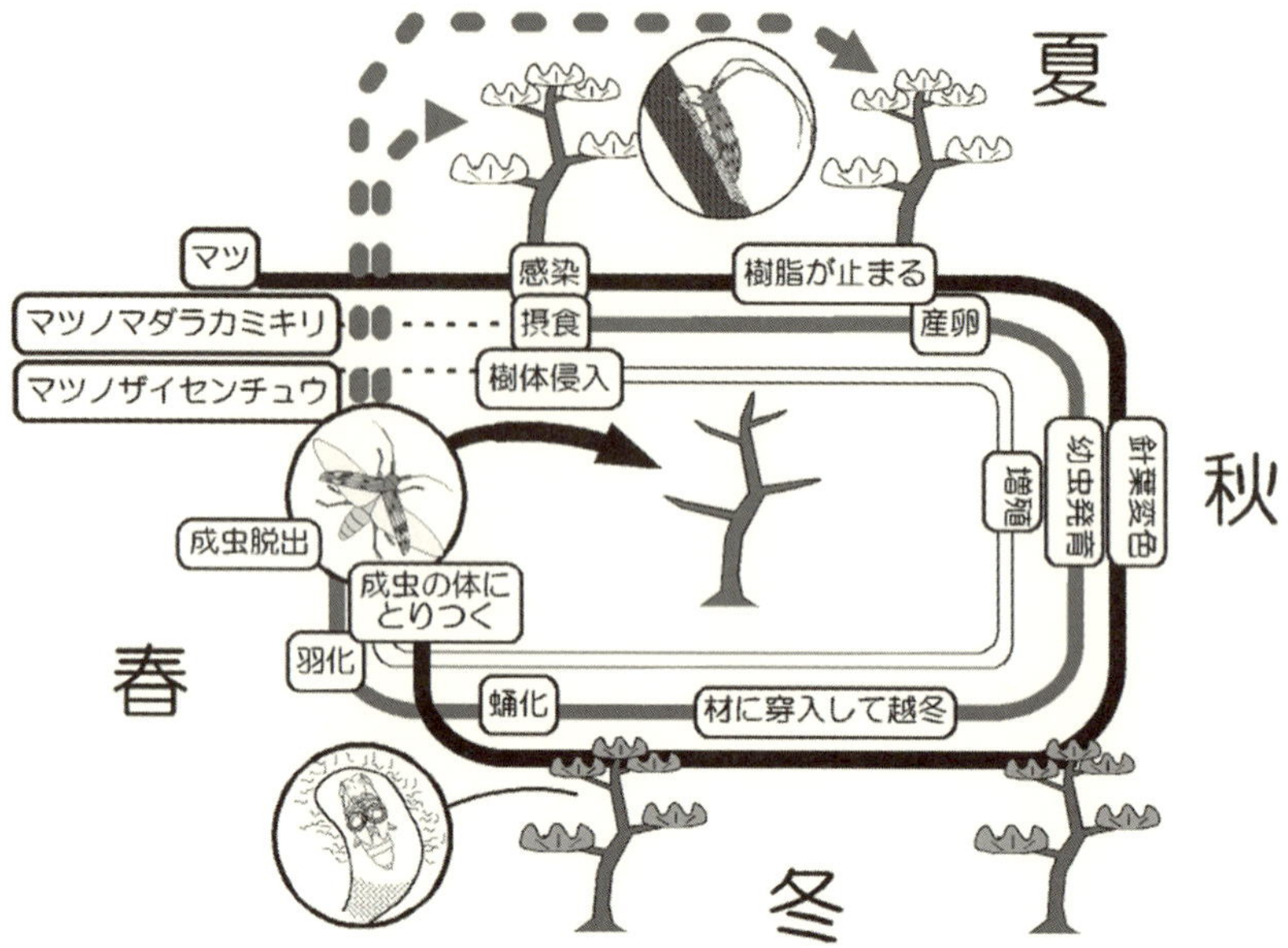

マツ材線虫病における、マツ、マツノマダラカミキリ、マツノザイセンチュウのかかわり合い

ば研究はすすみません。しかし、私たちの職場（というか、公立の研究機関はどこもそうですが）では、研究者の思いつきの研究に即座に予算がポンと割り当てられるようなことはありません。もう一人の著者秋庭と即席のチームを組み、何とか屋久島に行けるくらいの小さな研究プロジェクトを立ち上げるまでに約二年の時間が過ぎていました。

松の疫病―マツ材線虫病

ここで、簡単にマツ材線虫病（略して材線虫病）という病気について説明しましょう。

材線虫病は明治時代に北アメリカから日本に侵入した松類樹木の伝染病で、マツノザイセンチュウという体長一ミリメートルほどの小さな糸くず状の生き物がその病原体です。この厄介者にとりつかれたマツは、二〜三週間で松ヤニが止まってしまいます。やがて幹の中を流れる水の流れが切れ、葉がしおれて真っ赤に枯れてしまいます。

病気で枯れたマツの木の中からは、枯れ木を食べ物にしているいろいろな昆虫が飛び出してきます。そんな虫の中の一種、マツノマダラカミキリは、マツノザイセンチュウと特別な関係をもっていて、彼らを枯れ木から運び出し、次の犠牲者になる生きたマツの木に運ぶはたらきをします。マツノマダラカミキリの成虫は、マツの木の若い枝の皮をかじり取って餌としています。この時、枝にできる傷口から、マツノザイセンチュウはマツの木の体内に侵入し、病気を引き起こすのです。このサイクルを右の図にまとめました。

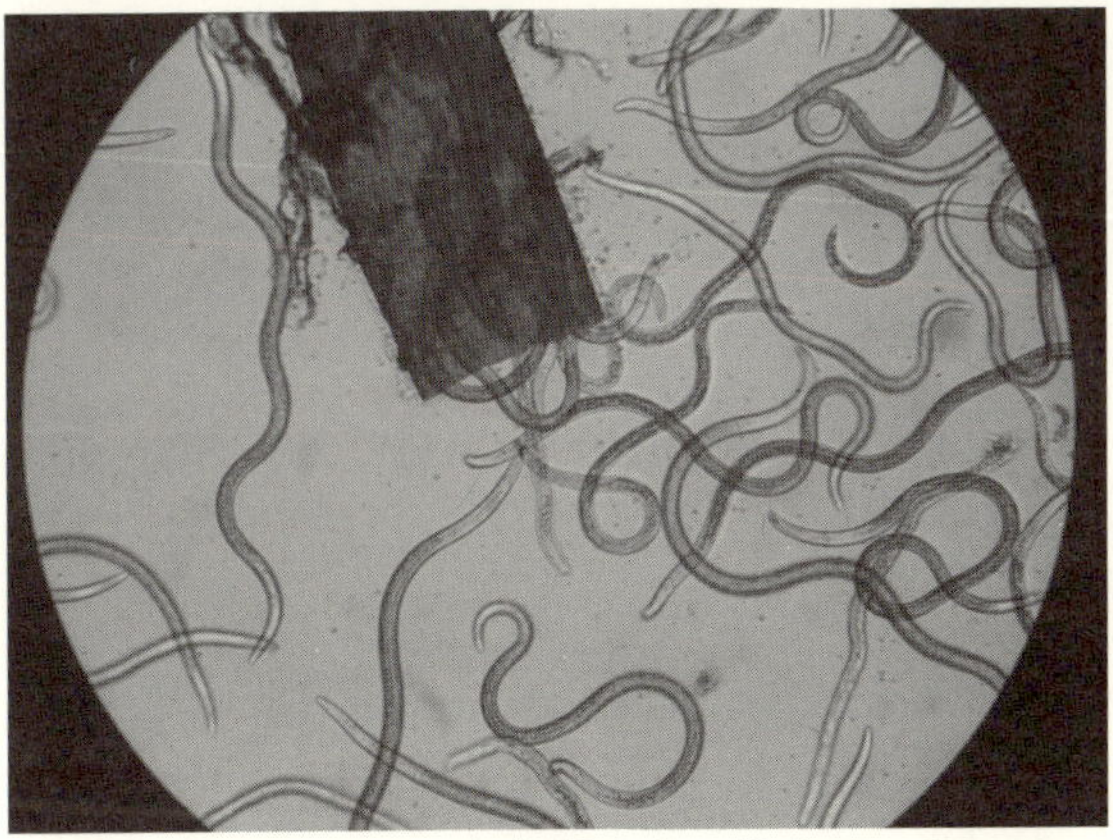

マツノマダラカミキリの気管に入り込んでいたマツノザイセンチュウ（原図／林業試験場九州支場昆虫研究室）

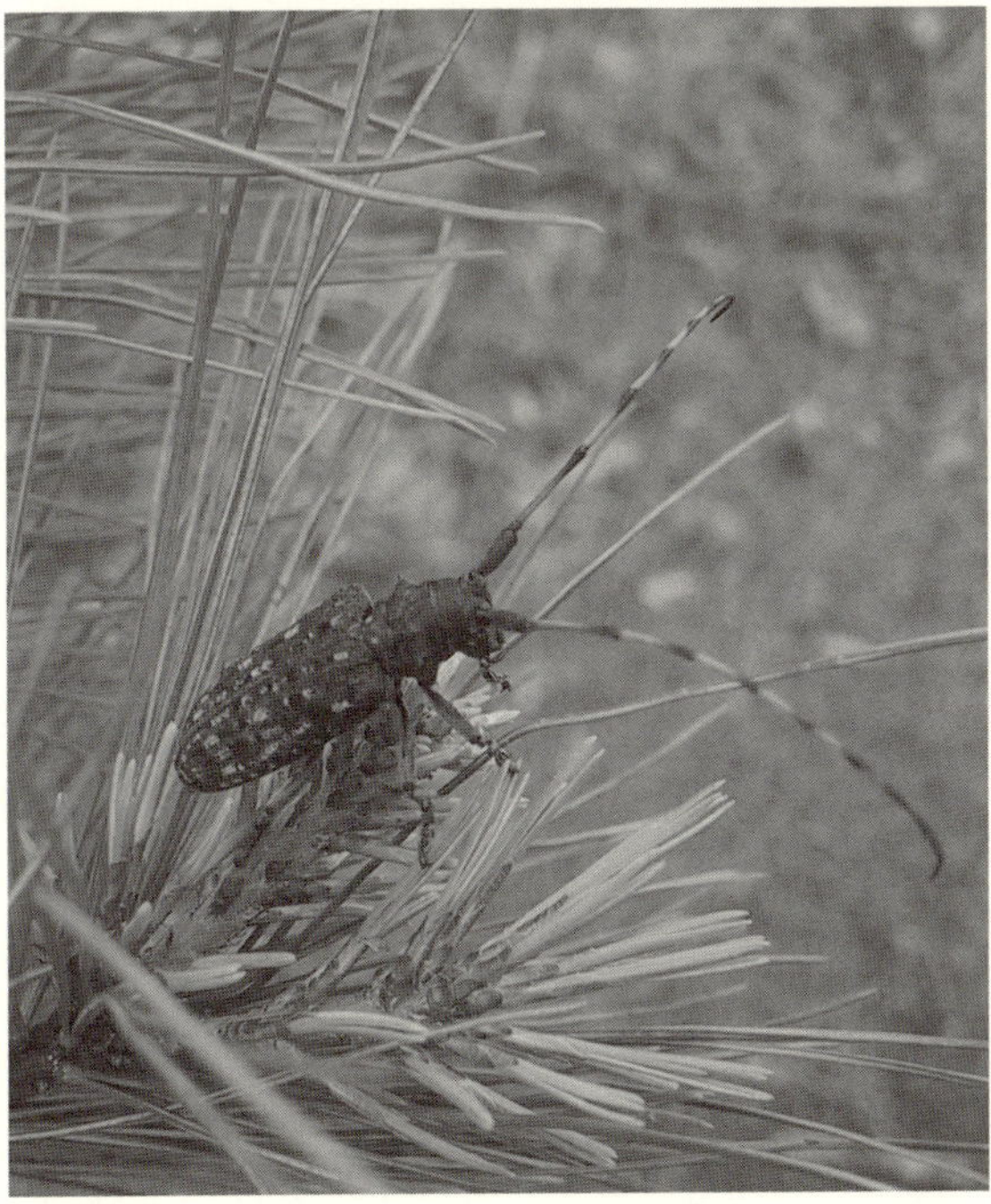

マツノマダラカミキリ雌成虫

ヤクタネゴヨウの枝上にみられたマツノマダラカミキリの摂食痕

ところで、枯れたマツの木には、マツノマダラカミキリ以外にもいろいろな種類のカミキリムシ、ゾウムシ、キクイムシなどがすみついています。そして、マツノザイセンチュウが発見された昭和四五（一九七〇）年まで、松枯れは、これらの虫の集中加害が原因で起こると考えられていました。材線虫病（または、その被害）のことを「松くい虫」と呼ぶのはこの名残です。

ヤクタネゴヨウは材線虫病にかかるか？

ともあれ、晴れてヤクタネゴヨウの立ち枯れ被害について研究できることになった私たちは、この立ち枯れに材線虫病が関与しているかどうかを明らかにするべく、行動を開始しました。

ヤクタネゴヨウの立ち枯れが材線虫病によるものであるなら、その立ち枯れ木からは必ず病原体のマツノザイセンチュウが見つかるはずです。また、その木の枝にはマツノザイセンチュウの侵入口となったマツノマダラカミキリ成虫のかじり跡（摂食痕）が残っているはずです。この「感染の証拠探し」から、私たちの仕事は始まりました。

感染の証拠を探すには、病気にかかった木を探さなければなりません。もし、病気で枯れたとしても、枯れてからあまり時間が経ってしまうと、マツノザイセンチュウは見つからなくなってしまいます。このため、調べる枯れ木は、新鮮なものに限ります。ところが、私たちが本格的に調査に乗り出した平成九（一九九七）年には、屋久島でヤクタネゴヨウの立ち枯れはほとんど発生しなくなっていました。これは、ヤクタネゴヨウのためにはよいことだったのですが、私たちの調査は難渋しました。

電動ドリルを使って被害木から分析用の試料を採取する。この木片の中からマツノザイセンチュウが見つかった（撮影／金谷整一）

幸いなことに、このころ私たちは研究を通じて、当時九州大学の大学院生だった「ヤクタネゴヨウの鉄人」金谷整一さんと知り合うことができました。彼の協力を得て、屋久島、種子島の自生地に加え、鹿児島市寺山の鹿児島大学施設内のヤクタネゴヨウ植栽地をまわり、やっとのことで、七本の「死にたて」または「死にかけ」の木を調査することができました。これらの木のすべてでマツノマダラカミキリの摂食痕が見つかり、また五本からはマツノザイセンチュウが検出されました。これでとりあえず、野外に生育するヤクタネゴヨウでマツノザイセンチュウの感染が起こりうることを明らかにすることができました。

その後の調査の進展により、種子島で当初予想されていたより多くのヤクタネゴヨウが発見・確認されるにつれ、私たちはたくさんの新鮮な立ち枯れ被害木から試料を集めることができるようになりました。風害や潮害などで枯れた木を除くと、マツノザイセンチュウはほとんどの枯れ木から検出され、この病原体がヤクタネゴヨウの立ち枯れ木に普遍的に存在することを証明できました。

一方、病原体と見られる生物が本当に病気を引き起こすかどうかを確認するには、その生物を宿主（病気にかかる側の生物）に接種して、同じ症状があらわれるかどうかを調べる必要があります。

ヤクタネゴヨウでは、苗木にマツノザイセンチュウを接種すると枯れることが、すでに報告されていました。しかし、苗木が病気になったからといって、野外に生育する立派な成木が同じように病気になるかどうかは疑問です。

この疑問を解くには、成木で接種実験をするしかありません。しかし、レッドデータブックにも載っているような希少樹種を枯らす実験をさせてもらうなど、どこに

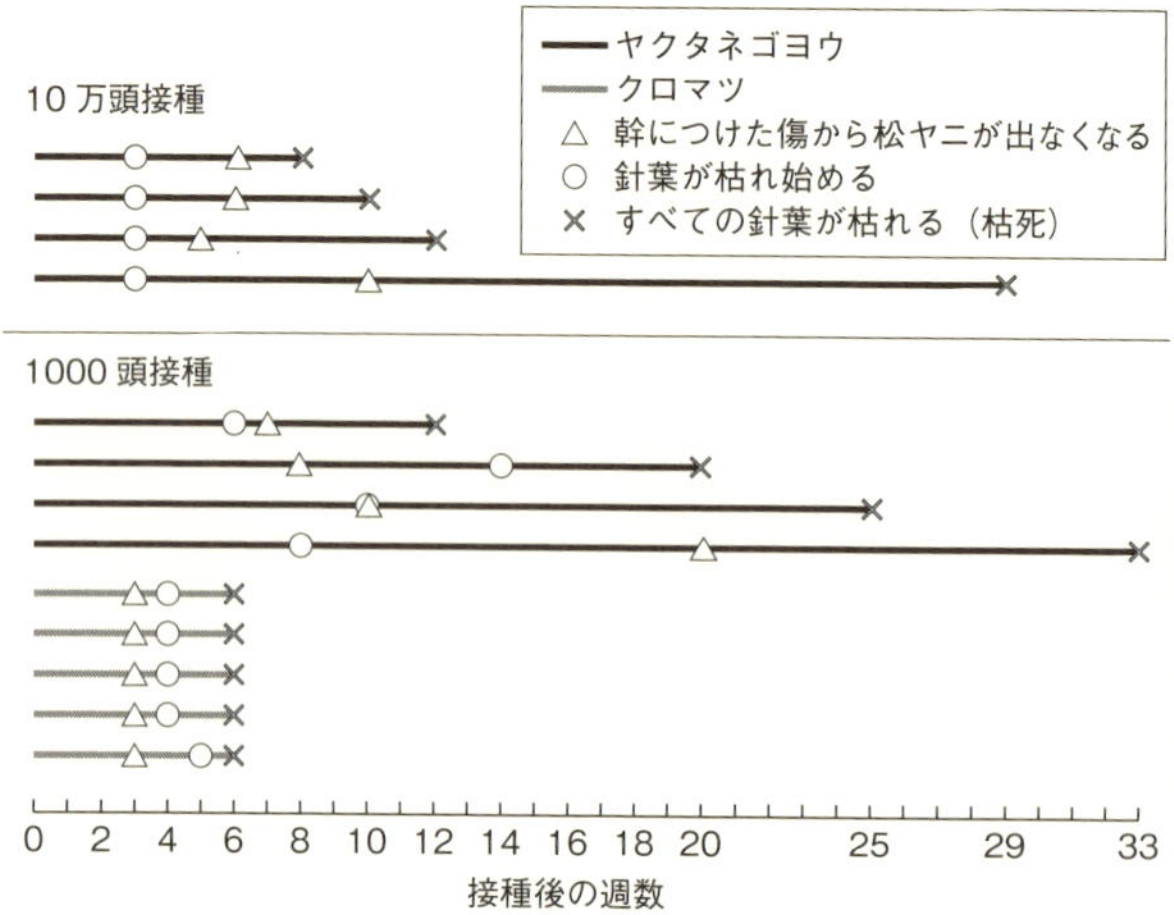

マツノザイセンチュウの接種実験

マツノマダラカミキリの摂食痕をまねて樹皮をはぎ（写真上），そこにピペットで線虫を接種する（写真下）*[1]。この実験から，ヤクタネゴヨウは材線虫病で枯れるが、クロマツよりは枯れにくいことがわかった（グラフ）。

もお願いできようはずがありません。

ところが、なんと幸運なことに、私たちの職場の森林総合研究所九州支所（熊本県熊本市）の実験林に、二〇年生になる立派なヤクタネゴヨウが一〇本植えられていました。そこで、これらを使ってマツノザイセンチュウの人工接種実験を行うことにしました。

その結果、マツノザイセンチュウを接種した八本のヤクタネゴヨウはすべて、材線虫病の症状を呈して枯れてしまいました。ただし、接種から枯死までの時間は八週から三三週と大きくばらつきました。マツノザイセンチュウの代わりにただの水を接種した二本は、病気にはなりませんでした。これと平行してマツノザイセンチュウを接種した五本のクロマツは、接種六週後に一斉に枯れました。同じ条件でマツノザイセンチュウを接種したにもかかわらず、ヤクタネゴヨウでは枯れるまでの時間がクロマツより長く、個体差も大きかったという事実は、ヤクタネゴヨウがクロマツほどは材線虫病に弱くないことを示しています。

このようにして、私たちはヤクタネゴヨウが材線虫病にかかること、しかしクロマツよりは枯れにくいこと、の二点を証明することができました。

マツノザイセンチュウの接種により枯死したヤクタネゴヨウ成木

接種実験で枯らしたヤクタネゴヨウの植わっていた跡には、感謝と哀悼の意を込めて新たなヤクタネゴヨウの苗木が植えられました。苗木は今もすくすくと成長しています。

屋久島の安堵・種子島の危機

屋久島では平成九（一九九七）年頃から、材線虫病によると思われる急激なヤクタネゴヨウの立ち枯れは見られなくなりました。しかし、自生地に残る白骨木は、かつて相当数のヤクタネゴヨウが被害に遭ったことを物語っています。

資料をひもとくと、そのころ屋久島のクロマツ林では激しい松枯れ被害が発生していたことが示されています。クロマツ林で大量の枯れ木が発生すれば、そこから大量のマツノマダラカミキリが放出され、周辺のヤクタネゴヨウにもマツノザイセンチュウを運びます。こうして、クロマツ林の激害が飛び火する形で、ヤクタネゴヨウは材線虫病にかかり、立ち枯れていったのでしょう。そして、ヤクタネゴヨウより病気に弱いクロマツが材線虫病でほとんどやられ尽くし、生き残った屋久島のヤクタネゴヨウは、今、安堵のときを迎えているようです。

屋久島では、平成一八（二〇〇六）年秋の時点で、まとまったクロマツ林は島南部の千尋《せんぴろ》の滝周辺にしか見られない状態で

＊1：Akiba, Nakamura (2005)を改変。

あり、材線虫病被害もまたその地域に集中しています。そこを徹底的にたたけば島内から材線虫病を一掃できる、千載一遇のチャンスと言えます。もし、この広く険しい屋久島で材線虫病を撲滅することができれば、それは日本の材線虫病防除の歴史の中で画期的な出来事となるばかりでなく、ヤクタネゴヨウは材線虫病の脅威から未来永劫解放されることになります。ヤクタネゴヨウだけでなく、ここを南限の生息地とする屋久島のアカマツもまた保護されることになります。今のチャンスを逃して島内での材線虫病の潜伏を許すなら、いったん枯れ尽くしたクロマツ林が島内各地で再生するに従い、材線虫病は必ずや復活し、再びヤクタネゴヨウに襲いかかってくることでしょう。

一方、種子島の状況には、厳しいものがあります。もともと屋久島より生き残っている木が少なかった種子島のヤクタネゴヨウで、ここ数年、次々に立ち枯れが発生しています。このおかげで懸案だったヤクタネゴヨウからのマツノザイセンチュウの検出調査は一気に進展したのですが、これはまったく喜ばしいことではありません。

全島に材線虫病を抱えたクロマツ林が散在する中で、細々と小集団を成して生育している種子島のヤクタネゴヨウを守ることは容易ではありません。しかし、敵の正体が材線虫病とわかった今では、私たちは科学的な根拠に基づいて対策を講じることができます。貴重な種子島のヤクタネゴヨウを守る取り組みが、地域の人たちを中心に立ち上げられ、成果を上げつつあります。

屋久島であれ種子島であれ、ヤクタネゴヨウを材線虫病の脅威から守るためには、周辺にあって感染源となりうるクロマツの監視と管理が重要であることを改めて強調しておきたいと思います。

カクレミノ

コバンモチ

第一一章　ヤクタネゴヨウの種子《たね》の出来はなぜ悪いのか？

金指　あや子・中島　清

はじめに

屋久島の西部林道周辺は、平成四（一九九二）年度からは森林生態系保護地域の一部として、さらに翌年に登録されたユネスコの世界自然遺産地域にも含まれる豊かな照葉樹林が広がる地域です。この西部林道に面する平瀬《ひらせ》国有林は、ヤクタネゴヨウの最大の分布地でもあります。林道から見上げると、さまざまな照葉樹が織りなすモザイク模様のような、にぎやかな森の覆いを突き抜けて、ヤクタネゴヨウの深い緑の梢を小尾根ぞいに点々と見ることができます。その中でひときわ堂々とした威容を誇る個体は、幹の直径がおよそ二メートルにも達します。おそらく、現存するヤクタネゴヨウの中で一番の巨木でしょう。

たねの出来の悪さとその原因は？

貴重な生物を保全するためには、生き残ったわずかな個体だけを守ればよいのではなく、健全な次の世代が更新できるかどうかが重要な鍵です。しかし、ヤクタネゴヨウについてはかなり以前から種子の稔性の低さが指摘されています。実際に、「たねの出来が悪い」、「たねを蒔いてもちっとも発芽しない」という話をよく耳にします。これはいったいなぜなのでしょうか。

種子ができるためには、まず受粉が行われなくてはなりません。マツ類の種子は「まつぼっくり」として知られている球果の中にできます。一つの球果は数十個の鱗片で覆われていて、

ヤクタネゴヨウの通常の球果（右）と種子の少ない球果（左）

その鱗片の中に種子ができます。マツ類では、やがて種子になる胚珠は、受粉しなければ発達しません。逆に言えば、受粉さえすればほとんどの胚珠は発達します。つまり、全体の胚珠に対して種子まで発達した胚珠の割合を「受粉率」とみなすことができます。この受粉率は、雌花開花期の空中花粉濃度の高低、つまり自然状態での受粉条件を知る一つの尺度といえます。受粉率の低い球果は、種子が少ししか形成されないので、通常のものより小さくなります。

しかし、受粉したといっても、まだ次の関門があります。それは中身がちゃんとある種子がつくられたかどうかということです。マツ類の種子には、大ざっぱに分けると「充実種子」と「シイナ」の二種類があります。充実種子は胚をもつ健全な種子です。一方シイナとは、外側の種皮だけは普通の種子の大きさになりますが、中身（胚と胚乳）はなくて、空のものをいいます。全体の種子に対する充実種子の割合を「充実種子率」といい、種子の稔性を示す一つの目安とされています。

他家受粉・自家受粉と充実種子率

マツ類では、一つの個体に雄花と雌花がつきます。ある個体の雄花でできた花粉が同じ個体の雌花に受粉することを「自家受粉」、別の個体の雌花に受粉することを「他家受粉」といいます。他家受粉が十分に行われると充実種子率は高くなりますが、自家受粉をするとシイナとなる割合が増え、充実種子率は大幅に減少する植物もあります。このような現象は針葉樹で多く見られますが、中でもマツ類に顕著に見られます。例えば、アカマツで人工的に雌花に花粉を受粉させる「人工交配」実験を行ったところ、他家受粉した場合の充実種子率は七五～九五パーセントであるのに対し、自家受粉では一〇～四〇パーセント前後となりました。

ヤクタネゴヨウの巨木
（平瀬国有林）

では、実際のヤクタネゴヨウの充実種子率はどの程度なのでしょうか？　自然状態での充実種子率を調べた結果、平成一六（二〇〇四）年の例をみると、屋久島の三つの生育地では二八・五パーセント（平内）、一六・一パーセント（西部A尾根）、三〇・九パーセント（西部ヒズクシ峰）でした。残念ながら、いずれの生育地でも種子の稔性は高いとはいえません。

絶滅危惧種ヤクタネゴヨウは、種子を生産する能力が劣っているのでしょうか？　その答えは、人工交配によって、充実種子率がどれだけ回復できるかを調べた結果から見ることができ

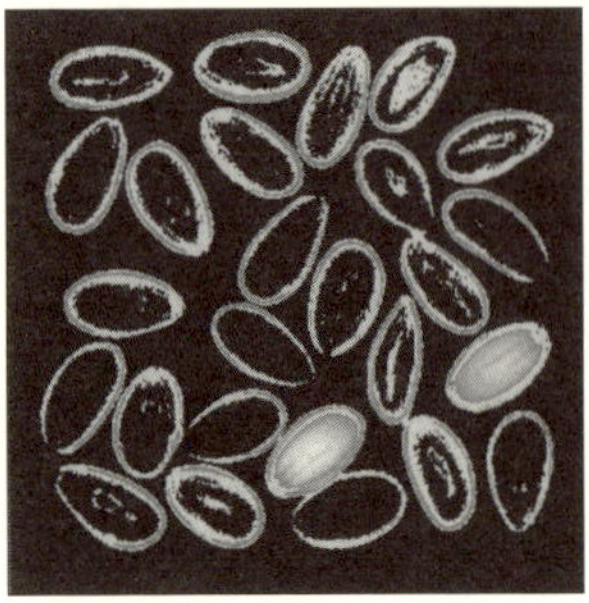

軟X線照射で見た種子
左;自然受粉球果内の例、右;他家受粉球果内の例

ます。

種子島での人工交配の結果

写真は、ヤクタネゴヨウの種子を軟X線(レントゲンの一種)で撮影したもので、一つの球果の中でつくられた種子とその内容を示しています。左側は自然状態で受粉した球果、右側は人工交配の他家受粉によってできた球果の一例です。

この写真では、シイナは種子の輪郭となる種皮だけが白く、中は黒く見えます。一方、充実種子は種皮とその中身のいずれも白く見えます。左の自然受粉でできた球果の中には充実種子は二粒しかできていません。一方、右の他家受粉がきちんと行われた球果ではほとんどが充実種子となり、

人工交配試験の苦労

人工交配試験と一口で言っても、花粉の採取、人工受粉などの作業は、雄花や雌花が開花するそれぞれの時期にタイミングよく行う必要があります。職場からはるか遠い屋久島や種子島での交配試験作業は決して簡単なものではありませんでした。また、人工交配のためには、他の花粉がかからないようにマツの枝先に、多くの交配用の袋をかけます。高いヤクタネゴヨウの枝先に袋をかけること自体が、時には命がけの作業ともなります。港湾作業で使うクレーン車をレンタルして林道をあがるまではよかったものの、大雨で路肩が崩れて帰れなくなったりしたこともありました。

しかし何よりも大変なのは、この地域特有の春の低気圧による風の強さです。関東地方では「台風並み」の風速 10 メートル台の大風が当たり前のように吹かれてしまうと、苦労してかけた交配用の袋が無惨に破れ、飛び去ってしまい、せっかくの努力も水の泡に帰すこともたびたびありました。

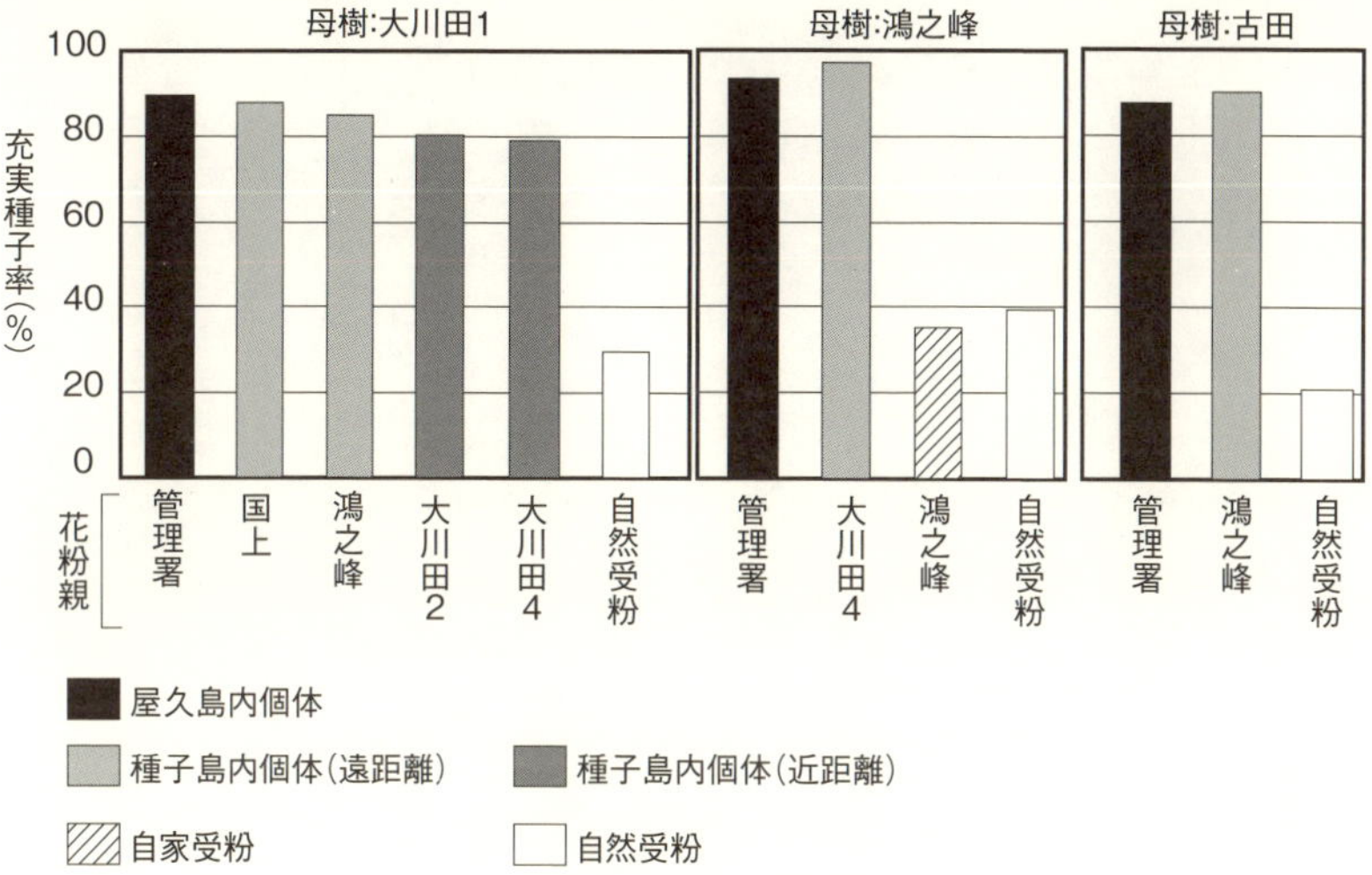

人工交配と自然受粉で得られた種子の充実率

人工交配では，母樹と花粉親の組み合わせを変えて比較してみた。

一つの球果にできる種子の数も増えています。

図に、種子島に生育する三個体を母樹として行った人工交配の結果を示しました。三つの母樹の自然受粉での充実種子率は二〇・六〜三九・六パーセントの値を示しています。これに対して、人工交配で他家受粉を行うと、充実種子率の平均は七八・九〜九七・四パーセントと非常に高くなります。

また、母樹「鴻之峰《こうのみね》」では人工的に自家受粉も行いましたが、充実種子率は自然受粉の場合とほとんど同じ値になりました。このことから、自然受粉で得られた充実種子の多くは自家受粉に由来する可能性が高いと考えられます。

ここで注意していただきたいのは、自家受粉をした場合でも、その結果としてできた種子のすべてがシイナになるわけではなく、ある程度は充実種子もできることです。したがって、孤立状態のヤクタネゴヨウから「少ないけれど充実種子もあった！」という場合、それは自家受粉由来の種子であるおそれが多分にあると考えられます。そのように自家受粉した種子は、発芽はしても、死亡しやすい、成長が悪いなど遺伝的に弱いものが多く、決して望ましい次世代とはいえません。例えば、次ページの写真は母樹「鴻之峰」から得た自家受粉後の充実種子と他家受粉後の充実種子を播種したものですが、自家受粉種子由来の

母樹「鴻之峰」から得た他家受粉種子（左）と自家受粉種子（右）からの実生

苗木は色素異常のものが多く発生しているのがわかります（口絵参照）。

なお、母樹「大川田1」は川沿いにおよそ五〇〇メートルの範囲内に五個体が生育しているうちの一番川下側の一個体であり、隣のヤクタネゴヨウとは、数十メートルしか離れていません。これに対し、母樹「鴻之峰」の周囲には六五〇メートル離れてヤクタネゴヨウの成木が八本、また母樹「古田」は周囲一〇〇〇メートルの範囲には二本の成木があるだけで、いずれもほとんど孤立状態で生育しているといえます。しかし、「大川田1」の自然受粉の充実種子率も孤立状態の「鴻之峰」や「古田」とまったく同様でした。これは、この程度の距離に数本の個体があるだけでは、それらの個体からの花粉は十分に届いていないことを示しています。

以上のことから、マツのように風によって花粉を受粉する樹木は、集団としてある程度まとまった密度で開花する個体が分布していないと十分に他家受粉は行われないことがうかがえます。逆に言えば、もし、他家受粉できるように条件が改善されれば、ヤクタネゴヨウも健全な種子を十分に生産する能力はあるといえます。

屋久島でのヤクタネゴヨウの開花

ある程度まとまった個体が集団として分布している屋久島のヤクタネゴヨウでも、先述のとおり、充実種子率はせいぜい三割程度とかなり低い状態です。これは、自然状態で他家受粉が十分に行われていないためと考えられますが、その原因としては、開花個体が少なかったり、全体的に開花量が少ないことがな

屋久島内3か所の生育地におけるヤクタネゴヨウの開花・結実状況と、対照個体・人工交配結果との比較

	自然受粉(2004年)				他家受粉
	平瀬国有林		平内	対照個体	(人工交配結果)
	A尾根	ヒヅクシ峰			種子島個体
雄花開花個体率(%)	94.4	43.1	—	—	—
雌花開花個体率(%)	86.1	52.9	—	—	—
平均落下雄花数($1m^2$あたり)	1,357	656	—	13,068	—
結実個体率(%)	88.6	48.9	53.0	—	—
平均落下種子数($1m^2$あたり)	9.9	1.0	—	37.3	—
種子数/球果	3.9	2.9	8.3	27.3	25.1 ~ 32.0
受粉率(%)	5.6	2.9	12.5	51.7	30.5 ~ 54.7
充実種子率(%)	16.1	30.9	28.5	16.5	66.8 ~ 97.3

どが考えられます。

表は、屋久島のヤクタネゴヨウ生育地に設けた試験地(平瀬国有林内二か所、平内地区一か所)における自然状態での開花・結実状況を、対照個体(屋久島森林管理署構内および近隣の民家に植栽されている各一個体)および人工交配(他家受粉)の結果と比較した例です。

平瀬国有林での雌雄花や球果の着生状況を単純に比較すれば、全般的にA尾根のほうがヒズクシ峰より良好であるといえます。A尾根では、ほとんどすべての個体が雄親としても雌親としても種子生産への寄与の可能性がある一方、ヒズクシ峰では、雄親としても雌親としても半数程度またはそれ以下の個体しか種子生産に関与していません。

一般に個体のサイズが大きくなるほど開花量が増えますが、A尾根(胸高周囲長の平均三三一・七±一二〇・六センチメートル)は、ヒズクシ峰(胸高周囲長の平均八六・二±一〇・〇センチメートル)よりサイズの大きな個体が多いため、雌雄花や球果を着生する個体の割合が高く、その量も多いと考えられます。したがってA尾根は種子生産の潜在的能力は比較的高いといえます。

では、個体ごとの雄花の生産量をみてみましょう。次ページの図は、個体ごとに樹冠の下に落ちた雄花を受ける網(トラップ)を設置し、それに入った雄花の数から推定した各個体の樹冠下に落下する単位面積当たりの雄花量を示したものです。これによると、個体ごとに雄花量は異なり、特にヒズクシ峰の個体の雄花は全体に非常に少ない傾向が見られました。しかし、屋久島森林管

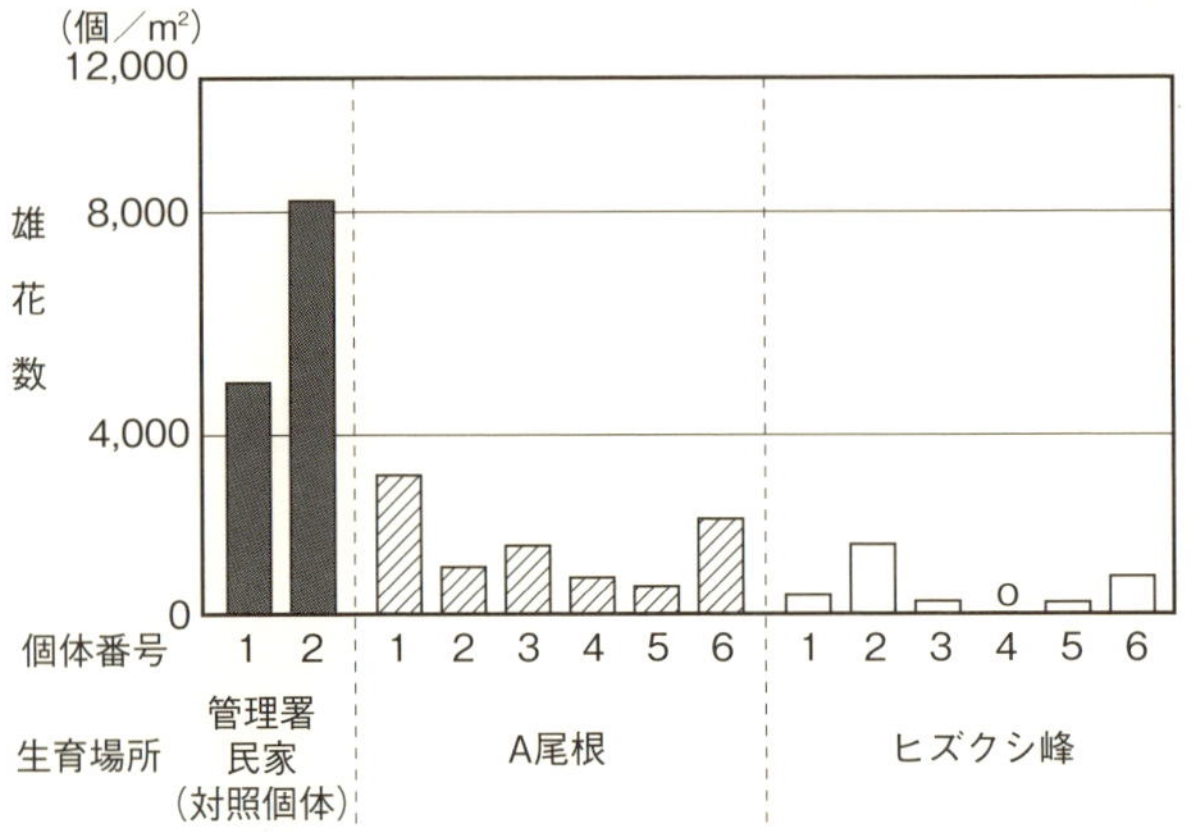

個体別樹冠下に落下した雄花量（個／m²）（2005年）

理署構内および近隣の民家に植栽されている対照個体の雄花量と比較すると、A尾根の生育地のサイズの大きい個体の雄花量もかなり少ないことがわかります。

さて、先述の通り、種子の出来を左右するそもそも第一の要因には自然状態での他家受粉条件の良否が関係します。受粉率は、雌花開花期の空中花粉濃度を知る一つの尺度といえます。人工交配によって得られた球果の受粉率は三〇・五～五四・七パーセント、また、対照個体の受粉率は五一・七パーセントに達しました。

これらの数値と比較すると、屋久島の生育地における自然受粉の球果の受粉率は数パーセントと非常に低く、比較的高い平内でも一二・五パーセントに過ぎませんでした。もちろん、人工交配では受粉率は当然高まることが期待されます。また、受粉率は自家受粉も含めた数値であるため、その個体が雄花を多く着生している場合は、その個体の受粉率は高まります。対照個体である森林管理署の植栽木はかなり孤立的に植栽された個体ですが、受粉率がこのように高いのは、雄花の開花量が非常に多いためです。一方、この個体の充実種子の割合が低いのは、周囲に他家花粉を十分に供給する個体がないため、ほとんどが自家受粉した結果であるためと考えられます。

これらのことから、雄花の開花個体が多く、開花量もヒズクシ峰に比べれば比較的多いA尾根においても、受粉率はヒズクシ峰と同じ程度に低く、A尾根の受粉条件は決して良好な状況とは言えないようです。

交配用袋をかけたヤクタネゴヨウ（鴻之峰）

ヤクタネゴヨウを守るために

人工交配の結果から、特に種子島で多く見られるような孤立状態で生育しているヤクタネゴヨウは、自然状態では健全な種子の生産は期待できないことがわかりました。このままでは個体の寿命とともに消えてしまうことになりかねません。

このような事態を受け、平成一二（二〇〇〇）年度から五ヶ年計画で、ヤクタネゴヨウの増殖・復元に係わる緊急対策事業が林野庁九州森林管理局によって進められました。これは、現存するヤクタネゴヨウ個体からクローン苗を養成し、これを材料としてたがいに十分に受粉がなされるような現地外保全林を、種子島と屋久島のそれぞれに設定するという事業です。将来にわたって次世代更新が見込まれないヤクタネゴヨウ個体そのものの遺伝資源保全として価値があるとともに、苗木の成長に伴って稔性の高い種子が生産されることも期待されています。

一方、ヤクタネゴヨウが集団として生育している屋久島生育地における開花・結実調査から、このような集団においても、ヤクタネゴヨウの絶対的な開花量は十分ではなく、個体密度が低いために十分な花粉供給が互いにできない状況であることもわかってきました。現状では、自然状態での良好な種子生産は経常的には期待できない状況にあると考えられます。種子生産の改善のためには、開花個体が増加するだけでなく、開花量も増加することが必要であり、今後、開花を左右する立地環境条件等、ヤクタネゴヨウの雌雄花着生にかかわる生理的条件について検討されることが望まれます。また、現在生産されている種子の遺伝的多様性を明らかにするとともに、実生の定着と生存を人為的に補う必要性やその管理方法などについても、今後、さらに検討すべきでしょう。

第一二章　ヤクタネゴヨウのコピーをつくり危急に備える

細井 佳久・石井 克明

はじめに

以前、私達が初めて屋久島へ入島した際、ヤクスギやヒメシャラの印象がとても強く、ヤクタネゴヨウの記憶はほとんどありませんでした。その時に読んだ林芙美子の小説『浮雲』にも、ヤクスギが出てきたように記憶しています。

その後、屋久島の森林生態系は世界自然遺産に指定され、その豊かな生物多様性に世間の注目が集まりました。有名な宮崎駿監督のアニメ「もののけ姫」の映像にも影響を与えたことは、広く知られています。まさに屋久島は、ヤクスギだけではない「生命の島」としての存在感が、一段と増したように感じます。

さて、「レッドデータブック」によると、日本における高等植物のうち、絶滅危惧種とされるものが全体の四分の一にも達します。屋久島にも多くの絶滅危惧種が分布しており、ヤクタネゴヨウもそのうちの一つです。

このような絶滅危惧種を保全することは、将来的に屋久島森林生態系の多様性を保全することにつながります。そこでここでは、ヤクタネゴヨウを保全するための一つの方法として、組織培養について紹介しましょう。

コピー樹木をつくる必要性

本来、絶滅が危惧される樹種の保全は、それが生育する生態系の中で進めることが理想です。しかし、あまりに個体数が減少して絶滅の危険性が高まってくると、人為的な手段で繁殖を助けることも必要になります。

そのような手段の一つとして、対象樹種の成木の一部からコピー（クローン）樹木をつくって自生地外（現地外）で育てておく方法は有効です。自生地（現地）では孤立木となってたがいに交配できない場合でも、数多くの成木個体のコピー樹木を集めて植えておくことにより、他家受粉による健全な種子の生産を進めることも可能となります。

マツのコピー樹木のつくり方あれこれ

通常、マツは種子から繁殖するが、天然記念物や特別の性質をもった個体のコピーを人工的に増やしたい場合に、「つぎ木」がよく用いられます。「つぎ木」は、ミカンやリンゴ、サクラのほか、マツの盆栽を仕立てるのにも利用されている方法で、「台木（土台になる苗木）」に目的とする個体の枝（つぎ穂）を接ぐのです。ただし、台木のほうが元気な枝を伸ばしてしまうこともあるので、つぎ木後も管理し続けることが必要です。

ほかによく知られたコピー樹木のつくり方として「さし木」があります。九州本土では、スギやヒノキの造林用の苗木生産に、「さし木」がよく使われています。しかし、マツの場合、ごく若い個体の枝からなら根を持ったコピーをつくることができますが、大きく育った成木の枝からつくる場合は、成功率が非常に低いのです。

このほかに、成木の枝から直接苗木をつくる「とり木」という方法もあります。「とり木」は、成木についたままの枝の一部の樹皮をはぎ取って、そこを湿ったミズゴケなどで数か月間湿潤状態に保って、そこから根を発生させる方法です。しかしヤクタネゴヨウの場合、自生地が非常に険しい場所なので、高い枝に登ってこの方法を実行するのは危険を伴い、現実的ではありません。

組織培養の利用

コピー樹木をつくる技術の一つに、実験室内で行う組織培養という方法があります。これは医療の分野で臓器移植等に関連した細胞の培養で知られている方法です。動物では困難なのですが、植物は一つの細胞からでも個体を再生する能力をもっています。つまり、組織培養の条件をうまく研究開発できれば、もとの植物のほんの一部からコピーした個体を効率よく再生することが可能になるのです。

実際に、ここ三〇年くらいの間に、さまざまな植物で、組織培養を利用したコピー生産が試みられています。ランやカーネーションといった園芸植物では、組織培養を利用した大量生産がすでに実用化されていて、林業で重要なマツでもニュージーランドにおけるラジアータマツの例があり、年間二〇〇万本以上の優良な苗木が組織培養で生産されています。

しかし、このような産業用のコピー植物の生産と、保全用のコピー植物の生産には決定的な違いがあります。それは、産業用では優良な少数の個体のコピーを大量に生産するのに対して、保全用では、できるだけ多くの生残個体のコピーをつくることが求められることです。この場合、コピー数は各個体につき数個でも良いのです。これは、少数個体のコピーのみを大量増殖したのでは、遺伝的多様性が減少し、その樹種の衰退にますます拍車をかけてしまう可能性があるからです。

クロマツの組織培養技術

樹木では、いろいろな樹脂成分や雑菌の影響で、樹種により組織培養がうまくいかないことも多いのです。しかしマツの場合、台木の管理の問題や、さし木の難しさを解決する方法として、組織培養に期待が持たれています。私たちはこうした問題に対応し組織培養の技術を確立することができました。以下では、そのクロマツの組織培養の方法を紹介します。

組織培養に用いるのは、茎頂（茎の最先端部）、芽生え、胚といった生命力・分化能力の高い部位が一般的です。まず、材料をアルコール等でよく表面殺菌してから、培養フラスコで無菌培養を行います。このフラスコの中には、あらかじめ殺菌された培地を入れておきます。培地とは、植物組織を培養するのに必要な養分等を加えた苗床のようなもので、多くの場合、二〇種類以上のミネラルやビタミン、植物ホルモン、糖を含み、寒天等で固めたものを用います。

培養を開始して約一か月後、芽の基になる不定芽《ふていが》（普通は芽を形成しない部分から生じる芽）が多数生じてきます。それらを芽の伸長用の培地に移し、芽を伸ばします。そうして伸びてきた茎葉を分割してさらに根の出る培地に移植してコピーのクロマツができあがります。

マツ材線虫病は、日本全国に深刻なマツ枯れ被害を引き起こしていますが、この病気に抵抗性をもつクロマツを組織培養で増殖し野外に植栽した個体は、立派に育っています。

ヤクタネゴヨウの組織培養技術

クロマツとヤクタネゴヨウは、片や二葉のマツ、片や五葉のマツであり、分類学上やや離れているため、クロマツの方法がそのままヤクタネゴヨウに利用できるわけではありません。そ

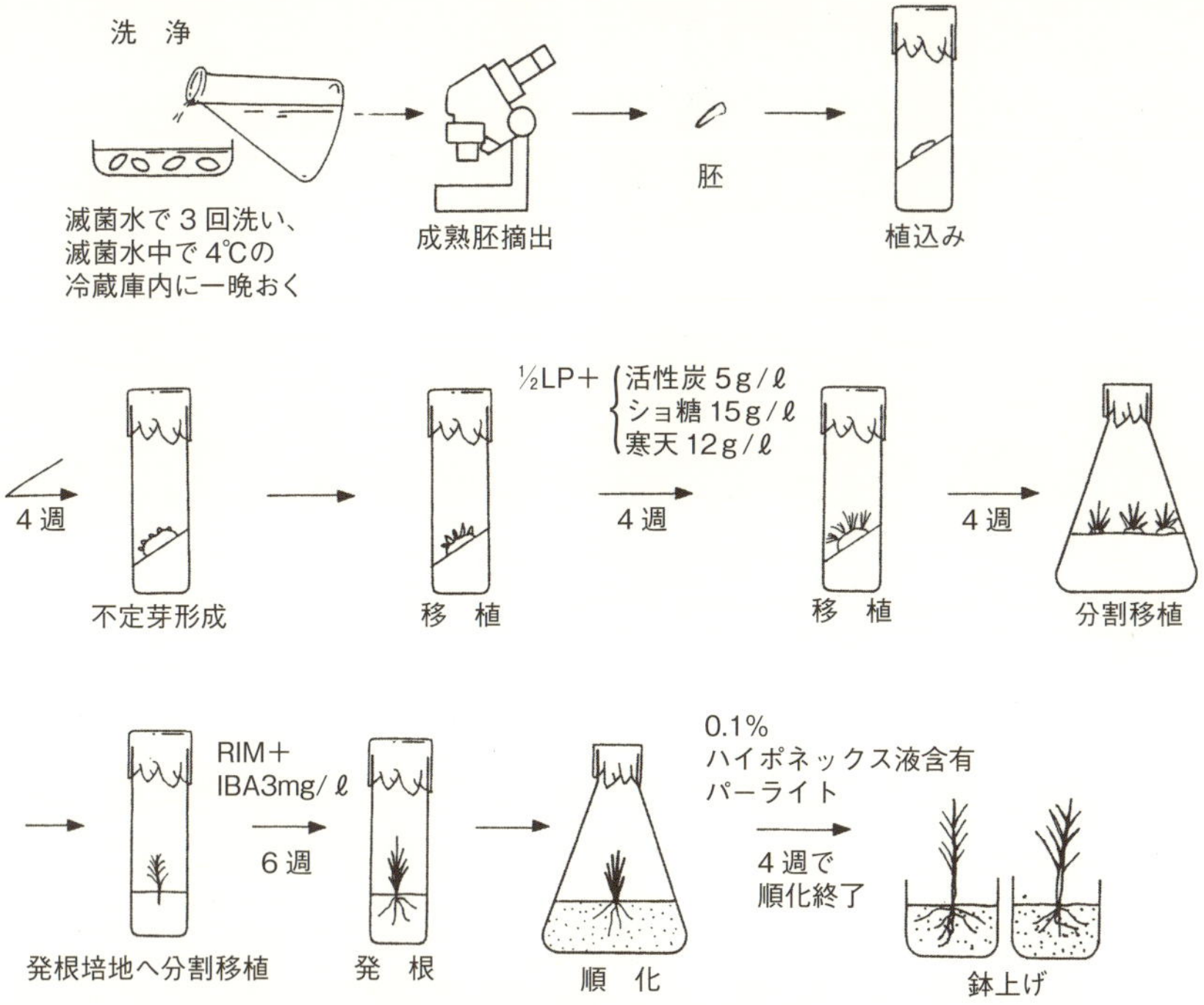

マツの組織培養の手順

ヤクタネゴヨウの
組織培養で得られた苗

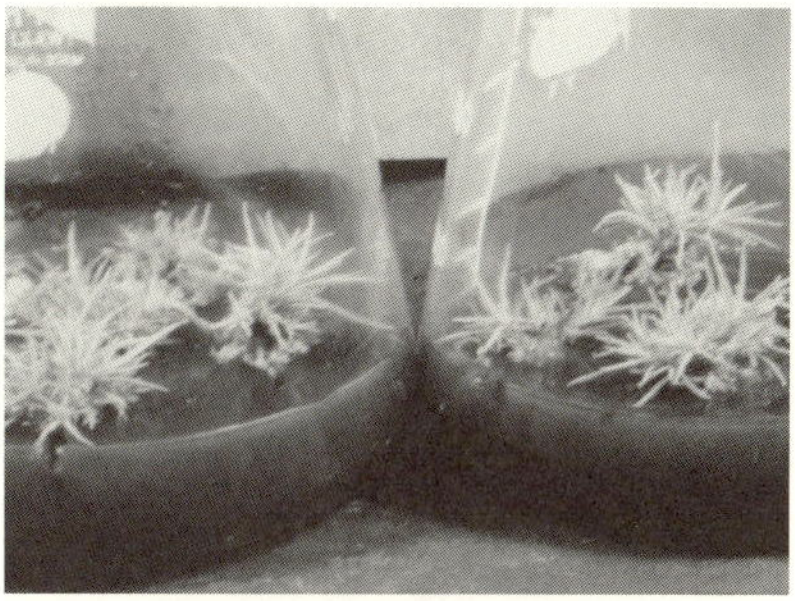

ヤクタネゴヨウの
１つの種子胚より得られた多くの茎葉

順化後苗畑に植栽されたヤクタネゴヨウ

こで、ヤクタネゴヨウについては、まず基礎的培養条件を検索するために、種子の胚を材料に用いて開発を行いました。

九月に採取した成熟種子をアルコールで良く表面殺菌した後、種子内から胚を摘出し、その胚をアメリカ産のマツ類の培養で実績のある培地を改良した方法で培養しました。すると一か月後、胚が緑色となり、表面に小さな不定芽がたくさん形成されました。それらを芽の伸長用の培地に移植して培養すると、芽が伸長して茎葉となりました。さらに発根用の培地に移植して培養すると、根が出ました。植物体の再生は成功です。これでいわば、ヤクタネゴヨウの「試験管ベビー」が誕生したことになります。

この「試験管ベビー」を、フラスコ内で大事に育てた後、外部の環境に馴らし、現在は苗畑に植栽し危急に備えています。

この方法のほかにも、不定胚と呼ばれる組織を誘導し、個体を再生させる試みも行っています。不定胚というのは、種子内に存在する胚にそっくりの形と能力を備えた組織のことで、フラスコ内で適切な培養をすることで、胚同様に発芽して芽生えを生じます。

不定胚をつくり出すためには、まず、組織片の培養によって不定胚を形成する能力をもつ細胞(不定胚形成細胞)を誘導して増殖させる必要があります。多くの針葉樹と同様、ヤクタネゴヨウの場合、一つの種子内で最終的に成熟する胚は一つだけですが、こうして培養によって作られる不定胚は、不定胚形成細胞を増殖させ、成熟化させることで、受精によらないクローン胚をたくさんつくり出すことができるのです。

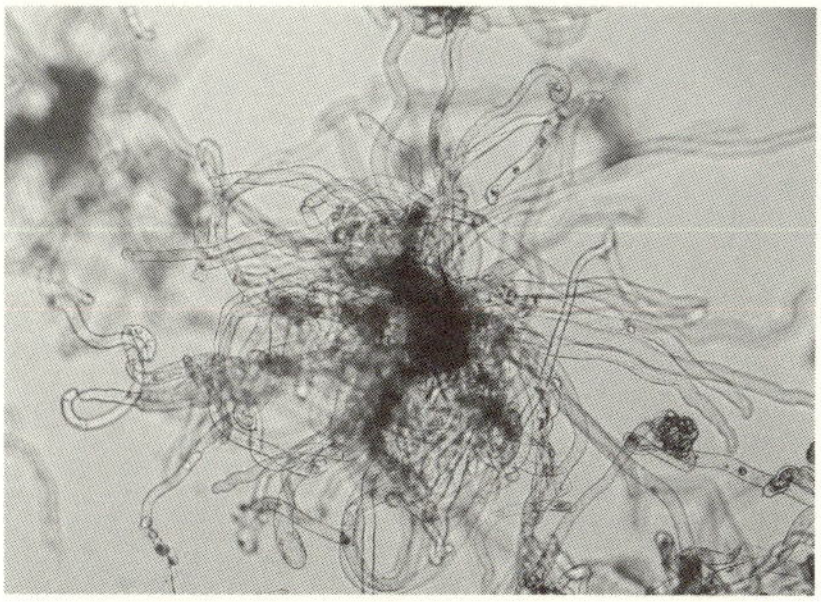

不定胚形成細胞の誘導
未熟な種子胚を取り出し、液体培地中で約１ヵ月培養後に誘導された不定胚形成細胞（胚形成能力を持つ緻密な細胞の塊と、それにつながる細長いサスペンサー細胞で構成されている）。実験に使用するため、さらに培地を２週間毎に更新しながら分裂・増殖させる。

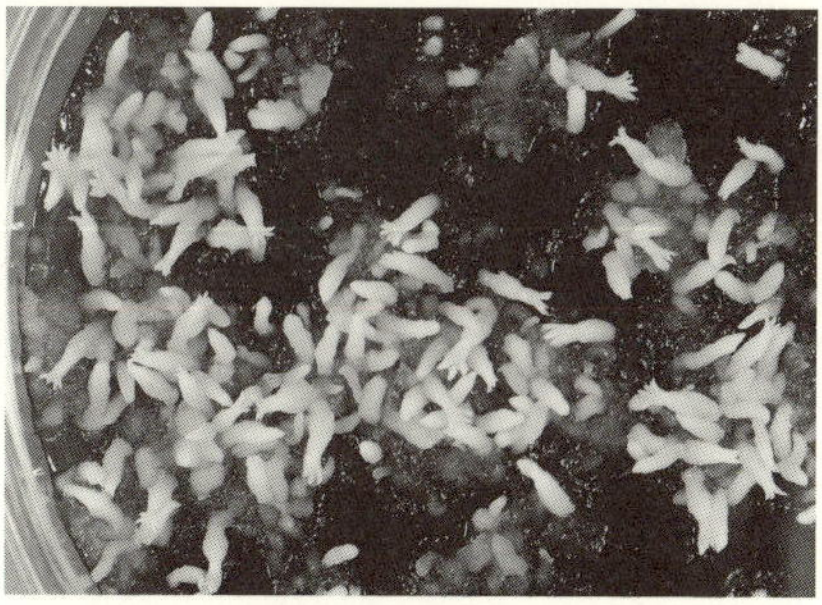

不定胚形成細胞を成熟させて得られた不定胚
不定胚形成細胞を成熟用の固形培地に移植し、約２ヵ月後に得られた不定胚（長さ５～8mm）。その後発芽用の固形培地に移植し、蛍光灯照明下で培養すると幼植物体へと成長する。

ヤクタネゴヨウでは、種子から摘出した胚を材料として、不定胚形成細胞を誘導する培養条件を検討しました。針葉樹の種子胚から不定胚形成細胞を誘導する場合、材料とする胚の成熟の度合いが誘導の成否に大きく影響します。これはヤクタネゴヨウでも同様と思われます。そこで、七月初旬の未成熟な種子と、九月初旬の成熟した種子から取り出した胚組織を使って不定胚形成細胞の誘導実験を行いました。そして、七月初旬に採取した種子の未熟胚を用いた場合に、不定胚形成細胞の誘導に成功しました。このことは、成熟して分裂増殖を休止している組織の細胞よりも、成熟するためにさかんに分裂している若い組織の細胞の方が不定胚形成細胞の誘導に適していることを示しています。また、培養用の培地の成分にも検討を加えた結果、オーキシンとサイトカイニンという、二種類の作用の異なる植物ホルモンを加えた液体培地を用いて培養することが重要であることがわかりました。こうして、得られた不定胚形成細胞からは、不定胚、そして不定胚から発芽実生を得ることができました。

とはいえ、不定胚形成細胞を成熟させて不定胚を形成させることは容易ではなかったのです。成熟させるためには、新たに成熟用の培養条件を検討しなくてはなりません。これは、アブシジン酸という、植物の老化・成熟にかかわるとされる植物ホルモンの濃度や、培地に加える栄養分の種類や濃度等を何度も調整しながら、試行錯誤の末にようやく成功しました。しかし、成熟させたものの中には子葉部分のみしか正常に形成されず、幼根部分が未発達の不定胚も多くありました。この点は培養条件をさらに検討し、改良する必要があります。

正常に成熟した不定胚については、その後植物ホルモンを含まない培地に移し、蛍光灯の光を一日に一六時間照射して培養すると、比較的容易に発芽し、緑色の幼植物に成長します。これまでの結果から、種子胚から植物体のクローンをつくり出すためには、不定胚形成細胞を誘導するための胚組織の成熟段階と、不定胚形成細胞を成熟化し、正常な不定胚を形成させる培養条件を見いだすことの二点がたいへん重要であることがわかりました。こうして無菌条件下で得られたいくつかのコピー樹木は、湿度条件など徐々に屋外の環境に慣らし、現在は苗畑で生育中です。

このように、種子および胚などの若い組織や細胞を用いるコピー樹木の作成は、ほぼ目途がたってきました。しかし、これらの組織や細胞は、実際に現地に生育している親の木とは遺伝的には異なっています。現地で生育しているヤクタネゴヨウの個体の遺伝子をそのまま維持・保存するためには、種子胚などではなく葉枝や根等のような栄養器官の一部を材料にして培養する必要があります。今後は今回の成果を生かし、自生地で生育するヤクタネゴヨウの成木の枝葉などから不定胚形成細胞を誘導し、その細胞を培養してコピー樹木の作成に取り組んでいくことが必要です。

おわりに

屋久島のヤクタネゴヨウの場合、まだ自生地での自然繁殖が可能と思われるので、組織培養を用いた保全の実施には、今しばらくの猶予があると予想しています。しかし自生地では、種子のシイナ（中身のない種子）率が高いといった問題があります。また、台風や松くい虫（マツ材線虫病）による被害の拡大によって個体数が急速に減少する心配もあり、組織培養の技術開発は急いで進めておきたいと考えています。

保全生物学は比較的新しい研究分野で、生物多様性（バイオダイバシティー）という言葉も昭和六三（一九八八）年にはじめて登場しました。組織培養のような生命工学（バイオテクノロジー）の手法を保全生物学に役立てようとする試みも、ごく最近始まったばかりです。

クロマツ

第一三章　ヤクタネゴヨウの保全のススメ

金谷 整一

ヤクタネゴヨウとの出会い

「きつかー。なんでこんなとこばっかりに、生えとっちゃろうか」。

それは、屋久島の崖っぷちに立つヤクタネゴヨウと初めて出会った鹿児島大学の四年生だった平成二(一九九〇)年の夏のことでした。

当時、私は農学部林学科の森林育種・保護学研究室の林重佐助教授のもとで「地域にある希少種を保全する重要性」について毎日のように話をうかがっていました。その時に、よく話題に上ったのがヤクタネゴヨウでした。いつかは、ヤクタネゴヨウの保全にかかわる研究をしたい、という思いは日に日に強くなっていました。

残念ながら、卒業論文と修士論文のテーマでヤクタネゴヨウを取り扱うのは、同級生に決まってしまいました。その同級生と一緒に、実験の試料を採取に行った時、冒頭の言葉が無意識に何回も出てきたことを覚えています。私自身がヤクタネゴヨウの研究に携わるようになったのは、後に九州大学大学院に進学してからのことです。

絶滅が危惧される生物を保全するためには、その種の生態調査や遺伝的解析で得られる情報を基にした保全方法の策定が非常に重要です。ここでは、ヤクタネゴヨウの遺伝研究を中心に、現在行っている保全に向けた活動を紹介していきます。

遺伝的多様性

まず、絶滅危惧種の集団中に遺伝的多様性がどの程度残されているかを明らかにすることが不可欠です。「遺伝的多様性」とは個体間にどのくらい遺伝的違いがあるかを示すもので、種や集団の持続的な存続に影響します。

ここでは、各自生地集団（種子島、屋久島の高平岳・平内破沙岳周辺・西部林道沿い）から合計三〇〇本以上の成木（樹高二メートル以上）を対象とし、それらの針葉を用いて、アイソザイム分析という手法で分析しました。

遺伝的多様性の指標としてよく使われる「ヘテロ接合体率」という数値を算出すると、ヤクタネゴヨウは種全体として〇・一七二でした。木本植物の平均値が〇・一七七ですので、ヤクタネゴヨウは種全体として、他の木本植物とほぼ同程度の多様性を保有していると考えられました。また各集団のヘテロ接合体率は、〇・一五三〜〇・一七二であり、それほど差は見られませんでした。

しかし、これらの遺伝的多様性は現在の成木のものですから、次世代も同じように大丈夫かというと、それは保証の限りではありません。多くの成木が種子生産に参加できることや、受粉の際にきちんと他殖が行われることが重要です。特に自生地の面積が最も小さい「屋久島の高平岳」では、残存数が一〇〇本以下と推定され、他の自生地とも隔離しているという現状で、将来的に遺伝的多様性の減少や集団が絶滅する危険性が高いことに変わりはありません。

種子の出来具合

西部林道沿いには、ひときわ目につく基岩が露出した「ヒズクシ峰」といわれる岩峰があります。ここには、大小のヤクタネゴヨウの成木が八〇本ほど分布しています。私たちは、開花状況から種子の生産まで、一連の繁殖特性を継続調査しています。平成一三（二〇〇一）年から平成一六（二〇〇四）年までの調査結果を見ていきましょう。

まず、開花している個体の調査を毎年五月初旬に行いました。その割合は、平成一四（二〇〇二）年に八六パーセントと最も高い値を示しましたが、それ以外の調査年も、ほぼ六〇パーセント以上でした。つまり毎年、半数以上の個体が繁殖の準備をしていることがわかりました。

次に、九月初旬には、球果（松ぼっくり）が着いている個体の確認と着いている球果数の計

＊1：未発表データ

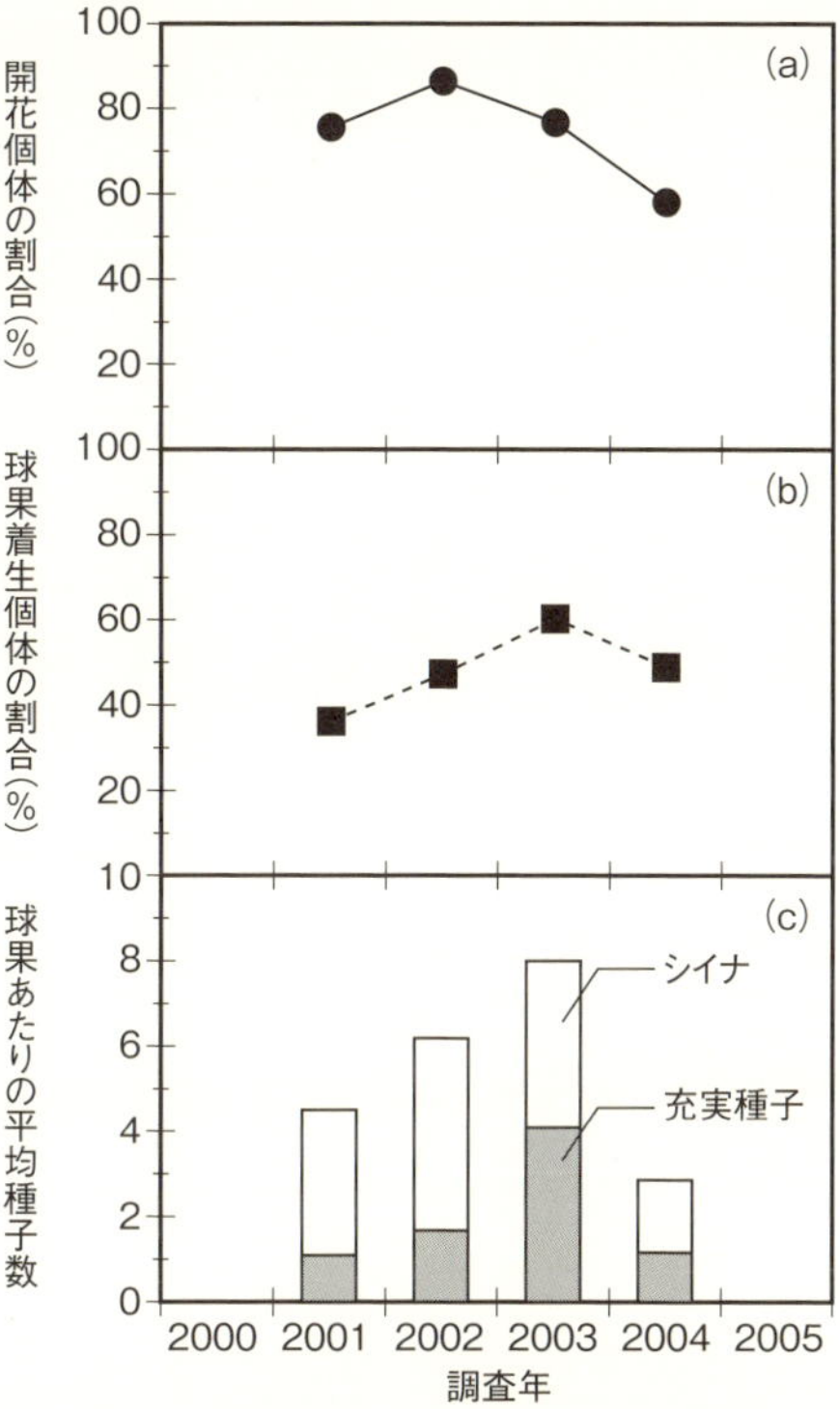

ヒズクシ峰における開花・結実状況＊1
下段のグラフで、白はシイナ数、灰色は充実種子数を示す。

ヤクタネゴヨウの球果

測を行いました。球果を着けている個体の割合は、平成一五（二〇〇三）年に六一パーセントに達しましたが、それ以外の年では、五〇パーセント以下でした。一個体あたりの平均着生球果数は九〜一二個で、毎年ほぼ同じくらいの値となりました。

さらに、一球果あたりの種子数を計測しました。球果の着生が見られたヤクタネゴヨウから、まだ鱗片（松かさ）が開いていない球果を採取して、約一か月間実験室で乾燥させた後、鱗片が開いた球果から種子をピンセットを用いて摘出し、その数を計測しました。その結果、一球果あたりの平均種子数は平成一六年で三粒以下、最も多かった平成一五年でも八粒でした。

これらの摘出した種子を、一〇〇パーセントのエタノールを用いて、発芽に必要な胚が入っているかどうかを調べました。球果毎に摘出した種子をエタノールが入ったビーカーに入れ、エタノールに沈んだ種子が、胚が入った（充実した）種子という訳です。この方法による結果が、軟X線で撮影した結果と同じであることは、すでに確かめられています。そして、一球果あたりの平均充実種子数は、平成一五年で四粒でしたが、それ以外の年では二粒以下であることがわかりました。

以上のような結果が得られましたが、このようなヤクタネゴヨウの個体あたりの球果数や球果あたりの種子数は、他のマツと比較してどれほどなのでしょうか。クロマツやアカマツでは、個体あたり数百〜数千の球果が着生しています。受粉条件が良い場合、一球果には五〇粒以上の種子が含まれ、そのうち九〇パーセント程度が充実種子です。他のマツと比べると、いかにヤクタネゴヨウ一個体が生産する球果や種子の数が少ないかわかると思います。

それでは、なぜヤクタネゴヨウの球果や種子の生産数が少ないのでしょうか。

ヤクタネゴヨウを含むマツ属樹種では、二年越しで種子ができます。つまり春に開花・受粉

ヒズクシ峰におけるヤクタネゴヨウの他殖率（%）*1

調査年	個体番号				
	40	49	54	60	65
2003	0.0	69.1	100.0	100.0	100.0
2004	0.0	55.8	26.8	100.0	100.0

したものが次の年の種子になるわけですから、前年の開花・受粉の状況が大きく影響しているのです。今回の結果から、ヒズクシ峰のヤクタネゴヨウでは、開花している個体の割合は高いのですが種子の出来が悪いという結果から、その花や花粉の量が全体的にかなり少なく、受粉のチャンスが制限されていると考えられます。

他殖率

充実した種子ができても、その中身が重要です。つまり、マツ類は雌雄の花が一本の木に同時に咲くため、自分の花粉で受粉して種子を生産することがあります（これを「自殖」といいます）。しかし、他の個体の花粉と受粉して種子を生産する（これを「他殖」といいます）方が、健全な種子が育ちます。自然状態でできた種子のなかで他殖の割合がどれほどなのか、遺伝的に健全であると考えられる種子の割合を評価することが必要です。

ここでは、ヒズクシ峰の平成一五年と一六年に種子を採取したヤクタネゴヨウ五本を対象にして、ＤＮＡの分析から他殖率を推定しました。

両年とも他殖率が〇パーセント（個体番号40）、あるいは一〇〇パーセント（個体番号60、65）と変化が見られない個体がありました。一方、平成一五年と比較して一六年になると他殖率が減少する個体（個体番号49、54）も見られました。このことは、前年の開花率が高く、種子のできが良かった二〇〇三年の方が、他殖率が高い傾向にあったのかもしれません。

このように、せっかく出来た少ない種子の中で、健全な次世代として育つ候補となる他殖種子の割合は、二年間の平均で六五パーセント程度に過ぎません。

このように他殖率が個体によって極端に異なるのは、それぞれの受粉環境等の影響が考えられます。現在も、雄花を着生している個体の数や配置、開花量等によって変動するかなど、調査を慎重に進めています。

始まったヤクタネゴヨウの保全への取り組み

これまでに、屋久島・ヤクタネゴヨウ調査隊が進めている屋久島西部林道沿いで調査したヤクタネゴヨウの数は、一二〇〇本を超えました。まだ未踏査の地域もあることから、さらに確認される生残個体の本数は増えるでしょうが、五〇〇〇本や一万本には届かないでしょう。やはり、屋久島での推定本数が二〇〇〇本程度というのは妥当な数値なのかもしれませんが、種の存続にとっては、必要十分な数値ではありません。

これまでの調査で、ヤクタネゴヨウの諸特性は徐々に明らかになってきましたが、種の存続にとって、厳しいものが多いようです。またヤクタネゴヨウを取り巻く状況も、楽観できるものではありません。特に最近になってヤクタネゴヨウは、マツ材線虫病による被害拡大や大気汚染物質等の影響によって、その存在が脅かされているのです。

例えば、種子島では大変なことになっています。平成一四年頃から、マツ材線虫病の被害によって、ヤクタネゴヨウの枯れが目立って増加しているのです。もともと生き残っている本数が少なく、各地に単木あるいは小集団をなして分布している種子島で、ヤクタネゴヨウにマツ材線虫病の被害が拡大することは、地域集団の消失ひいては種子島からの絶滅につながりかねません。

マツ材線虫病は、日本に分布するマツにとって厄介な伝染病です。この病気で枯れてしまったマツを放ったらかしにしていると、次の年には周囲のマツに被害が広がってしまいます。こ

マツ材線虫病で枯死したヤクタネゴヨウ（種子島中種子町犬城）

の病気に対しては、薬剤散布や伐倒駆除等で被害拡大を防ぐしか手だてはありません。ですから、枯れたヤクタネゴヨウだけではなく、自生地周辺のマツ材線虫病等で枯れたクロマツも一緒に処理しなければなりません。

そこで私たち研究者、屋久島・ヤクタネゴヨウ調査隊や種子島・ヤクタネゴヨウ保全の会といった市民ボランティア団体、林野庁屋久島森林管理署、鹿児島県熊毛支庁や西之表市役所いった国や県の機関、すなわち民・官・学の三者が協力して対応することになりました。その内容は、マツ材線虫病で枯れてしまったヤクタネゴヨウだけではなく、クロマツも対象に、伐り倒して焼却処分あるいは薬剤処理することです。焼却処分では、伐り倒したマツは、背負子《しょいこ》で持ち運び出せる大きさの丸太に切り分け、枝を袋詰めにして自生地外へ人力で搬出しました。

このように搬出した丸太や枝は、ただ焼却するだけではもったいないので、種子島焼の窯元(西之表市西之表)にお願いして、焼物の製作に利用してもらいました。これらの活動を行っている地域では、数年以内にヤクタネゴヨウに対するマツ材線虫病の被害が発生しなくなると期待しています。

幸いにして最近の屋久島では、ヤクタネゴヨウに対してマツ材線虫病による被害は発生していません。しかし、ここ数年間

民・官・学の協働でマツ枯れの防除に取り組む

マツ材線虫病で枯れた個体を放置しておくと、そこから被害が拡大するおそれがあるため、枯死木は切りたおし（写真1）、運び出さなければならない。しかし、ヤクタネゴヨウは険しい斜面に生えるため、枯死木の近くまで林道が通っていることは少ない。切り分けて人力で林道まで運び出す（写真2）。林道まで運び出したヤクタネゴヨウは軽トラックで運び出す（写真3）。運び出したヤクタネゴヨウをごみにするわけにはいかない。種子島焼の窯元にお願いして、焼き物の製作に活用していただいている（写真4）。焼きがあった種子島焼きの湯呑み。屋久島・ヤクタネゴヨウ調査隊のマーク入り（写真5）。

で高平岳近くのクロマツ林では、マツ材線虫病が発生していることが確認されています。将来的にマツ材線虫病の被害が、ヤクタネゴヨウの自生地に広がるかもしれません。今後は、種子島での活動例を踏まえて、充分な監視と迅速な枯死木処理の体制を整備しておくことが重要です。

おわりに

鹿児島大学在籍時は、世の中はバブル経済のまっただなかでした。そうした外の喧噪とは一線を画し、ビールや焼酎を飲みながら聞く林先生お手製の「森林遺伝保全学」の話は、非常に有意義だったと感じています。

かつて林先生は、「早急にやりたいことは、全個体数の把握と地図上へのマッピング、そして個体数減少スピードの推定です」、「ヤクタネゴヨウのような大型の植物が絶滅の危機に瀕していて、それを救うために立場を異にする人たちの協力が必要です」と私見を述べられました[*2]（「生命の島」第一二号）。それから一八年。現在、進めている調査研究、関係諸機関や市民団体との協力体制は、ようやく現実になってきました。

今後は、ヤクタネゴヨウを含む森林生態系の保全にむけた協力体制を充実させていかなければなりません。関係諸機関との連携に加え、屋久島・種子島の住民の方々と、もっと深くおつきあいをして、ヤクタネゴヨウに関する情報の収集と整理に努めていき、ヤクタネゴヨウの保全に貢献できればと思います。

＊2：林（一九八九）

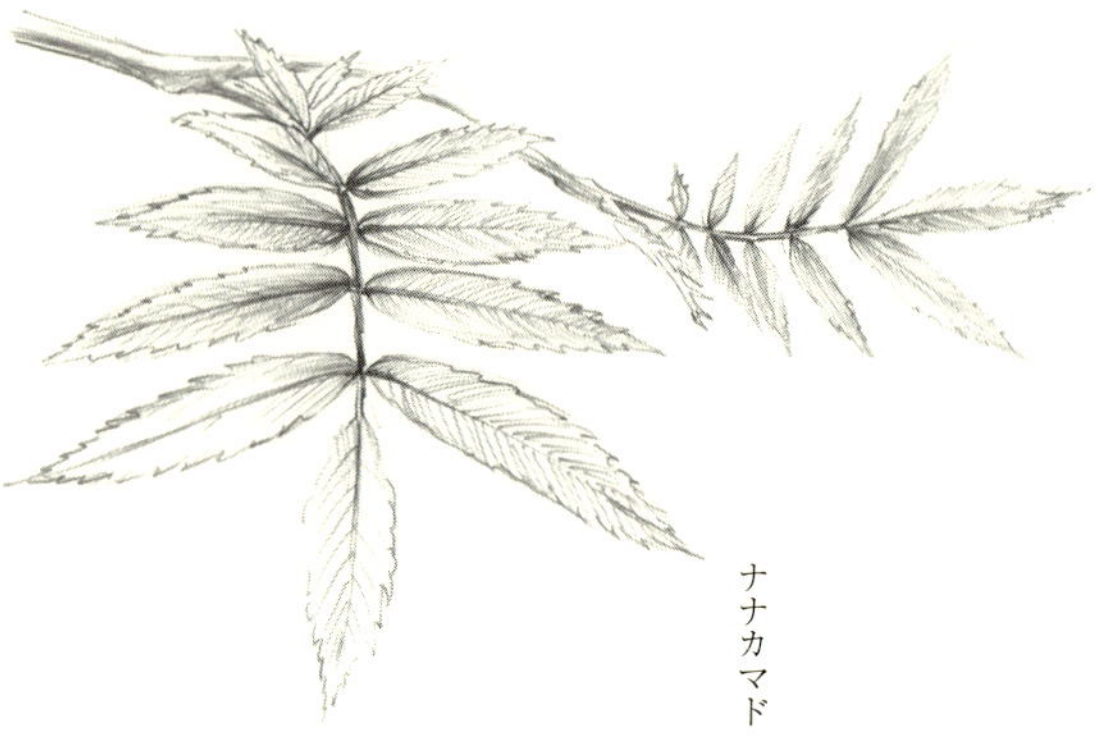

ナナカマド

屋久島の環境を知る

照葉樹林・
マングローブ・台風の部

ここまで、スギとヤクタネゴヨウの話題を中心に進めてきましたが、屋久島の森林生態系にはほかにも、照葉樹林や亜熱帯のマングローブなど重要な要素があります。

照葉樹林は、屋久島では標高一〇〇〜八〇〇メートルに見られる林です。かつては島の多くの部分を覆っていたと考えられますが、人里に近いという事情もあり、現在では大規模なものは自然遺産地域に指定された島の西部地域に残るだけとなっています。しかし、九州全体を見ても、照葉樹林が比較的大規模に残されている場所は、屋久島の他には、沖縄県やんばる、宮崎県綾、長崎県対馬龍良山などと限られています。屋久島と綾の照葉樹林を比べてみると、共通することや屋久島だけの特徴を知ることができます（第一四章）。

こうした照葉樹林においても、スギ天然林で紹介したような、継続的な調査研究のための大面積試験地がつくられています。研究の歴史はまだ浅いのですが、さまざまな樹木の種特有の生きざまが少しずつわかってきました（第一五章）。

屋久島の南西部に位置する栗生川河口には、島で唯一のマングローブであるメヒルギの群落があります。屋久島のメヒルギと南方に連なる亜熱帯の島々とのつながりもみえてきました（第一六章）。

さらに、沖縄や九州を頻繁に襲う台風は、森林の変化を促す大きな出来事となります。屋久島にはどのくらいの強さの台風が、どのような頻度で襲来しているかも紹介します（第一七章）。

第一四章　屋久島と九州の照葉樹林

小南陽亮

照葉樹林とは

ツバキやサザンカの葉っぱを思い浮かべてみて下さい。冬でも幅が広い葉をつけている木、つまり常緑の広葉樹ならば他の木でもよいです。秋に紅葉して葉を落とすような木、例えばカエデと比べてどうでしょう。葉っぱは、少し厚くて、ワックスをかけたようにつやつやしています。「照る葉の樹」というのは、こんな葉っぱをつける木のことです。そうした木が主役となる森を、「照葉樹林」といいます。

照葉樹林のユズリハ
葉が厚く光沢がある。

地球全体で見ると、熱帯林や北方の針葉樹林と比べて、照葉樹林は、あまりよく知られた森ではありません。しかし、東アジアの森は、照葉樹林を抜きにしては語れません。

照葉樹林は、日本を北限として、韓国の南部、台湾、中国の南部、ベトナム、タイ、ラオス、ミャンマーなどを経て、ネパールやブータンにまで至っています。なぜか、遠く離れたアメリカのフロリダ半島にもあります。

日本の中では、西日本の平野や低山はもともと照葉樹林に覆

タブノキ

イスノキ

ウラジロガシ

左ページ写真
綾の照葉樹林。尾根までうっそうとして自然林が続いている。

われていました。中部や関東地方では、海岸に近くなるほど普通に見られます。東北地方でも、海岸沿いに岩手県や青森県にまで北上しています。

照葉樹林では、カシやシイのなかま、クスノキのなかま、ツバキのなかまなど、たくさんの種類の木が見られます。そのうち、どの種類が多数派になるかは、日本の中でもいろいろ異なります。わりと身近にあるのは、シイが多い里山の森とタブノキが多い海岸近くの森です。

綾の照葉樹林

九州地方では、平地からだいたい標高一〇〇〇メートルまでが、照葉樹林の世界になります。ですが、まとまった面積で、自然の状態のまま残っている照葉樹林は、ほとんどなくなりました。

宮崎県綾《あや》町にある照葉樹林は、そのような数少ない自然林のひとつです。綾町は、有機農業や工芸品でよく知られていますが、照葉樹林を残す努力をしてきたことでも有名です。三〇年以上にわたって、照葉樹林に囲まれた町づくりが行われた結果、貴重な森を今に残すことができました。

綾の照葉樹林は、川沿いから標高八〇〇メートルぐらいまで連続していて、標高によって木の種類が少しずつ変わります。ここでは、標高五〇〇メートルぐらいのところを探検してみましょう。

森の中に入ると、低木や草本植物があまり繁茂していないので、たいていは見通しがききます。昼間でしたら、そう薄暗くもありません。夏は蚊やヒルに閉口しますが、晩秋の晴天時にはとてもさわやかです。樹皮が少し赤みを帯びていて、ところどころペリペリとはがれる特徴

をもった木がそこかしこに見られます。それはイスノキで、ここでは最も数が多い木です。イスノキが多い照葉樹林は、九州や四国地方以外ではあまり見られません。

人手が入った森にはイスノキは少なく、大木を見ることはまれです。綾の照葉樹林には、直径一メートル以上の大木があり、それらは、この森にほとんど人手が加わっていないことを物語っています。

さらに散策すると、アカガシやウラジロガシなどのカシのなかまや、タブノキの大きな木も見つかります。これらの大木は、二〇～三〇メートルくらいの高さで大きく枝を広げて、森を覆っています。沢のほうには、四〇メートル近くまで、まっすぐ伸びたイチイガシの巨木もあります。ヤクスギほどではありませんが、これらの大木もかなりの年月、おそらく数百年は生きてきたのでしょう。

シダやランなどのなかまには、このような大木を棲み家にしているものがあります。カシやタブノキの太い枝の上では、しばしばそのような着生植物が、びっしりとひしめきあっています。これら着生植物の多さも、自然な森であることを示しています。

綾の照葉樹林では、一年を通じて、いろいろな木が果実をつ

綾の照葉樹林でイチイガシのドングリをくわえて運ぼうとするアカネズミ。

けます。そのほとんどは、動物の食べ物になる種類です。

春から夏は、果実の種類が少ない季節です。ですが、年によってはタブノキやヤマザクラなどがたくさんの実をつけます。この時期、鳥ではヒヨドリやアオバトが、これらの果実を食べます。また、タヌキの「ため糞」にも、タブノキのたねが多量に含まれていることがあります。

秋から冬は、果実をつける種類が多くなります。よく見る果実は、カシやシイのドングリです。豊作の年には、親木（母樹）の下に、足の踏み場もないくらい、たくさんのドングリが落ちていることがあります。

ドングリは、いろいろな動物に食べられます。アカネズミは、地上に落ちたドングリをせっせと運んで食べます。鳥では、カケスやヤマガラが好んで食べます。

これらネズミやカケスは、ドングリを地中に埋めるなどして貯えることがあります。それを食べきれなかったり忘れたりすると、ドングリにとっては、動物に運ばれたことになるのです。

赤、黒、青など色とりどりの果実は、鳥がよく食べます。特に秋から冬にかけては、いろいろな鳥がいろいろな果実を食べます。一年中生息しているヒヨドリやアオバトに加えて、シロハラやルリビタキなどの冬鳥も森の中で果実を探しています。

このように、鳥に食べられた果実の運命はどうなるのでしょう。たいていの場合、外側の果肉は消化されますが、中のたねは壊されずに排泄されます。つまり、たねは鳥に食べられて運ばれているのです。

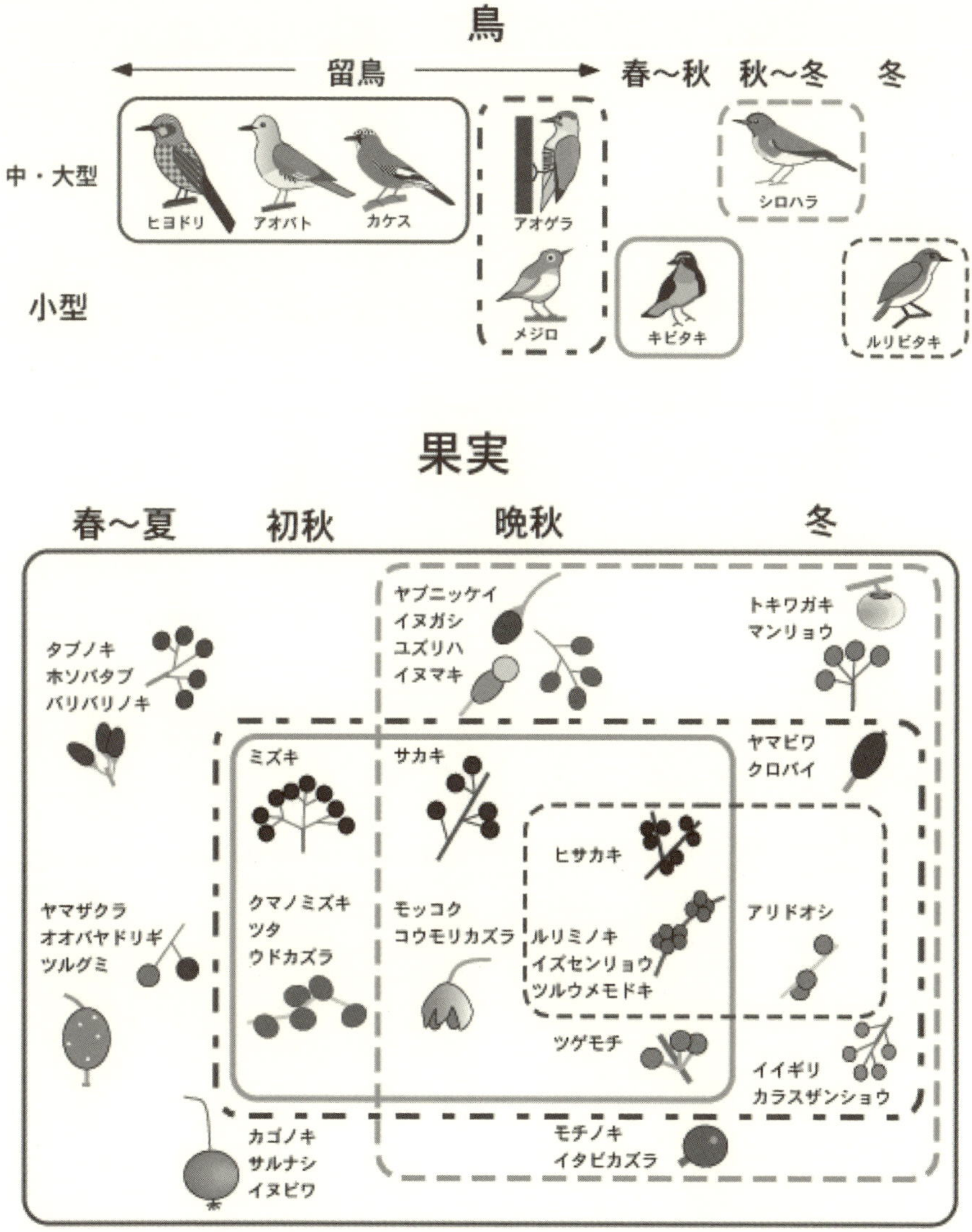

綾の照葉樹林で考えられる果実と鳥類との関係

同じ線で囲まれた果実と鳥類との間に，果肉を餌として提供する代わりに種子を運んでもらう関係がなりたっているのではないかと考えられる。果実は，熟す時期の早さ順に左から右へ，量（親木の数や果実の数）の多い順に上から下へと配置してある。

木は一生の中で、たねの時だけ、ダイナミックに移動できます。たねがうまく運ばれることは、子孫を残すために大事なことだと言われています。

綾の照葉樹林では、八割近くの木は、鳥に果実が食べられてたねが運ばれる種類です。そして、そのような木が多いことも、照葉樹林の特徴の一つと言えます。鳥と果実の関係は、木にとっては子孫を残す、鳥にとっては食べ物を確保する、という大切な意味があります。

屋久島の照葉樹林

屋久島でも、海岸近くから標高八〇〇メートルあたりまで照葉樹林が多く見られます。特に世界遺産に登録されている西部地域には、まとまった面積の貴重な照葉樹林が残っています。ここからは、綾の照葉樹林との違いに注目して、屋久島の照葉樹林を眺めてみましょう。

屋久島と綾の照葉樹林を比べてみると、外観的に最も大きく異なるのは、木々の高さです。綾では、森の上層（林冠層）に達する木は、広葉樹でも二〇〜三〇メートルあるのが普通ですが、屋久島の西部に残る照葉樹林では、多くの広葉樹は二〇メートルに達していません。やや内陸に位置する綾と異なり、屋久島では常に海風の影響を受けます。強い風は、しばしば木の成長を抑制するので、屋久島の広葉樹が綾と比べて低いのは、そのような風の影響が大きいと考えられます。

屋久島の照葉樹林の木の種類については、おおまかには綾とよく似ています。

屋久島でも、標高や地形によって、木の種類がやや異なります。例えば、標高五〇〇〜八〇〇メートルくらいではイスノキやウラジロガシなどが多く見られ、綾の照葉樹林と最も似ています。屋久島の照葉樹林でも、イスノキが多くみられる場所には、長い間人手が加わって

左ページ写真
しめころし植物のアコウ。網の目のような気根におおわれた木は内側で枯れ、気根の向こうは空洞になっている（撮影／金谷整一）

いないと言えます。

　多様な植生が見られるのが屋久島の特徴ですが、照葉樹林についても、いろいろなタイプが見られます。前述のほかにも、標高が五〇〇メートルより低い場所では、シイが多くなります。また、尾根の先端など風当たりの強い所では、ウバメガシという少しめずらしいカシがよく見られますが、この木は綾にはありません。

　照葉樹林の中には、大きな針葉樹が混ざっていることがありますが、その種類は綾と屋久島で異なります。綾ではモミやツガですが、屋久島ではヤクタネゴヨウというマツが見られます。

　ヤクタネゴヨウは、自然には屋久島と種子島にしかなく、環境省によって絶滅危惧種に指定されています。屋久島の照葉樹林を特徴づける貴重な木の一つです。

　屋久島の森を散策すると、「しめころし植物」という少し怖い名前の植物に出会います。

　この植物は、他の木の上で発芽すると、気根という特殊な根を伸ばして、その木にとりつきます。そして、とりついた木全体を気根がおおって、ついには枯らしてしまうことがあるのです。

右ページ写真
綾のホソバタブ。シカに採食された株。高い位置の新葉を食べるために幹を折ってしまう。

左ページ写真
ヤクシカ。シカは環境によって食べ物を変える。屋久島でも、山頂周辺では主にササを食べ、照葉樹林内では常緑樹の葉を多く食べる。（撮影／永松大）

屋久島の照葉樹林では、しめころし植物の一種、アコウがみられます。大木にとりついている巨大なアコウもめずらしくありません。綾のような九州内陸部の照葉樹林には、アコウのようなしめころし植物はありません。巨大なアコウが見られることも、屋久島の照葉樹林の特徴といえます。

動物にも目を向けてみましょう。

屋久島の森では、ヤクザルの群れによく出会います。サルは、雑食性で果実もよく食べるので、鳥と同じようにタネの運び手になります。

ただし、まだ熟していない果実を食べたり、大きめのタネをかみ砕いたりすることがあります。たねの運び手として、サルと鳥の性格は少し違うようです。

果実を食べる鳥の種類は、屋久島と綾でそう大きな違いはありませんが、たねの運び手になる哺乳類はかなり異なります。屋久島ではサルが主役ですが、綾では、サルは少なく、テンやタヌキが主役になります。ところが、タヌキについては、もともと屋久島にはいなかったとされていますが、現在では照葉樹林の一部に侵入しているようです。

タヌキは、「ため糞」をする場所に大量のたねを集中的に運び込みます。サルや鳥は、あまりそのようなたねの運び方をしません。そのため、タヌキの侵入は、屋久島の照葉樹林における木の分布や世代交代に、大きく影響する可能性があります。

シカの増加による植物への影響が、日本の各地で問題になっていますが、綾や屋久島の照葉樹林も例外ではないようです。近年、綾では、日中でもシカをよく見かけるようになり、それに伴ってヤブニッケイやホソバタブなどの若木が、高い頻度でシカの採食を受けるようになりました。屋久島には、やや小型のヤクシカが生息していますが、その採食によって下層の植物が衰退しはじめていると心配されています。

シカは、綾や屋久島に昔から生息していた動物なので、本来は照葉樹林の植物と共存してきたはずです。その共存関係がくずれかけているのであれば、原因を明らかにして、何らかの手をうつ必要があるでしょう。

おわりに

日本では、照葉樹林の自然林は、たいへん貴重なものとなってしまい、屋久島や綾の照葉樹林は、最後の砦《とりで》と言っても過言ではありません。そして、それら残された森の中では、今でも様々な生き物が生活し、たがいに複雑なネットワークを築いています。

木だけを見ても、ここでほんの一面を紹介してきたように、いろいろなすみ場所や生き方が見られます。また、木の長い一生の中では一瞬ともいえるたねの時期を見ても、動物とのいろいろなかかわりがあります。

森で生活してきた生き物の絶滅、その逆の過度な増加、本来いないはずの生き物の侵入、綾や屋久島の照葉樹林が直面しているこれらの問題は、生き物のネットワークが保ってきたバランスを崩す原因となります。

生き物の生活や互いの結びつきをよく知ることは、そのような様々な問題を解決し、照葉樹林がこれ以上失われることがないようにするために必要なことです。それに、照葉樹林を上手に楽しむコツをつかむことにもなるでしょう。

第一五章　屋久島西部の照葉樹林を調べる

新山馨

はじめに

日本は、東アジアの照葉樹林帯の東端に位置しています。「照葉樹林文化[*1]」という言葉があるように、ネパールや中国の雲南などと共通の習慣や食べ物が日本でも知られています。

現在、まとまった面積の照葉樹の天然林は、長崎県対馬《つしま》や宮崎県綾《あや》町など限られた地域にしか残っていません。屋久島の西部林道沿いを中心に分布している照葉樹林も、日本に残された貴重な森林です。

ここでは、林野庁屋久島森林環境保全センター（以下、保全センターと略す）が、屋久島西部の半山《はんやま》一号橋近くに設定した四ヘクタール（二〇〇メートル四方）の長期生態観察用試験地における照葉樹林の特徴を紹介します。

西部林道の照葉樹林に向かう。西部林道はほぼ全線が照葉樹林の木々に覆われた、緑のトンネルの中を走る道だ。この地点は、緑が途切れ空が見える部分だ。（撮影／金谷整一）

＊1：日本文化起源論の一つ。植物生態学者中尾佐助（一九一六～一九九三）が『栽培と農耕の起源』（一九六六、岩波書店）で提唱した。東アジアの照葉樹林帯に、農耕、神話、儀礼などの文化要素の共通性が広く見られることを根拠にしている。

＊2：森林生態系の変化を長期間監視するため、同じ場所・同じ方法で繰り返しデータをとること。

試験地に設置されている看板。

試験地をつくる

保全センターは生態系モニタリング[*2]のため、試験地の測量と最初の毎木調査を平成八（一九九六）年に行いました。その後、森林総合研究所と保全センターが共同で二回目の毎木調査を平成一五（二〇〇三）年に行いました。今回、紹介する内容は、平成八年の調査結果に基づいています。

試験地での毎木調査は、人間の国勢調査とよく似ています。胸の高さ（一・二メートル）で、周囲長一五センチメートル以上のすべての幹を調査するのです。調査するすべての幹に、アルミの番号札を付けました。一つの株から複数の幹が出ていれば、それぞれの幹に番号札を付けました。

周囲長はスチール製の巻き尺でミリメートル単位まで読み、この値から胸高直径[*3]を計算しました。それと合わせて、幹の根元位置と樹種名を記録しました。根元位置は、事前に測量をして、水平距離で十メートルごとに打った杭を基点に記録しました。

こうして、試験地内すべての個体の位置と、その樹種名および幹の太さがわかるデータが揃いました。国勢調査によって人の死亡率や出生率がわかるように、このようなデータを積み重ねることで、樹木の種類ごとの死亡率や新規加入率がわかるようになります。

照葉樹林の樹種組成

照葉樹というのは、常緑広葉樹とほぼ同じ意味です。冬も落葉せず、表皮のクチクラ層[*4]の厚い、よく照った葉を着けるので、「てるは（照葉）」と呼ばれるのでしょう。

しかし照葉樹林といっても、次ページの表を見ると、落葉樹や針葉樹が混じる種多様性の高い森林であることがわかります。なお、この表には四個体あるアコウが含まれていません。アコウは普通の樹木と違って、幹の数や直径が測れないからです（アコウについては後述します）。

試験地の幹の総数は、約七七〇〇本に達しました。最も幹数が多かったのは、盛んに萌芽[*5]をするモクタチバナで、一種で約二割を占めました。さらにサカキ、ヤブツバキ、フカノキ、イスノキの四種で、幹数の約三割を占めました。

したがって、この試験地にはアコウも含め五七種の樹木が生育しますが、上位五種で幹数の約半分に達します。つまり、樹木の名前を尋ねられたら、まずこれらの五種を答えると半分は当たります。

さらにサザンカ、バリバリノキ、タイミンタチバナ、マテバシイ、サクラツツジを加えると上位一〇種で約八割の幹数を占めてしまいます。別の言い方をすると、残り二割の樹種は個体数が少なく、ぽつんぽつんとまばらにしか生えていないということです。

萌芽した株。株元から立ち上がっているのが比較的最近伸びた萌芽による幹だ。こうした芽が成長して、太い幹が数本まとまったような株になることもある。

＊3：胸の高さでの樹木の直径。日本の国有林（北海道以外）では、地表から一・二メートルの高さで測定されている。海外や他の研究分野では一・三メートルの高さで計測することもある。

＊4：葉の表面の細胞のいちばん外側にできる、ロウを含む組織。水分の蒸発や菌類の侵入を防ぐはたらきがある。

＊5：「ぼうが」と読む。幹の下部の休眠芽（伸長を開始せず待機している芽）が伸長して新たな幹をつくること。萌芽が繰り返されると、多数の幹が叢生し株立ち状になる。

試験地内に出現した樹種の幹数と最大胸高直径

種名	幹数(本数/4ha)	最大胸高直径(cm)
モクタチバナ	1380	53.8
サカキ	644	48.5
ヤブツバキ	605	36.4
フカノキ*	577	82.2
イスノキ*	526	107.5
サザンカ	523	29.3
バリバリノキ*	493	78.0
タイミンタチバナ	442	24.5
マテバシイ	427	58.7
サクラツツジ	359	27.1
イヌガシ	350	53.8
ヒサカキ	283	21.2
ウラジロガシ*	240	108.2
ホソバタブ	146	55.2
クロバイ	116	49.2
イヌビワ(落)	77	36.4
アデク	50	25.1
モッコク	40	51.2
ヒメユズリハ	39	44.5
アブラギリ(落)	35	29.6
ミミズバイ	31	15.4
エゴノキ(落)	29	32.5
クロガネモチ*	28	62.7
シマサルスベリ(落)	24	56.0
タブノキ*	18	126.7
スダジイ*	18	64.7
クロキ	18	19.1
ツゲモチ*	17	66.8

種名	幹数(本数/4ha)	最大胸高直径(cm)
ヤクシマオナガカエデ*(落)	14	65.6
ナギ(針)	14	32.2
ヤマモガシ	12	50.8
トキワガキ	12	34.9
シマイズセンリョウ	11	9
ヤマモモ	10	58.4
イイギリ(落)	8	27.3
ハマクサギ(落)	8	25.7
カラスザンショウ(落)	7	50.2
ヤマビワ	7	28.5
サンゴジュ	7	25.7
リュウキュウマメガキ(落)	6	53.8
ホルトノキ	6	53.3
クマノミズキ(落)	6	36.7
シャシャンボ	6	29.6
アカメガシワ(落)	6	24.6
ハマセンダン(落)	5	52.1
コバンモチ	5	32.1
クチナシ	3	10.5
ハゼノキ(落)	2	36.6
ヤマザクラ(落)	2	22.3
オオムラサキシキブ(落)	2	9
ネズミモチ	2	8.7
ボチョウジ	2	8.5
オガタマノキ	1	9.8
シャリンバイ	1	8.8
ヒロハノミミズバイ	1	7
モチノキ	1	5.7

*胸高直径60cm以上の林冠構成種
(落)落葉広葉樹、(針)針葉樹、それ以外は常緑広葉樹

五七種のうち約半数の二三種は、幹数が一〇本以下でした。一ヘクタール当たりに換算して、一本以下の樹種が一〇種もあります。この試験地でオガタマノキやモチノキを見たら、なかなかの幸運と思ってよいでしょう。

幅広の葉をもつナギは一見すると広葉樹に見えますが、イヌマキ同様にマキ科に属する針葉樹です。ナギは雌雄異株なので、雌の個体しかたねを付けません。ナギの稚樹がたくさん見られたら、近くに母親の木が必ず生えているはずです。

奈良県の春日《かすが》山では、シカはナギとイヌガシを食べません。春日山では、シカが増えるにつれてナギとイヌガシが増えてい

*6：Nanam *et al.* (1999).

バリバリノキ

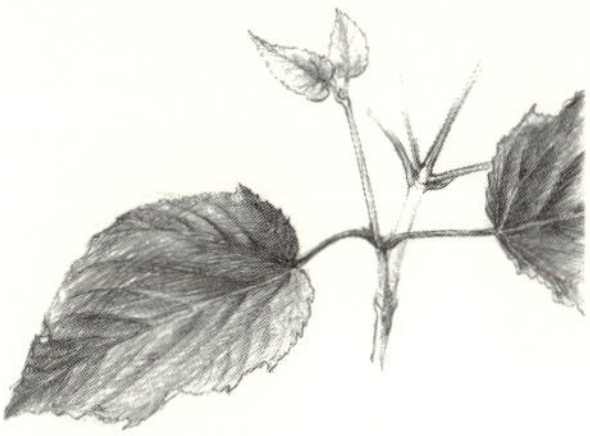
ヤクシマオナガカエデ

ると言われています。[6] 屋久島でもシカの個体数が増えると、シカの食べない樹種が増えてしまうかもしれません。

試験地には、ヤクシマオナガカエデ、リュウキュウマメガキ、イイギリ、ヤマザクラといった落葉樹が混じっていました。冬には葉がなく、まるで枯れているように見えるので、生えている場所は一目瞭然です。常緑樹と多くの落葉樹が共存できるのも、生態学的には面白い現象です。

アブラギリは、油を取るために中国から持ち込まれたと考えられています。ブラックバスやアライグマのように、人間の都合で持ち込まれた生物が、元々の生物や生態系に悪い影響を与えることが懸念されています。アブラギリについては、これ以上増えないよう考える必要があるでしょう。

このように屋久島の照葉樹林は、幹数の多い種、少ない種、落葉樹、外来種も含め、ブナ林などに比べ種多様性の高い森林となっています。

照葉樹の太さ

今回調査した試験地では、五七種もの樹種が確認されましたが、林冠まで達する高木はそれほど多くありませんでした。胸高直径が一メート

調査地に分布する太い常緑広葉樹

ルを超える樹種は三種しかなく、最も太いのはタブノキの直径一二七センチメートルでした。

　ところが単純に直径を測ると、アコウは一九〇センチメートルにもなります。アコウは、照葉樹林の中でも特異的な樹型をしていて、普通の樹木のように一本の太い幹を持ちません。「しめころし植物」ともいわれ、他の樹木の幹や枝に付着したタネから発芽し、成長すると網の目のように宿主の幹の表面を覆ってしまいます。宿主の樹が枯れると、中は空っぽです。したがって、幹数を数えることもできませんし、正確に直径を測ることもできません。アコウはイチジクのなかまで、サルや鳥が好んで果実を食べ、あちこちに糞をすることで種子が散布されています。毎年のように果実を着けるので、動物たちにはとても重要な餌となっています。

　胸高直径六〇センチメートルを越える林冠構成種は九種しかなく、多くは、亜高木性や低木性の樹種です。このように、樹木がすべて太く大きくなるのではなく、大きくならずに一生を

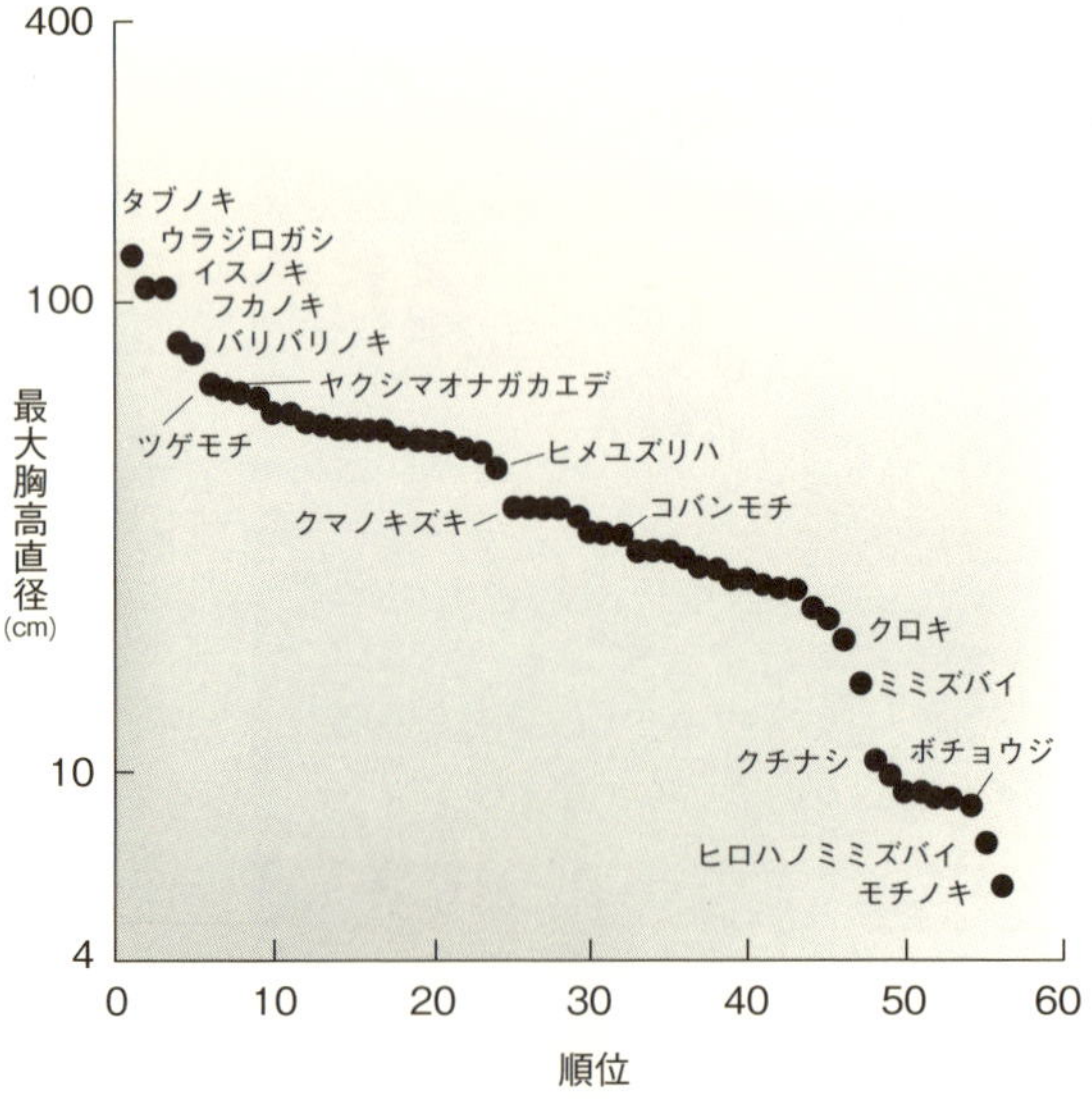

最大胸高直径の順位
試験地内の樹種を最大胸高直径の順にならべた。

終える樹種がたくさんあって、森林という社会を支えていることがわかります。人間社会のように、大企業だけでなく中小企業もたくさんあって世の中が成り立っていることによく似ています。

樹木の太さを調べると、その樹種の生活の仕方（次世代の残し方）がわかることがあります。イスノキに代表される材が堅くて成長が遅く、寿命の長い樹種は、小さい個体が非常に多い連

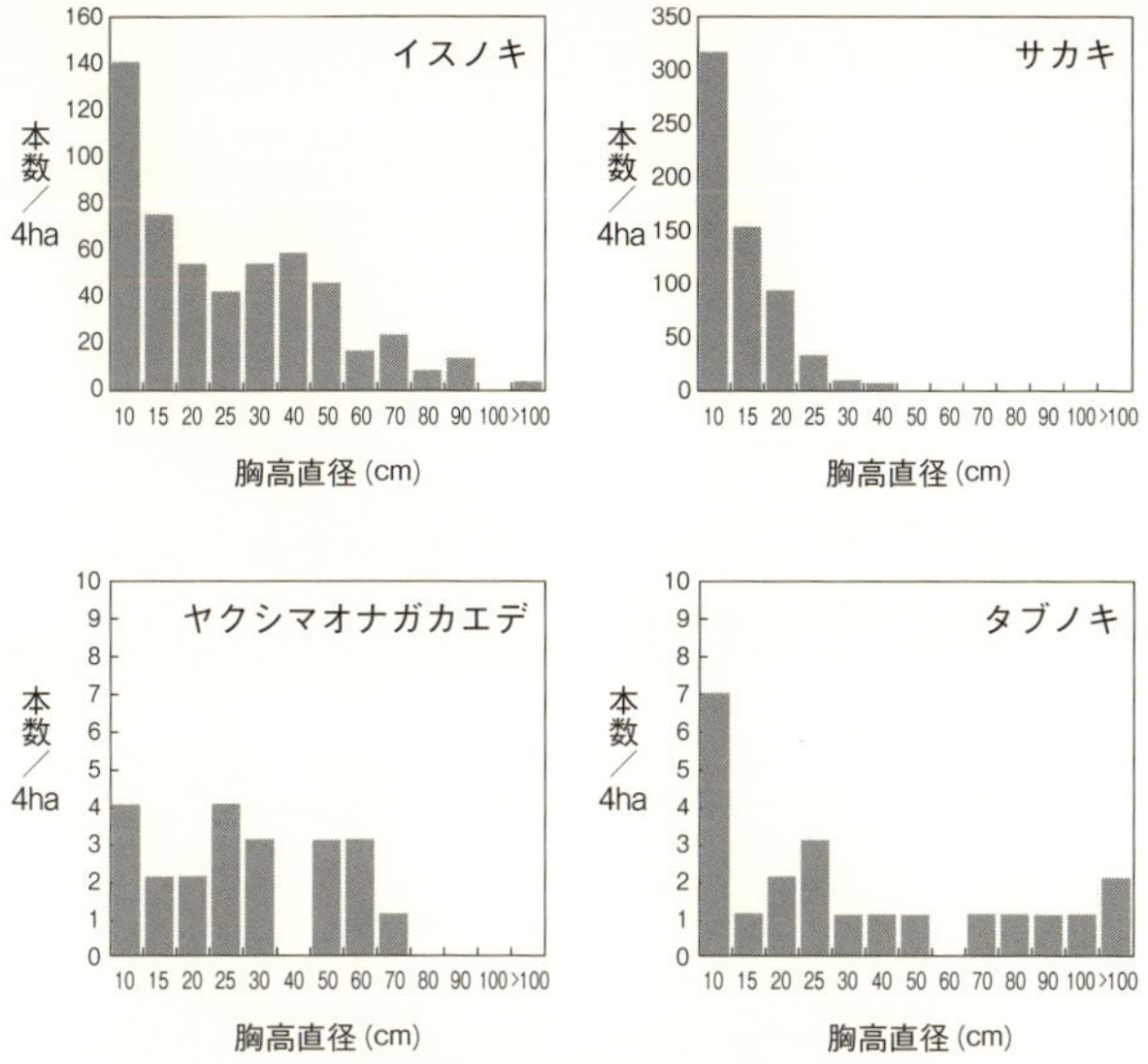

胸高直径の頻度分布

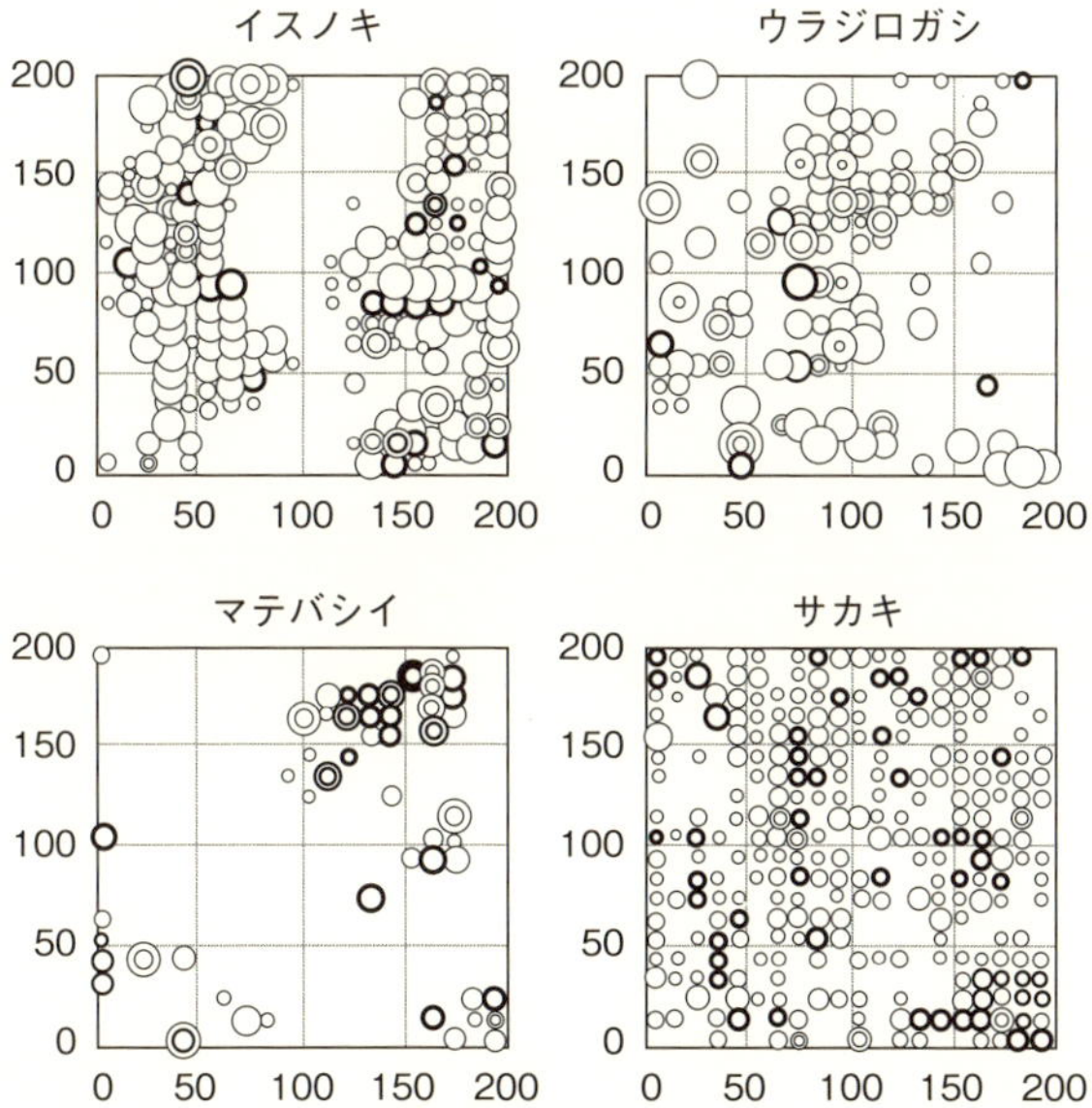

典型的な空間分布

円の大きさは幹の相対的な太さを表している。2重、3重の円は、同じ場所（5m四方）に同種の木が複数生えていることを示している。

続した直径分布を示します。サカキもあまり太くはなりませんが、細い後継樹が多く見られました。

それに対し、タブノキやヤクシマオナガカエデは幹数も少なく、後継樹がさほど多くない直径分布でした。これは次世代が更新するチャンスが少なく、何か大きな攪乱（台風や土砂の移動）がないと次世代が残せないことを示しています。

このように、樹木はどれだけ太くなれるかだけでなく、樹木の更新を考えると、どれだけ小さい個体（後継樹）があるかが重要なポイントとなります。

樹木の分布

地形に依存した分布を最もはっきり示していたのはイスノキでした。急な斜面や尾根にはほとんど見られず、川に近い河岸段丘状の平坦地に分布していました。

これに対しウラジロガシやマテバシイは、斜面や尾根に多く、空間的にイスノキとすみわける傾向がありました。もちろんサカキなど、はっきりと地形に依存した分布を示さない種も多く、すみわけの関係は単純ではありません。

「なぜ五七種もの樹木がこの森林で共存できるのか？」は、直径分布や空間分布から、ある程度説明することができます。しかし、個体数のとても少ない種や後継樹の少ない種がどのように個体群を維持しているのか、明らかになっていません。まだまだこの森林には、不思議なことがたくさん残されています。

人為の影響

屋久島西部の照葉樹林は、まったくの原生林ではありません。かつて西部林道沿いには、入植者が住んでいました。炭焼きや生活に必要な物資を、照葉樹林から得ていたとしても、何も不思議なことではありません。萌芽能力の高いマテバシイの幹の多さなどは、人為攪乱を受けたことを示しているのかも知れません。炭焼きのため伐採され、株立ち状のマテバシイが増えたと思われます。モチノキが少ないことは、トリモチを採取するために、過去に利用されたせいかもしれません。アブラギリの存在は、試験地の近くで過去に栽培されていたこと意味します。

さらに過去には、ヤクタネゴヨウの大木が丸木船などに利用されたと考えられます。現在は少なくなってしまったヤクタネゴヨウですが、照葉樹林の中の尾根部には、もっとたくさん大木があったのかも知れません。

日本のほとんどの森林は、人間とのかかわりの中で存在してきました。里山から奥山まで、程度の差はあれ、人間が必要に応じて森林を利用してきました。屋久島の森林も、同様です。しかし、利用するからこそ大事にしてきた側面もあります。

これからも、照葉樹林文化の名に恥じないような、賢い森林の利用や保全が行われることを願ってやみません。

ヤマグルマ

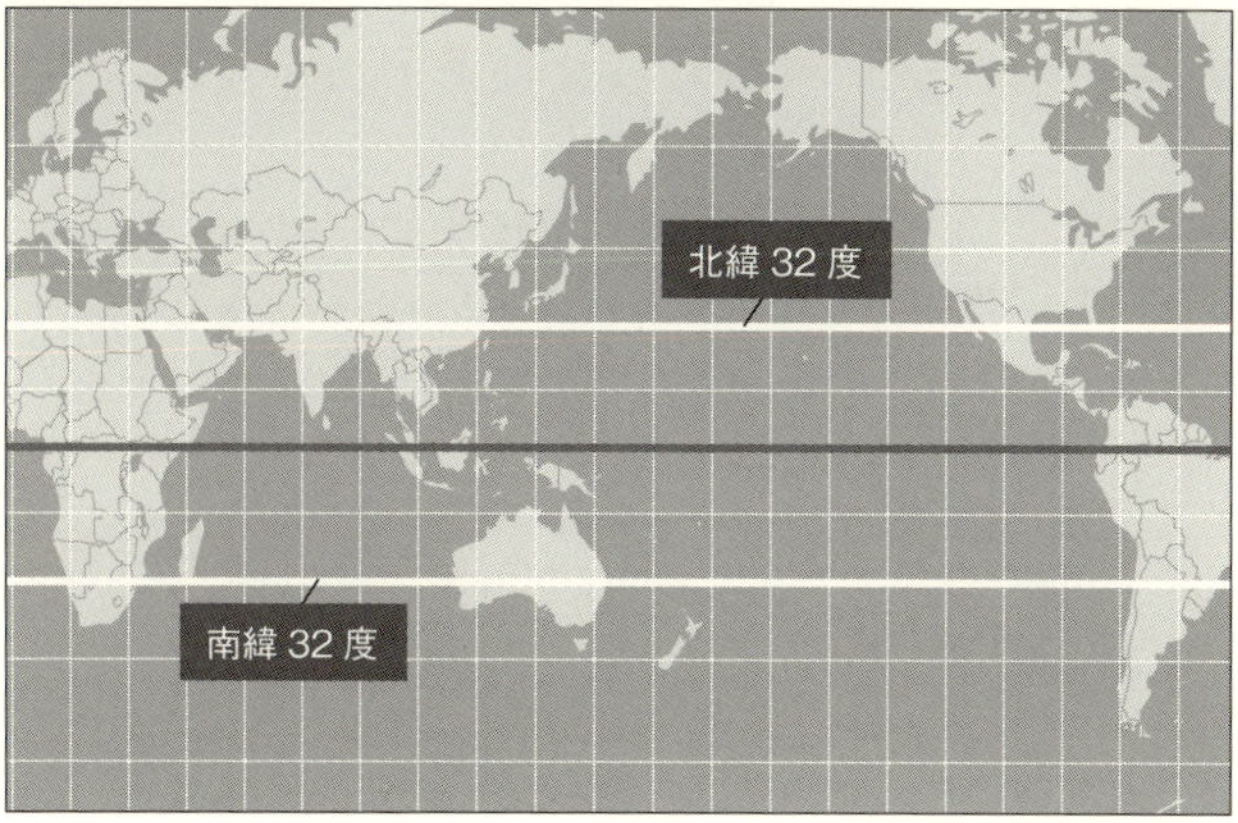

マングローブが分布する範囲
約三二度の線で挟まれる低緯度の暖かい地方の汽水域に広く分布している。

第一六章　メヒルギと黒潮

菅谷 貴志・吉丸 博志

屋久島に残るマングローブ

「屋久島は亜熱帯の島だね」。そう感じさせてくれる場所はどこでしょうか。それはやはり、どこよりも、栗生《くりお》のマングローブ、つまりメヒルギ林でしょう。

屋久島の南西部を流れる栗生川の河口には、かつて両岸にメヒルギの群落が広がっていました。しかし、昭和四十年代の河川工事により右岸の一部に残されるのみとなってしまいました。この場所は現在、屋久町の天然記念物として保護されています。

ここでは、このメヒルギについて遺伝子（ＤＮＡ）の分析を行い、他の島の集団との比較や、繁殖の様式などについて調べた結果を紹介します。

マングローブの分布

「マングローブ」とは、メヒルギのように、淡水と海水が入り交じる汽水域に生育する植物を指します。マングローブに含まれる植物は、世界で約一〇〇種類あります。

マングローブは暖かい地域に分布しており、北限は暖かいメキシコ湾流が近くを流れる北大西洋のバミューダ諸島（北緯三二度二〇分）で、アジア地域における北限は種子島の湊川（北緯三〇度四八分）です。ちなみに、南限は南オーストラリア（南緯三二度二〇分）です。

アジアのマングローブ林

世界のマングローブ林の生育面積は、合計すると約一八〇〇万ヘクタールになるといわれています。これは、日本の面積のおよそ半分程度です。そのうち四二％にあたる七五〇万ヘクタールは、東南アジアにあります。

東南アジアのマングローブ林の面積は、インドネシアで四二五万ヘクタール、マレーシアで六四万ヘクタール、バングラデシュで四〇万ヘクタールと、各国とも大面積です。

ところが、薩南諸島と琉球諸島を含む南西諸島全域に分布するマングローブ林の面積は、約五〇〇ヘクタールと推定されており、東南アジア諸国の分布に比べると桁違いに狭いのです。これには、日本がマングローブの生育地の北限域にあたること、また種子が発芽して生育できる遠浅の汽水域が少ないことが関係しています。

日本に生育するマングローブ

日本のマングローブ林に生育するのは、メヒルギ、オヒルギ、ヤエヤマヒルギ、ヒルギダマシ、ヒルギモドキ、マヤプシキ、ニッパヤシの七種です。西表島には七種全部が生育していますが、石垣島と宮古島は五種、沖縄本島は四種、奄美大島はオヒルギとメヒルギの二種、屋久島と種子島ではメヒルギのみと、北に向かうにつれて、生育する種数は減少します。

マングローブ林の北限は種子島ですが、メヒルギは、より北の薩摩半島の鹿児島市喜入《きいれ》にも生育しています。これは、江戸時代の初めの慶長一四（一六〇九）年に、喜入の領主肝付《きもつき》越前守兼篤が、琉球征伐の凱旋に際して持ち帰り植栽したとする渡来説があります。あとで述べる

＊1：Giang *et al.* (2006).

＊2：未発表データ

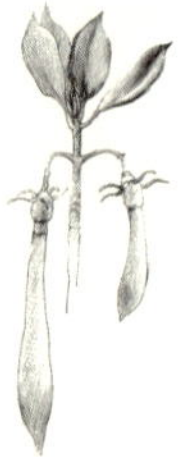

メヒルギの種子

南西諸島に分布するマングローブの種類

	メヒルギ	オヒルギ	ヤエヤマヒルギ	ヒルギモドキ	ヒルギダマシ	ニッパヤシ	マヤプシキ
喜入	○						
種子島	○						
屋久島	○						
奄美大島	○	○					
沖縄本島	○	○	○	○			
宮古島	○	○	○	○	○		
石垣島	○	○	○	○	○		
西表島	○	○	○	○	○	○	○

ように、遺伝子を調べたところ、この喜入のメヒルギは自然分布ではなく、人による移動でもたらされた可能性が高いことがわかりました。

メヒルギとオヒルギ

メヒルギは、植物分類学上「ヒルギ科メヒルギ属メヒルギ」となります。ヒルギ科メヒルギ属に属する植物は世界に二種がありますが、南西諸島に分布するのはメヒルギ一種だけです。一方オヒルギは「ヒルギ科オヒルギ属オヒルギ」で、メヒルギとは属が異なります。オヒルギ属の植物は、雑種も含めると世界に六種が存在します。

メヒルギの樹皮はどちらかというと滑らかでやや白っぽく、オヒルギは表面が粗く黒っぽく見えます。メヒルギの葉先は丸く、オヒルギではとがっており、厚みもあります。またメヒルギの花は白く、ハチのなかまが花粉を媒介するのに対し、オヒルギは赤い花をつけ、鳥のなかまが花粉を媒介します。花を見れば、両種は簡単に判別できます。

南西諸島のメヒルギ

世界のメヒルギの分布範囲は、西はインド、バングラデシュ、ミャンマー、東はタイ、マレーシア、スマトラ、北ボルネオ、北はベトナム、中国、台湾、日本と言われてきました。しかし遺伝子の研究から、ベトナムの南部と北部では別の種であることが確認されました。[*1] ベトナム北部から日本までが一つの種、つまりメヒルギと考えられています。

メヒルギの生育面積は、南に行くほど広くなるというわけではありません。過去の文献を調べて推定した各河川のマングローブ林の面積を参考に、現在の主要なメヒルギ林の面積を推測してみました。

南方の八重山諸島のメヒルギ林は意外に小さく、それより北方の沖縄本島・奄美大島・

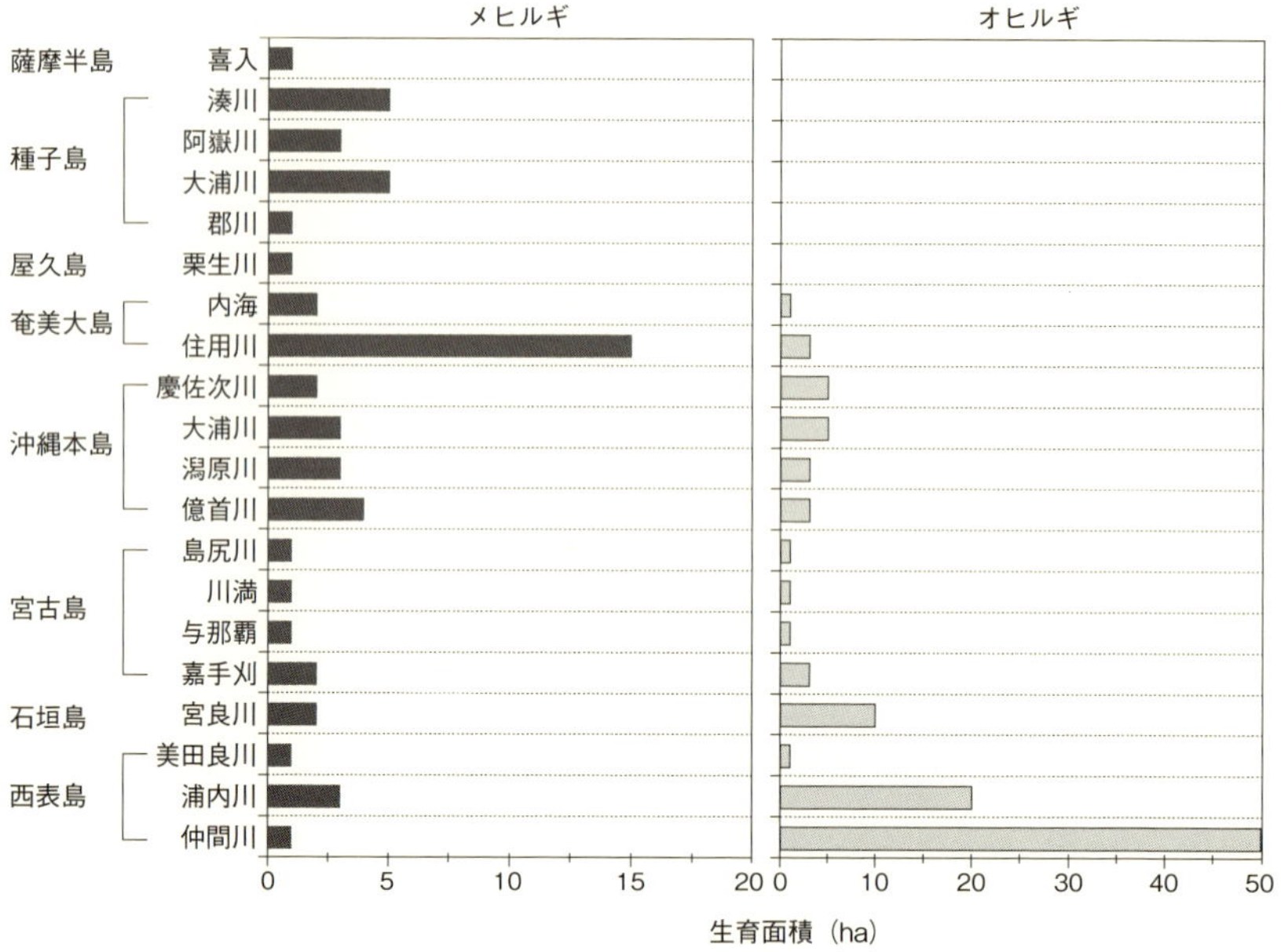

南西諸島におけるメヒルギとオヒルギの生育面積

種子島などで比較的大きいことがわかりました。屋久島のメヒルギ林も、かつては現在の数倍の面積がありました。

　オヒルギ林は、メヒルギとは逆に、南方で広く、宮古島以北で非常に狭くなっています。オヒルギとメヒルギが同居している河川では、メヒルギが上流部、オヒルギが下流河口部に生育するという関係も見られます。オヒルギの北限はメヒルギより南（奄美大島）で、このようなオヒルギの勢力との相対的な関係も、メヒルギの生育面積に影響を及ぼしていると思われます。

遺伝子を使ってメヒルギを調べる

生育地ごとの遺伝的多様性を比較する

　西表島から薩摩半島の喜入まで二一か所の生育地で、なるべく広い範囲からランダムに各二〇〜四〇個体のメヒルギを選んで、葉のサンプルを採集しました。もっとも、西表島の仲間川や宮古島の島尻川では個体数が非常に少ないため、選ぶ余地もなく全個体からサンプルを採集することになりました。

　こうした葉は実験室に持ち帰ってＤＮＡを抽出し、そ

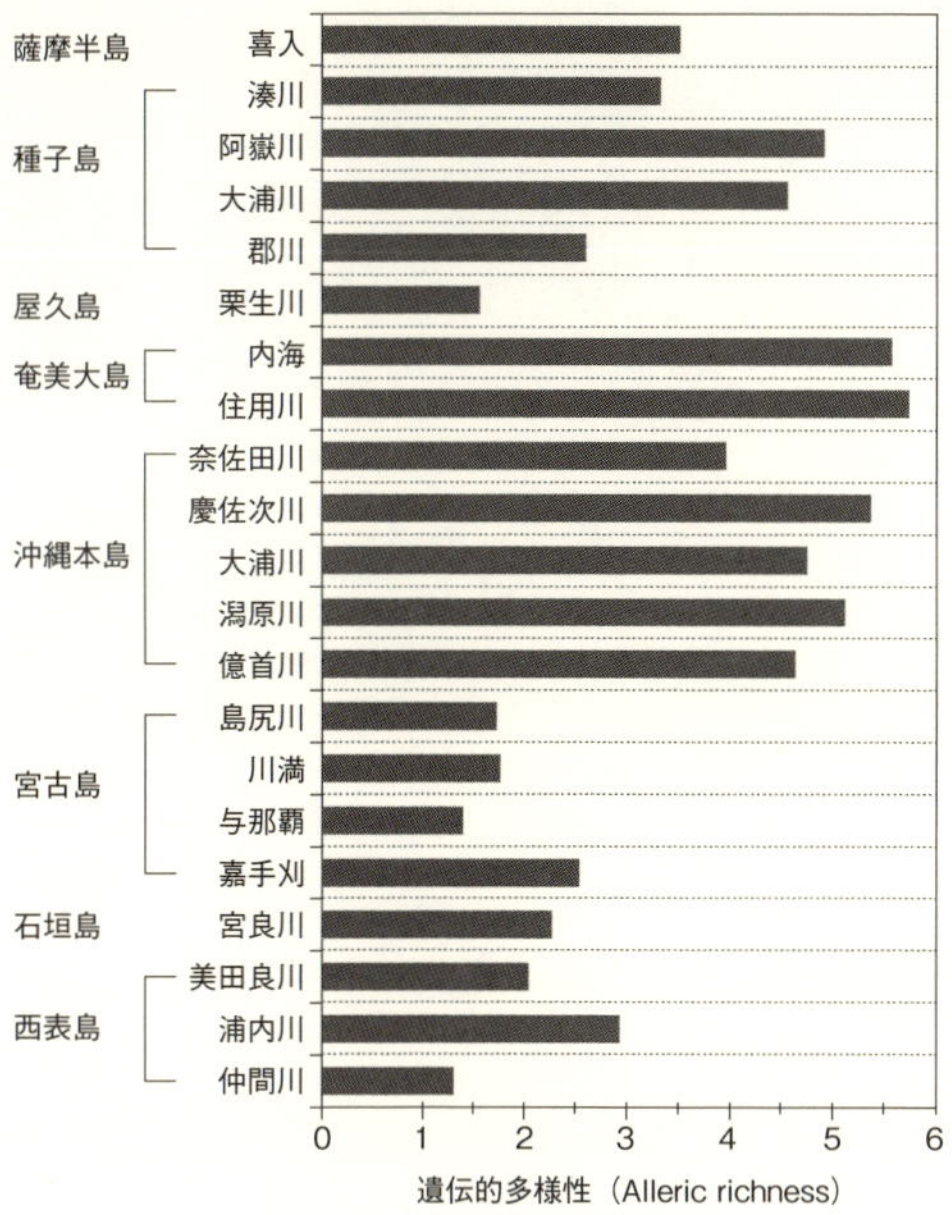

メヒルギの遺伝的多様性*2

のなかの「マイクロサテライト」と呼ばれる部分の変異を分析しました。

マイクロサテライトの変異を分析すると、各生育地のメヒルギ集団がもっている遺伝的な多様性の量を比較することができます。その結果を示したのが上の図です。生育地別に見ると、南方の西表島・石垣島・宮古島で遺伝的な多様性が低く、北方の奄美大島・沖縄本島・種子島では高い結果となりました。

生物の集団には、「集団の個体数が非常に少なくなると、遺伝的多様性は低下する」という一般原理があります。メヒルギの遺伝的多様性の現状は、この原理を比較的よく表しているようです。

屋久島の栗生川の集団は、低いほうから三番目という結果でした。かつて栗生川の両岸に広く生育した頃には、もっと高い遺伝的多様性があったかもしれません。そのうちの一部の場所だけが残されたことで、限られた遺伝的多様性が細々と維持されてきたのでしょう。

近親交配を測る

遺伝子の調査からは、種子をつくるための受粉がどのように行われてきたかということもわかります。それは、現在生育している個体が、遺伝的に異なる個体の間でつくられた他家受粉種子から育ってきたものか、同じ木の花の間で花粉を受け取ってできた種子（自家受粉種子）のような近親交配の種子から育ってきたものかを、ある

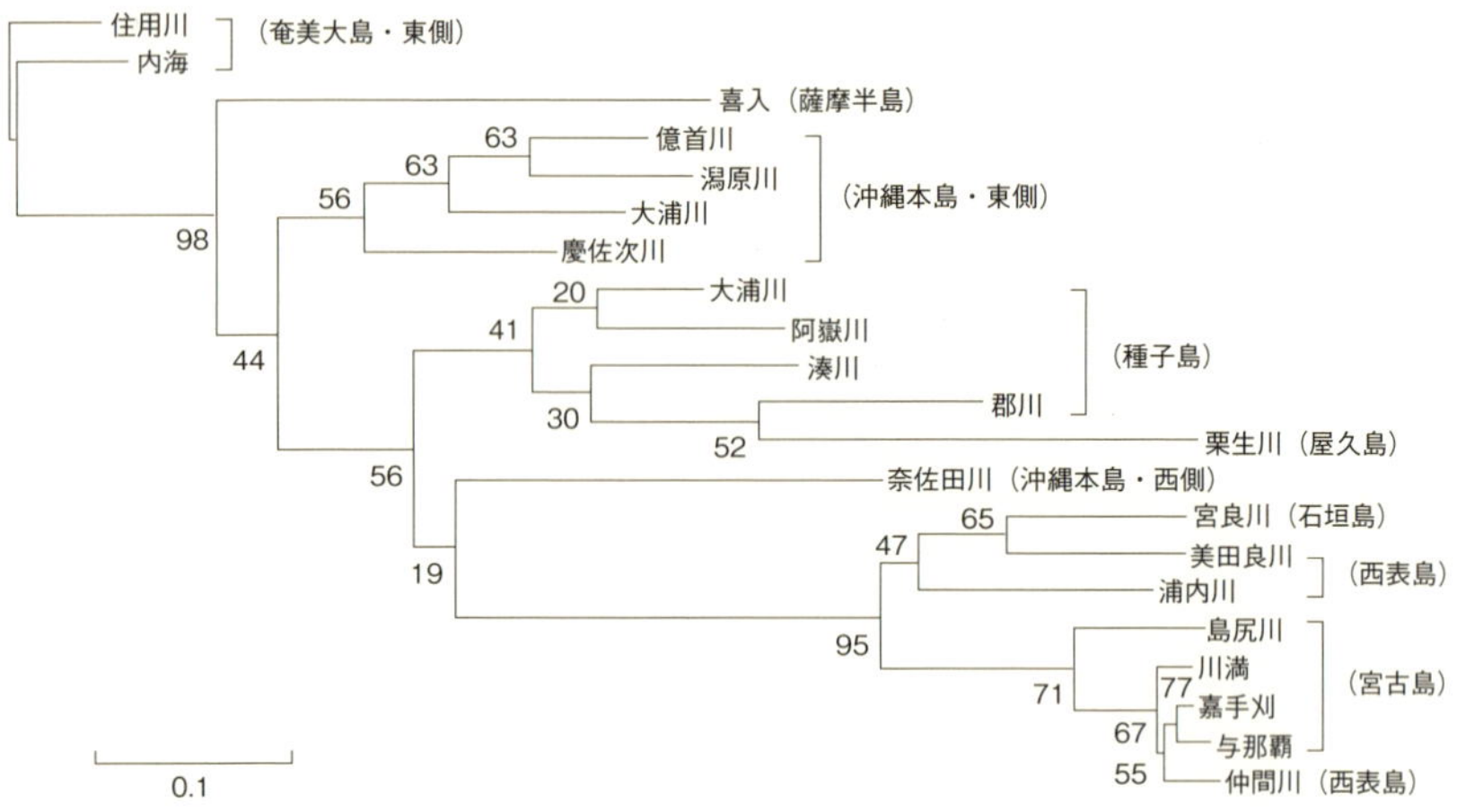

集団間の遺伝距離を用いた系統樹
数値は、その枝の確からしさを％で表現したもの[*2]

程度推測できるからです。今回の分析結果から、個体数の少ない集団ほど近親交配の程度が高いという傾向が浮かび上がってきました。

ただ、このような近親交配の結果が生育不良などの悪影響として出てくるかどうかはわかっていません。それには、人工的に他家受粉と自家受粉を行って、じっくりと生育を比較観察するという作業が必要です。しかし残念ながら、まだそこまでの実験は行われていません。

メヒルギと黒潮

南西諸島の島々の海岸沿いに生育する植物は、多かれ少なかれ黒潮によって運ばれた可能性のあるものが多いでしょう。常に汽水域に生育して、耐塩性のあるマングローブなら、なおさらのこと「黒潮に乗って運ばれて来たに違いない」と考えられます。

遺伝子の調査からは、生育地の間での遺伝的な距離（遺伝的に似ている度合い）を推測することもできます。西表島・石垣島・宮古島の集団は、遺伝的に近い関係にあって、一つのグループにまとまります。種子島・屋久島の集団も近い関係にあります。これら二つのまとまりの中間に、沖縄本島西側の奈佐田川の集団があることがわかりました。

沖縄本島では、東側の四か所が近い関係にありますが、西側の奈佐田川とはかなり遠い関係にあります。また、奄美大島東側の二か所もたがいに近い関係にあります。ところが、前に紹介した薩摩半島の喜入は、地理的に近い種子島や屋久島よりも、地理的に離れている沖縄本島東側や奄美大島東側と近いようです。

このような集団間の遺伝的関係は、南西諸島における黒潮本流の流れとよく合致しているように見えます。台湾の東側を北上してきた黒潮は、八重山諸島近辺で南西諸島を横切って西側に入り込み、沖縄本島・奄美大島の西側を通った後に、トカラ列島近辺から南西諸島の東側に抜けて行くといわれています。

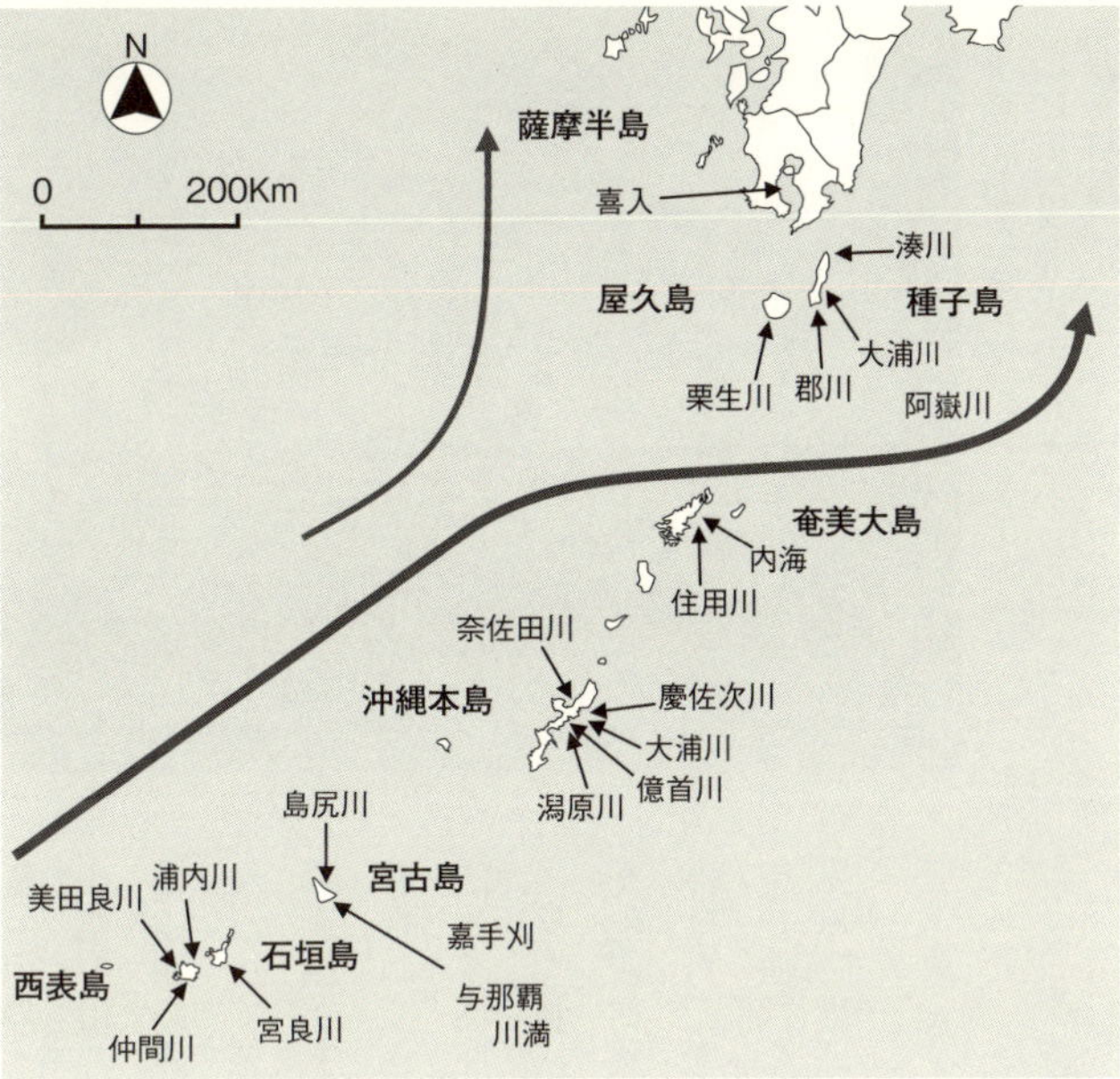

黒潮の主要な流れ

西表島・石垣島・宮古島の集団と種子島・屋久島の集団との間に、沖縄本島西側の奈佐田川が入ってくるという遺伝的関係は、まさにこの黒潮本流の流れを反映しているようです。

また、沖縄本島東側の集団が、地理的に近いはずの沖縄本島西側や八重山諸島の集団と意外に遠い遺伝的関係にあるということも、黒潮の流れが影響していると考えられます。

薩摩半島の喜入のメヒルギは、遺伝的には沖縄本島東側や奄美大島東側の集団と近いものでした。しかし、これらの地域は、黒潮の流れでつながっているとは考えにくい関係にあります。このようなことから、喜入のメヒルギが自然分布ではなく、渡来説が言うように人為的にもたらされたのではないか、という可能性が高いと考えられるのです。

種子島の西之表市湊川河口に広がる北限のメヒルギ群落
樹高は高いもので三メートル以上にもなる（撮影／金谷整一）

栗生川のメヒルギの保全

栗生川のメヒルギは、「黒潮」という海の道を介して、沖縄本島西側や八重山諸島のメヒルギとつながっていることが明らかになりました。

かつて栗生川の両岸に広く生育していたメヒルギ林は、これらの島々からの遺伝子を受け継ぎ、現在より高い遺伝的多様性を持ち、良好な状態で世代を重ねてきたものと思われます。残念ながら現在では、個体数も少なく、遺伝的多様性も低下してしまったようです。

見た目には集団が維持されているように見えますが、小集団化による近親交配が何代にもわたって続くと、生存力の低下などの悪影響が出てくる可能性は否定できません。今後は、現状の集団を大切にして、もし可能であれば生育面積を少しずつ拡大させて、個体数を増やしてやることが必要なのかもしれません。

第一七章　屋久島の森林生態系と台風

齊藤 哲

森林生態系にとっての台風

台風は猛烈な暴風と激しい雨を伴い、家を壊したり、生活道路を寸断したり、ときには人命にもかかわったりします。台風の襲来は人々の生活にとって深刻な問題です。森林生態系にとっても、台風は大きな影響を及ぼします。しかし、人の生活や農林業への被害など人間の立場から見た場合と異なり、台風は森林生態系にとって、マイナス面ばかりもたらすとは限りません。

確かに、台風によって森林が部分的に破壊され、そこに生えていた樹木は、傷ついたり枯れたりします。しかし、その破壊された場所では、林内(林床)の光環境が良くなって(明るくなって)、次世代を担う若い木々が生育し始めます。こうした世代交代が繰り返され、健全な森林が維持されていくのです。台風は、森林の世代交代を促す一つの役割を担っていると考えられます。

また、ふだん暗い所では生き残れない樹種も、台風によって森林が破壊された場所で急速に成長し、森林の一構成員として生き残ることが出来ます。台風は、さまざまな樹種が一緒に暮らしていける環境をつくり出すことにも、一役買っているのです。

だからといって、台風による森林の破壊が頻繁に起これば、明るいところで急速に成長する樹種ばかりの森林になることも考えられます。さらに、台風による森林破壊がもっと頻繁に起こるようだと、破壊のスピードに樹木の成長が追いつかず、森林としての形態を維持できなくなるかもしれません。屋久島の森林生態系にとって、どれくらいの頻度で台風がやって来るかは重要な意味を持ちます。

ここでは、屋久島にどれくらいの頻度で台風がやって来るかを、具体的な数字であらわす試みについてお話しします。屋久島において、ある強さの台風が何年に一度の割合でやってくるのか、確率的に推定した結果（再来間隔といいます）を紹介します。

強風頻度の全体的な傾向をみる

「台風が何年に一度、屋久島にやってくるのか（再来間隔）」をとらえるには、いろいろな方法があります。台風はさまざまな強さや大きさをもち、さまざまなコースを通ってきます。台風の再来間隔

台風の規模

台風の規模を表す気象用語に、大きさと強さがあります。大きさは台風が影響を及ぼす面積的な広さをあらわし、秒速15メートル以上の風が吹く範囲から次のように表現されます。

大　　型：半径500キロメートル以上800キロメートル未満
超 大 型：半径800キロメートル以上

また、強さは台風の最大風速から以下のようにあらわされます。

強　　い：秒速33メートル以上44メートル未満
非常に強い：秒速44メートル以上54メートル未満
猛 烈 な：秒速54メートル以上

「強い台風」と「非常に強い台風」は、いい加減にそのときの気分次第で使われているわけではなく、両者を区分する明確な基準があるのです。

2004年台風16号で、根ごとひっくり返った樹木。熊本県水俣市の照葉樹二次林。

2004年台風16号で、幹が折れたヤブツバキ。宮崎県綾町の成熟した照葉樹林。

を求めるには、まず屋久島に台風が来たかどうかを判断する基準を決めなくてはなりません。

屋久島に台風が来たかどうかの判断基準の一つとして、台風の中心部が一定距離以内に接近したとき、「台風が来た」と見なす方法があります。例えば、屋久島から三〇〇キロメートル以内に接近した台風は昭和二六（一九五一）〜平成六（一九九四）年の四四年間に一七三個あり、平均すると一年間に三・九回来ていたことになります。

しかし、この方法だと、屋久島に猛烈な風をもたらす台風も、そうでない台風も、屋久島から三〇〇キロメートル以内に接近していれば、同列に一回と数えられてしまいます。もっと屋久島にとって大きな影響をもたらす台風だけ取り出す方法はないでしょうか？

そこで、屋久島で記録されている風速の記録に着目します。台風がどこを通るかと

混みあった森林の中で大きくなっているカラスザンショウ。写真の矢印より下側が根っこに相当する。このカラスザンショウも、台風でひっくり返った樹木の根っこの上（矢印の位置）で発芽し、現在も森林の一構成員として残ることができたと思われる。

台風でひっくり返った樹木の根の上で育つカラスザンショウ（矢印。明るいところでしか生き残れない樹種の一つ）。根の上は明るく、地面より１～２メートルほど高いので、それだけ早く森林の上層の明るいところに到達できる。

いう台風を基準にした考え方から、屋久島にとって影響の大きい風だけを扱う屋久島を基準にした考え方に切り替えてみるのです。台風に限らず、ある風速以上の強風が屋久島でどれくらいの間隔で発生するか（再来間隔）を、これまで屋久島で記録された風速の記録から予測してみることにします。

これまでの風速の記録は、屋久島地方気象台（上屋久町小瀬田）に直接行っても見せてもらえます。インターネット上の気象庁のホームページ電子閲覧室（http://www.data.kishou.go.jp/index.htm）からも参照できます。

まず、最も簡単な再来間隔の求め方は、ある強さの強風が過去何年間隔で起こったかを調べ、その平均値を計算する方法です。しかし、過去一回しか記録のないようなまれな強風だと、何年間隔でやってきているのか計算できません。また実際、何年間隔でやってくるのかは、大きなばらつきがあるため、過去二回の記録がある強風でも、その間隔が本当に平均的な値かどうか怪しいもので

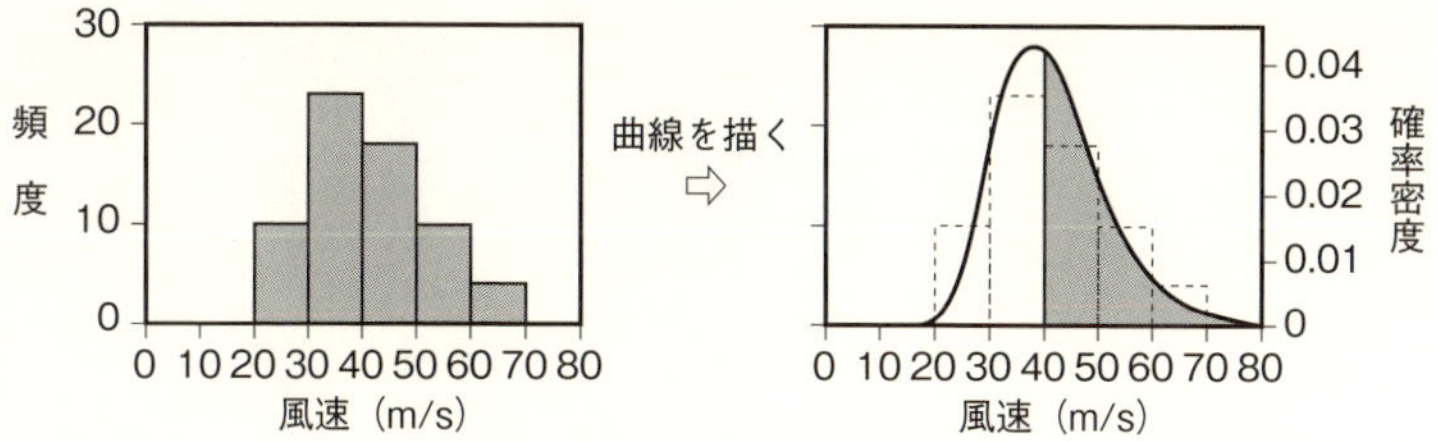

強風の再来間隔を推定する

昭和12（1937）年から平成14（2002）年まで屋久島地方気象台で観測された最大瞬間風速の年最大値の頻度分布（左）とそれに当てはめて描画した確率密度の曲線（右）。右の図の灰色の部分の面積は、瞬間風速40m/s以上の風が吹く確率をあらわす。

す。

そこで、台風以外の風も含めた過去の強風の記録全体を見渡し、その全体的な傾向から再来間隔を推定してみましょう。

まず、過去に強風が観測された回数を、強さごとに図であらわします。昭和一二（一九三七）年から平成一四（二〇〇二）年までの間に、屋久島地方気象台で記録された最大瞬間風速の年最大値のデータを、強さごとに区分けして、それぞれの観測された回数を示したものが上図です。

次に、この棒グラフの全体的な形によく合うような曲線を描きます。曲線の決め方は、少し難しい話になるのでここでは省略します。この曲線と横軸で囲まれる部分全体の面積が、一・〇になるように右側の目盛を調整します。この図の右側の目盛は、その強さの風が吹く確率（確率密度と呼ばれます）をあらわし、曲線の形は、強風が吹く全体的な傾向をあらわしています。

強風は何年に一度発生するか？

一例として、瞬間風速が秒速四〇メートル以上の風について考えてみます。瞬間風速が秒速四〇メートル以上の風は、ほぼ台風によるものと見なしてよいでしょう（本稿ではこれ以降、瞬間風速が秒速四〇メートル以上の風はすべて台風よるものとしてお話しします）。秒速四〇メートルは、時速一四四キロメートルに相当します。プロ野球のピッチャーの直球と同じくらいスピードの風が、瞬間的に吹くものと考えてください。すごい威力です。

一九九七年の台風により倒れた蛇紋杉。（撮影／高嶋敦史）

前ページの図の曲線と横軸に囲まれた部分のうち、瞬間風速が秒速四〇メートル以上（塗りつぶした部分）の面積を求めると、約〇・五になります。これが、一年間に秒速四〇メートル以上の台風がやってくる確率になります。この確率の逆数（〇・五＝二分の一の逆数は二）が、何年に一度やってくるかという再来間隔になります。つまり、屋久島では秒速四〇メートル以上の台風が、約二年に一度の割合でやってくるということになります。

ちなみに、平成九（一九九七）年、ヤクスギランドの蛇《じゃ》紋杉《もんすぎ》を根こそぎ倒した台風一九号は、秒速四一メートルの最大瞬間風速を記録しました。実際、木が倒れるかどうかは斜面の向きなど他の条件もかかわっているため、二年に一本の割合で、蛇紋杉クラスのヤクスギが倒れると

気象台の移転

屋久島気象台は昭和 50（1975）年に上屋久町一湊から現在の屋久島空港内上屋久町の小瀬田に移転しました。1975 年以前と以降の気象データは異なる地点で観測されたものであり、厳密に言えば両者を同列に扱うことはできません。しかし、今回は広い意味で、同じ屋久島の島内で観測されたデータとして同列に扱い解析しました。本章で紹介するお話は、屋久島におけるおおまかな傾向としてご理解下さい。

屋久島で各瞬間風速以上の風が何年に一度吹くかを推定した値（再来間隔）

瞬間風速（m/s）	再来間隔（年）
30	1.1
40	2.0
50	5.4
60	19.4
70	80.1

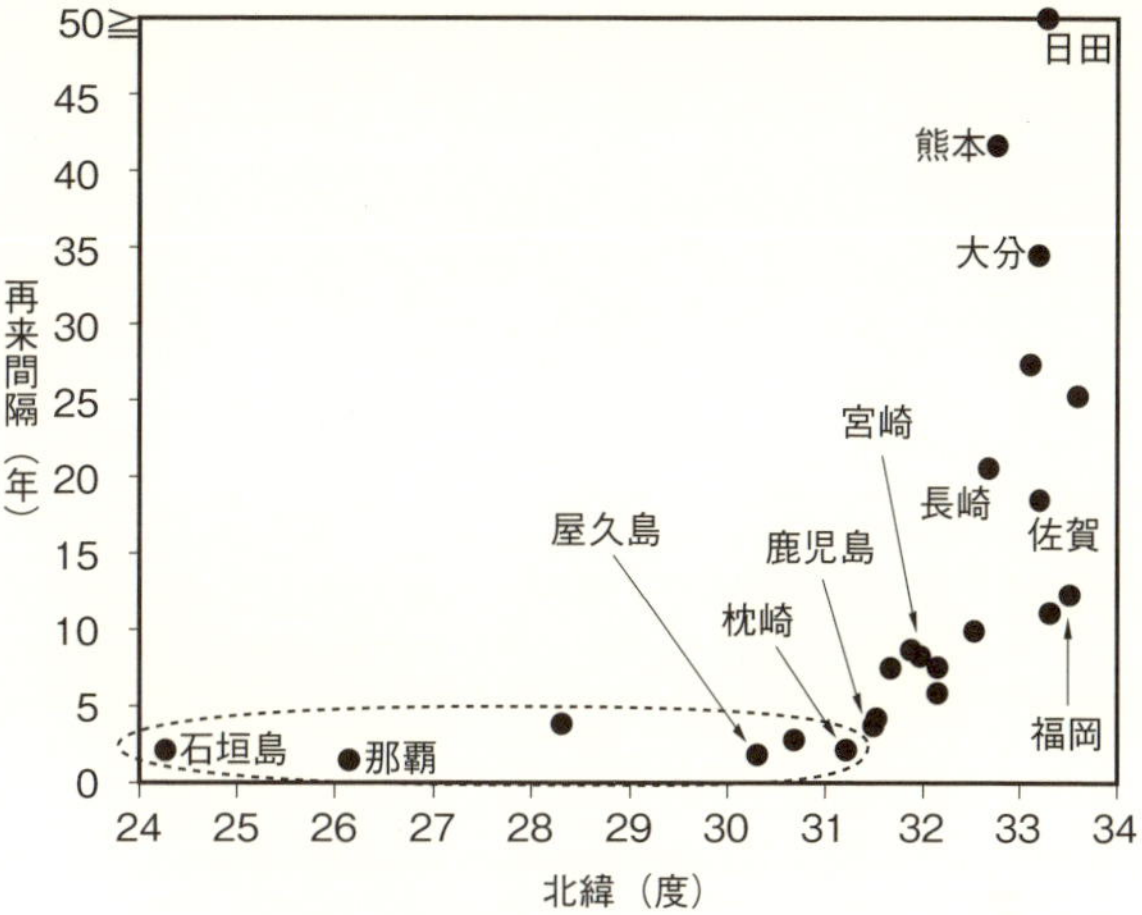

九州・沖縄各地の気象台における瞬間風速40m/s以上の台風の再来間隔と緯度との関係。

は限りません。しかし、樹齢一〇〇〇年を越えるヤクスギを倒すだけの威力を持った台風が、約二年に一度の割合で、屋久島にやってきているのです。

同じ方法で、強風の強さごとに、それぞれの再来間隔を表にまとめました。この表からも、屋久島では強い台風が頻繁にやってくることがよくわかります。

一九三七年以降では、昭和三九（一九六四）年の台風二〇号の秒速六八・五メートルが、屋久島気象台における最も大きい瞬間風速の記録です。しかし、全体的な傾向から推定すると、瞬間風速が秒速七〇メートルを越える台風が、約八〇年に一度くらいの割合でやってくる計算になります。

台風は南のほうほど多い？

東京や北海道に比べ、九州で台風が多いということは、よく知られています。その九州・沖縄のなかでも、「南西諸島に台風が来ている」、というニュースをよく耳にます。

では、屋久島の台風の多さは、ほかの地域と比べると、どの程度に位置づけられるのでしょうか。図に、九州・沖縄の各地の気象台において、先程述べた方法で推定した瞬間風速が秒速四〇メートル以上の台風の再来間隔と、緯度との関係を示しました。

おおまかに言って、九州本島南端の鹿児島県の枕崎より北では、緯度が高くなるほど再来間隔が長くなる傾向があります。つまり、南の方ほど台風が多いといえます。さらに、北緯三二・五度（およそ九州本島の真ん中あたり）より北になると急激に再来間隔が長くなります。

一方、屋久島を含めた枕崎以南（図の破線で囲まれた部分）では、再来間隔はほぼ同じです。つまり、枕崎以南では、緯度にかかわらず、どこでも台風が多いということです。屋久島は、石垣島などの南西諸島と同様に、日本で最も台風の多い地域の一つといえます。

おわりに

屋久島は、亜熱帯から亜寒帯までの幅広い気候帯をもち、降水量が多いことに加え、台風が多いということも特筆すべき気候条件といえます。屋久島の森林生態系は、こうした気候条件やさまざまな条件（例えば動植物間の相互作用）が、バランスよく調和された状態で成り立っているのです。

このバランスが崩れたとき、森林はどうなるのでしょうか。屋久島・種子島だけにしかないヤクタネゴ

velocity）の両方測定されていますが、最大風速の定義が国によって若干異なります。多くの国では最大風速に10分間の平均風速を使うのですが、アメリカでは、1分間の平均風速を使います。そのため、同じ強さの風でも、アメリカの最大風速のほうが少し大きめに表示される傾向があります。

風の強さと森林への影響を調べている私などは、最大風速が少し大きめに表示されるアメリカの方法はちょっとずるいと感じてしまいます。世界的に統一した基準で最大風速を表示してもらったほうが、異なる国間の比較ができて助かるのですが……。

ヨウが、絶滅の危機に瀕しているのも森林生態系のバランスが崩れた結果のひとつといえます。しかし、バランスが崩れたときの影響については、まだ分かっていないことが多いのです。

近年の地球温暖化で、気温や降水量、そして台風の強さや襲来頻度が変化すると予測されています。温暖化による気温や降水量の変化で、森林の分布域が変わってしまう恐れのあることが、最近の研究でわかってきました。さらに、台風の強さや頻度が変化すると屋久島の森林生態系が大きく変わってしまう危険性も考えられます。しかし、台風の強さや頻度が変化したときの影響はまだよくわかっていません。

これから先、屋久島の森林生態系と台風との関係を詳細に解析し、台風の強さや頻度が変化した時の影響を予測することは、屋久島の森林生態系を保全していくうえで重要なことだと考えています。

最大風速と最大瞬間風速

私は最初、最大風速とは単純に瞬間的に記録した最も大きい風速を指すのだと思っていました。しかし気象用語では、瞬間的に記録した風速で最も大きい値は、最大瞬間風速と呼ばれます。では、最大風速とはどんな値でしょうか？

実は、瞬間値ではなく10分間の平均風速の最大のものを最大風速と呼ぶのだそうです。例えば、最大風速日最大値とは、毎時正時から10分間ごとの平均風速で1日のうち最も大きい値のことをいいます。世界的にも、最大風速（Maximum sustained wind velocity）と最大瞬間風速（Maximum instantaneous wind

将来に向けて

森林生態系の保全にとりくむ

一口に「森林生態系の保全が重要です」と言っても、具体的にどうすればよいかはすぐにはわかりません。

研究者には、まず現状を客観的に調査して、事実・将来予測・問題点・解決法などなるべくわかりやすく解説することが求められます。

国有林を管理する林野庁や、国立公園を管轄する環境省は、それぞれの生物に関する情報があろうとなかろうと、全体をまとめて何らかの管理をしなければいけない立場にあります。

ですから、研究者と現場を管理する行政機関との連携は非常に重要です。

また、地域の人々の協力と理解も重要です。屋久島には、積極的に保護活動にかかわる意識の強い人々が多いのですが、保護活動を仕事にしているわけではないので、継続するための努力は並々なものではありません。

ここでは、まず国有林を保護・管理している林野庁の屋久島森林環境保全センター（第一八章）と環境省の屋久島自然保護官事務所（第一九章）の業務をご紹介します。次に長年、屋久島の動植物の研究を行って来た立場から、屋久島における研究者の役割について考えます（第二〇章）。

最後に、絶滅危惧種ヤクタネゴヨウの保全について、行政機関、研究者、その他様々な人々と協働しながら地元のボランティアグループが進めて来た、継続的な保全活動の足跡をご紹介します（第二一章）。

第一八章　屋久島の国有林における森林保全管理について

久保田 修

ヤクシマシャクナゲ

はじめに

屋久島は、世界的にも特異な樹齢数千年を超えるスギをはじめ、海岸付近のガジュマル、アコウなどの亜熱帯植物から、タブ、シイ、カシなどの暖温帯、モミ、ヤマグルマ等の冷温帯、さらにヤクザサ、ヤクシマシャクナゲ等の亜高山帯に及ぶ植生の垂直分布が明瞭に見られます。また、二万五〇〇〇～一万五〇〇〇年前の最終氷河期にも照葉樹林が残っていたと考えられ、多くの固有種や絶滅のおそれのある動植物などを含む生物相とともに、北限・南限植物も多く自生していることなど、貴重な生態系と優れた自然景観を有しています。

屋久島は、島の面積（約五万ヘクタール）のうち約九〇パーセントが森林である「森林《もり》の島」です。その森林の約八五パーセントである約三万八〇〇〇ヘクタールは、林野庁が管理する国有林となっています。現在、屋久島における国有林の人工林面積は、約八〇〇〇ヘクタール（全森林面積の約二〇パーセント）であり、そのほとんどにスギが植栽されています。

国有林の保護と管理経営

屋久島における国有林野事業の管理・経営の歴史は古く、明治一九（一八八六）年に鹿児島大林区署宮之浦派出所が設置されました。大正一一（一九二二）年に第一次施業案が編成された際に、学術参考保護林四三〇〇ヘクタールが設定（大正一三年には天然記念物に指定）され、本格的な施業が始まる時点から、保護と利用の双方に留意した経営が図られてきました。

保護区域等の設定

年月	内容等
大正 11（1922）年 4 月	国有林に学術参考保護林を設定
大正 13（1924）年 12 月	「屋久島スギ原生林」として天然記念物に指定
昭和 29（1954）年	「屋久島スギ原生林」を特別天然記念物に指定替え
昭和 39（1964）年 3 月	国立公園に編入「霧島屋久国立公園」
昭和 45（1970）年	白谷、荒川展示林（後の自然休養林）の設定 学術参考保護林の拡大（花山地区、国割岳）
昭和 50（1975）年 5 月	花山地区を原生自然環境保全地域に指定
昭和 58（1983）年 1 月	国立公園の拡張 学術参考保護林の拡大（瀬切地区）
平成 4（1992）年 3 月	森林生態系保護地域の設定
平成 5（1993）年 12 月	世界（自然）遺産一覧表に登録
平成 14（2002）年 2 月	国立公園の拡張

これ以降、屋久島の森林には、国有林の保護林制度をはじめとする各種の保護区域等が設定され、その貴重な森林や生態系の保全が図られてきました。特に、平成四（一九九二）年四月には、国有林の約四〇パーセント（一万五〇〇〇ヘクタール）を原生的な天然林を厳格に保存する「森林生態系保護地域」に指定するなど、その生態系の保全の充実にも努めてきました。このうちの約一万ヘクタールが、平成五（一九九三）年一二月に世界自然遺産に登録されました。

現在、屋久島の国有林では、原生的な天然林の保全や希少野生動植物の保護、自然とのふれあいの場の提供、スギ土埋木等の森林資源を活用した木材加工産業等への加工資材の計画的供給といった機能を高度に発揮させることの重要性がますます求められています。

そこで林野庁では、屋久島の国有林を①国土の保全、水資源のかん養等安全で快適な国民生活を確保することを重視する「水土保全林（二万一六〇〇ヘクタール、約五六・二パーセント）」、②原生的な森林生態系等貴重な自然環境の保全、森林空間利用を図ることを重視する「森林と人との共生林（一万六七〇〇ヘクタール、約四三・五パーセント）」、③公益的な機能の発揮に配慮しつつ、効率的な木材生産を推進する「資源の循環利用林（一〇〇ヘクタール、約〇・三パーセント）」、の三つに類型化しました。それぞれの目的に応じて、自然遺産の厳正な保護及び周辺地域を含めた森林環境の適切な保全などに配慮しながら管理経営を進めています。

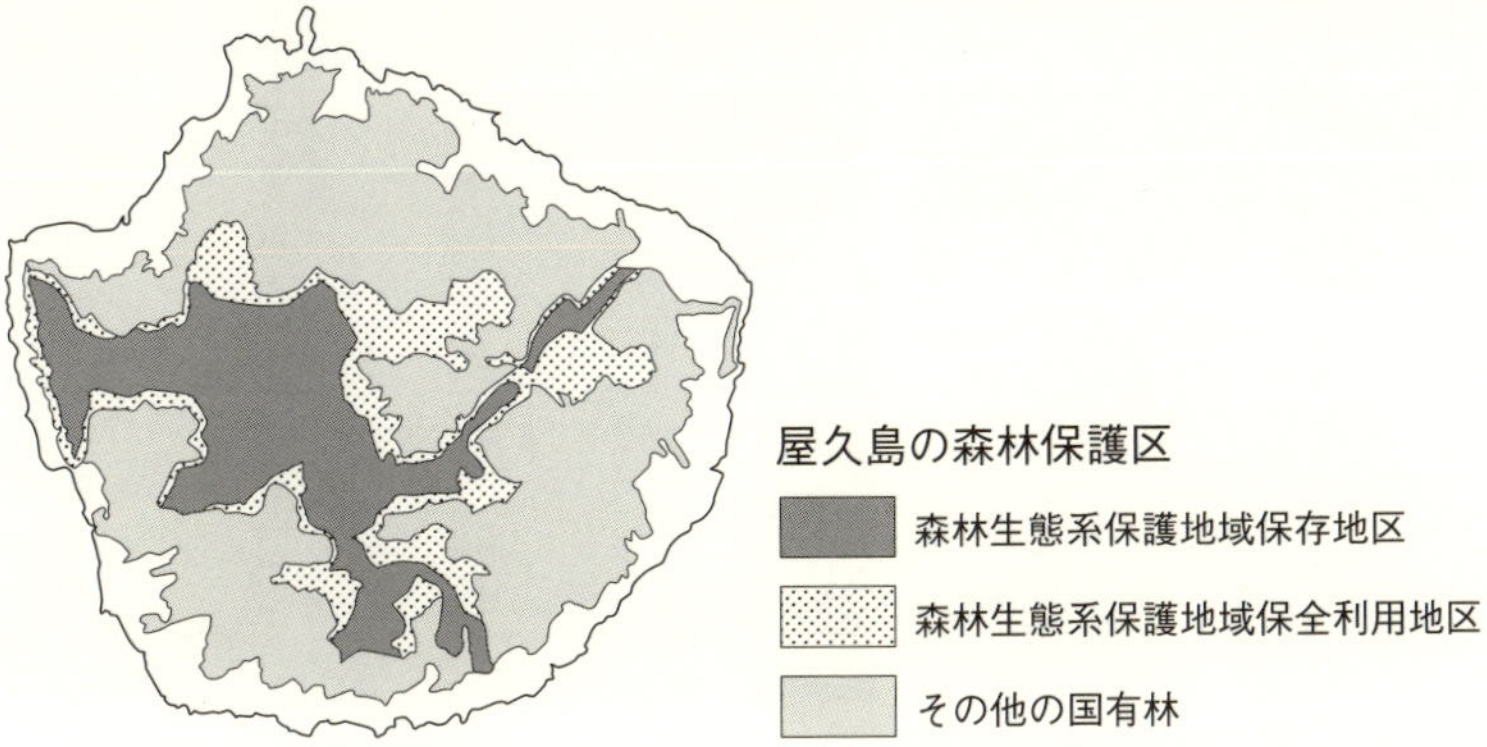

森林と人とのかかわり

屋久島の森林は、世界自然遺産に登録されていることから、手つかずの原生林のみと思われている方が多いようです。しかし、屋久島の森林には、長い間、人と共生してきた歴史があります。古くは、豊臣秀吉の時代に伐採されたスギが、京都の方広寺の建築材として船で運ばれたと言われています。

江戸時代になると、相当量の屋久杉が屋根を葺く材料（平木）として伐採され、米に代わる年貢として納められていました。ヤクスギランドなどの林内（標高六〇〇〜一四〇〇メートル）では、スギの切株（根元から高い位置で伐倒した木）や横たわる倒木の跡、斧による試し切りの跡に当時の様子がうかがえます。

屋久島で林業が最も盛んだったのは、大正時代から昭和五〇年代までの木材需要が増大した時期でした。特に昭和二〇年代からの二十数年間は、屋久島の森林資源が日本の戦後復興と発展に利用されました。

このような時代の要請に応えるため、また島民の重要な雇用の場として、屋久島の林業は島民の生活基盤を支えてきました。その中心的な役割（場所）を担っていたのが、小杉谷の事業所でした。小杉谷事業所は、大正一二（一九二三）年に屋久島国有林開発の拠点として小杉谷（楠川分れ）に開設された安房官行斫伐所が前身となっています。終戦直後の昭和二一（一九四六）

年には、現小杉谷製品事業所跡に安房事業所として移転改称されました。さらに昭和二八(一九五三)年には、小杉谷製品事業所と改称され、森林開発前進基地として昭和四五(一九七〇)年まで維持されてきました。

一方、里山に近い森林では、近年までマテバシイなどの広葉樹が生活燃料として利用されていたことから、炭焼きに利用されていた形跡(炭窯の跡、萌芽樹、切株)が見られます。

近年、林野庁では、森林の有する公益的機能を重視し、国民の多様な要請(ニーズ)に応える管理経営を進めています。特に屋久島では、自然への関心の高まりを反映して、自然環境が持つ景観美を求める観光客(登山者)が増大しています。そのため、木材運搬用に開設された森林軌道や林道の一部については観光地へのアクセス路として、あるいは集落の生活道路として重要な役割を担っています。

森林生態系の調査研究と保全のための体制

林野庁では、屋久島における世界自然遺産地域の厳正な保護および、その周辺地域を含めた一帯の森林の適切な保全・利用に取り組んでいます。こうした背景のもと、全国で初めて森林環境保全を積極的に推進するための組織として、平成七(一九九五)年三月に「屋久島森林環境保全センター」が設置されました。

我が国は、世界遺産条約締結国として、登録された地域を適切に維持・管理するという国際的な責務を果たさなければなりません。そこ

前ページ右：平木に加工されたスギ（屋久杉自然館展示）
前ページ左：江戸時代に行われた伐採の際につけられた斧による試し切りの跡（矢印）が見られるスギ
永田岳登山道周辺の植生回復措置。

で屋久島森林環境保全センターでは、環境省や鹿児島県等の行政機関、独立行政法人森林総合研究所および大学等の学術研究機関と連携を図りながら、世界自然遺産地域を含む森林生態系保護地域等における保全および調査・試験を行っています。

次ページの表に、屋久島森林管理署ならびに屋久島森林環境保全センターが、過去一〇年間に取り組んできた屋久島の森林生態系モニタリング調査、著名屋久杉の樹勢回復や周辺植生の回復等の保全措置の概要について整理しました。

森林生態系モニタリング調査以外にも、平成八（一九九六）年度から山岳部を含む国有林内一〇か所において、雨量（時間雨量）の変化を調査しています。また、環境省や森林総合研究所と共同で①著名屋久杉、②高層湿原、③代表的な森林等に調査定点を設け、写真撮影による映像データを収集し、その時間変化を記録・解析しています。

また、屋久島では多くの大学や研究機関によって行われているさまざまなテーマの研究に対し、調査フィールドとして国有林の提供活用や入林手続き、法規制等に伴う各種手続きの指導や連絡調整を行っています。

ヤクタネゴヨウの保護管理への取り組み

ヤクタネゴヨウは、鹿児島県の屋久島と種子島にのみ自生する樹高三〇メートル、胸高直径二メートル以上にも達するマツ科マツ属の常緑高木です。屋久島での自生群落分布地域は、西部地域（平瀬国有林）、破沙《はさ》岳周辺（破沙岳国有林）および高平《たかひら》岳（ハサ岳国有林）の三地域、種子島では西之表市古田から中種子町増田にかけての地域となっています。

森林生態系モニタリング調査内訳（概要）

年度	調査内訳等
平成7（1995）年度	1）森林帯と林相（植生の分布調査） 2）屋久島における水質調査
平成8（1996）年度	1）屋久島への入込の実態調査 2）その生態系への影響の実態調査 3）雨水・渓流水の実態調査
平成9（1997）年度	前年度に引き続き 1）屋久島への入込の実態調査 2）その生態系への影響の実態調査 3）雨水・渓流水の実態調査
平成10（1998）年度	1）屋久島における森林施業の検証 2）今後の持続可能な森林管理の方策 3）水質調査
平成11（1999）年度	1）植生の垂直分布調査（屋久島西方国割岳西側斜面） 2）ヤクタネゴヨウの分布調査
平成12（2000）年度	1）花之江河・小花之江河湿原における植生と土砂堆積の実態調査
平成13（2001）年度	1）花之江河・小花之江河湿原の保全対策調査 2）植生の垂直分布調査（屋久島東方愛子岳東側斜面）
平成14（2002）年度	1）屋久島への入込実態と生態系への影響調査 2）植生の垂直分布調査（屋久島中央部：大王杉～縄文杉～宮之浦岳） 3）縄文杉の植生回復事業の経過調査
平成15（2003）年度	1）屋久島における既往動物研究の文献リストの作成 2）植生垂直分布調査（屋久島南方の烏帽子岳南側斜面） 3）花之江河・小花之江河湿原におけるモニタリング調査
平成16（2004）年度	1）植生垂直分布調査（屋久島西方国割岳西側斜面の２回目） 2）ヤクタネゴヨウ分布調査を再び実施し５年間における経年変化の考察
平成17（2005）年度	1）植生垂直分布調査（屋久島北側斜面、高塚山まで）

このヤクタネゴヨウは、本数が少ないことに加え、近年、特に種子島においては松くい虫被害（マツ材線虫病）による個体数の減少が著しく、平成一二（二〇〇〇）年度版のレッドデータブックでは「絶滅危惧ＩＢ類」に指定されています。

ここでは、屋久島森林管理署と屋久島森林環境保全センターが、ヤクタネゴヨウの保護に関して取り組んでいる内容について紹介します。

増殖・復元緊急対策事業

九州森林管理局（熊本市）では、平成一二（二〇〇〇）年度より五か年、「ヤクタネゴヨウ増殖・復元緊急対策事業」を行いました。この事業では、社団法人林木育種協会の苗畑（熊本県合志市）において、ストローブマツやチョウセンゴヨウといった五葉松類の苗木をつぎ木台木とし、平成一三（二〇〇一）年度に屋久島と種子島の各自生地から採取したヤクタネゴヨウの穂

縄文杉など著名杉における樹勢回復措置及び周辺植生回復措置内訳（概要）

年度	縄文杉における植生及び樹勢回復措置等	その他著名木等への措置
平成 6（1994）年度		弥生杉周辺に木製展望デッキ設置
平成 7（1995）年度	縄文杉周辺に木製展望デッキ設置	
平成 8（1996）年度		紀元杉周辺に木製展望デッキ設置 樹木医による樹勢診断 ・大王杉、翁杉、紀元杉、仏陀杉、蛇紋杉、弥生杉 大王杉の樹勢回復措置 ・編柵工 38.5 m、土壌改良工 45 ㎡ 翁杉の樹勢回復措置 ・編柵工 6 m、土壌改良工 10 ㎡ ヤクスギランド沢津橋設置 白谷雲水峡石張工 楠川歩道整備 飛流橋手摺ロープ交換工 白谷歩道整備
平成 9（1997）年度	縄文杉の周辺植生、土壌調査	紀元杉の樹勢回復措置 ・編柵工 56m、土壌改良工 64 ㎡、麻マット 60m 仏陀杉の樹勢回復措置 ・編柵工 28m、土壌改良工 28 ㎡、麻マット 30m、排水工（DOﾊﾟｲﾌﾟ）10 本 弥生杉の樹勢回復措置 ・編柵工 20m、土壌改良工 18 ㎡、麻マット 20m
平成 10（1998）年度	縄文杉の樹勢回復措置	ヤクスギランド苔の橋設置 ・本調査（土壌、植生）試験的に一部土壌改良（土壌改良工 10 ㎡、編柵工 20m ほか）
平成 11（1999）年度	縄文杉の樹勢回復措置本格事業 ・土壌改良工 200 ㎡、編柵工 263m、編柵工（水切）38m、木柵工 95m	
平成 12（2000）年度	縄文杉の樹勢回復に係る意見交換会	森林生態系保護地域バッファーゾーン事業 ・土壌改良工 119.1 ㎡、編柵工 163m ・小杉谷休憩舎及び小杉谷自然観察路の設置、歩道案内板の設置
平成 13（2001）年度	縄文杉の樹勢回復措置	小花之江河土砂流入防止工事 ・土壌改良工（腐葉土）190 ㎡ ・丸太工 87 基、階段工 3 基、木橋 3 基ほか
平成 14（2002）年度	縄文杉の樹勢回復措置	花之江河土砂流入防止工事 ・樹木医による経過観察（今後の対応策） ・丸太工 38 基、階段工 5 基、木橋 7 基ほか
平成 15（2003）年度	縄文杉の樹勢回復措置 ・土壌改良工 83.8 ㎡、編柵工 139.3m	
平成 16（2004）年度	縄文杉の樹勢回復措置 ・植栽工 100 本	高塚小屋周辺の植生回復事業（景観形成促進事業） ・木柵工 106.3m、丸太筋工 77.2m、編柵工 22.1m
平成 17（2005）年度	縄文杉の樹皮剥離被害の傷口修復措置	永田岳登山道の周辺植生回復措置 ・木製階段工、植生回復工、丸太柵工、土留工、横断排水工 高塚小屋周辺の植生回復事業（景観形成促進事業） ・踏圧防止木製歩道、踏圧防止木製デッキ、木製橋

1）植生回復措置：登山者の増加等により荒廃した登山道周辺の植生後退箇所における植生回復事業や、花之江河などの高層湿原における土砂流入防止と対策事業等措置。

2）ヤクスギ樹勢回復措置：縄文杉などの著名杉の樹勢回復を行う措置。

木を、これらの台木につぎ木して育苗を行いました。

平成一五（二〇〇三）年度に、種子島では五九クローン一二〇本を植栽して採種林を、屋久島では四〇クローン一一五本を植栽して見本林、および九八クローン三二〇本を植栽して採種林をそれぞれ造成しました。

ボランティアによる下刈

見本林と採種林に植栽されたつぎ木苗が、雑草木の被圧等によって成長が抑制されたり枯死したりするのを防止するため、下刈り作業を行うことが不可欠です。これまでに屋久島森林管理署では、屋久島・ヤクタネゴヨウ調査隊（代表　手塚賢至）や種子島・ヤクタネゴヨウ保全の会（代表　池亀寛治）等のボランティア団体と協力して、平成一七（二〇〇五）年度より冬場に下刈りを実施しています。

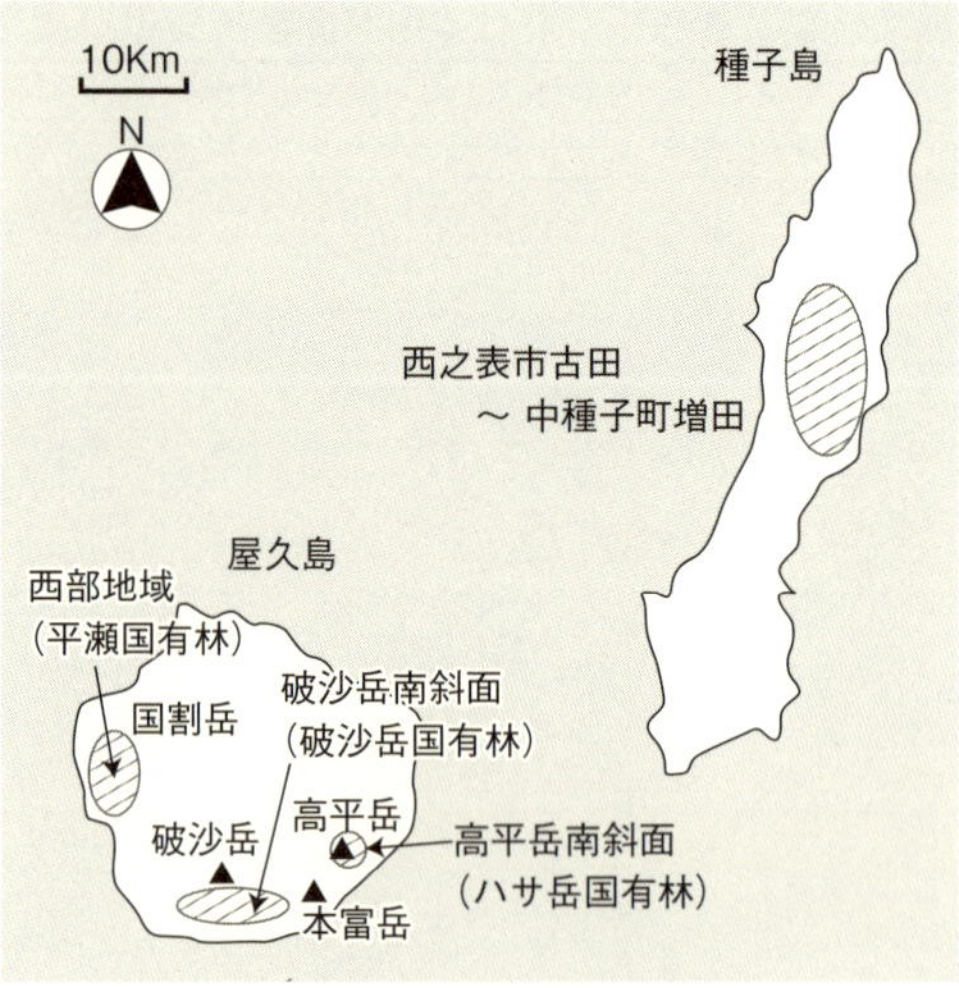

ヤクタネゴヨウの自生地

シカによる被害への対策

現在、全国的にシカによる農作物や林業用苗木の被害が問題となっています。シカによる被害は、屋久島と種子島でも例外ではありません。そこで、見本林と採種林を造成した時に、その周囲にシカ防止ネット（柵）を設置しました。

しかしながら、シカがネットを飛び越える等により見本林と採種林に侵入して被害が発生していることが確認されました。そこで、平成一七（二〇〇五）年一一月には種子島、平成一八（二〇〇六）年一一月には屋久島で、保全の会や調査隊と連携して個々の植栽木を金網で被覆しました。

個体数の増加が問題になっているシカから個々のヤクタネゴヨウのつぎ木苗を守るために金網でおおう。

松くい虫被害（マツ材線虫病）駆除対策

最近、種子島では、クロマツだけではなくヤクタネゴヨウにも松くい虫被害（マツ材線虫病）が目立っています。ヤクタネゴヨウへの松くい虫被害の拡大防止対策として、平成一五（二〇〇三）年度から保全の会および調査隊、森林総合研究所と連携して、ヤクタネゴヨウとクロマツの枯損木の伐倒および林外への持ち出しを実施しています。

また生存木に対しては、松枯れ防止用の樹幹注入剤の薬効試験も、これらの団体ならびに研究所と連携して取り組んでいます。

今後の保護管理の取り組み

平成一五（二〇〇三）年九月、種子島の早稲田川流域において、ヤクタネゴヨウの新たな群生地が両島のボランティア団体と森林総合研究所等との共同調査で確認されました。この結果を受け、地元より保護林設定への要望がありました。そこで、九州森林管理局では、平成一六（二〇〇四）年度に実施した「種子島ヤクタネゴヨウ保護林調査」の結果を踏まえて、植物学上重要である群落の保護を図るため、平成一八（二〇〇六）年度に「早稲田川ヤクタネゴヨウ植物群落保護林」を設定しました。

さらに今後は、「屋久島生態系モニタリング調査」および「種子島ヤクタネゴヨウ保護林調査」のほか、各種の調査研究の結果等を踏まえつつ、平成一七（二〇〇五）年八月に種子島の西之表市において、保全の会や調査隊と共催した「松くい虫被害対策専門家会議」で決定・設立された「ヤクタネゴヨウ保全対策協議会」のもと、掛け替えのないヤクタネゴヨウの保護管理に取り組んでいきます。

おわりに

森林のもつさまざまな公益的機能を、これからも高度に発揮し維持していくうえでは、森林環境の保全と適正な森林利用が不可欠と考えます。今後も、屋久島森林管理署ならびに屋久島森林環境保全センターでは、森林を含む生態系の調査研究の成果を参考にし、森林環境の保全と維持管理に努めていきたいと考えています。

第一九章　屋久島自然保護官事務所の業務

廣瀬　勇二

はじめに

屋久島は洋上の島でありながら、九州最高峰の宮之浦岳（一九三六メートル）をはじめ一〇〇〇メートルを超える山岳が四五以上連座しており、「洋上アルプス」の異名を持っています。島を取り巻く黒潮からの暖かく湿った空気により、山岳地では年間八〇〇〇～一万ミリメートルもの降雨があり、「ひと月に三五日雨が降る」、「雨の島」などとも言われています。

これらの立地環境から、海岸部のガジュマル、メヒルギなどの亜熱帯植生、タブノキ、シイなどの暖帯植生、モミ、ヤマグルマなどの温帯植生、山頂付近のヤクシマダケ、ヤクシマシャクナゲなどの冷温帯植生に至る植物の垂直分布を見ることができるとともに、島という環境から多くの固有種、南限種、北限種が生育しているなど、極めて特異な生態系が成り立っています。

屋久島の環境を守る法整備

こうしたことから、屋久島は、自然公園法に基づく霧島屋久国立公園、自然環境保全法に基づく屋久島原生自然環境保全地域にそれぞれ指定され、さらに、平成五（一九九三）年一二月には国立公園区域の特別保護地区及び第一種特別地域、原生自然環境保全地域、森林生態系保護地域並びに特別天然記念物指定地域の総計一万七四七ヘクタールが、白神山地とともに我が

自然公園利用状況（平成17年環境省データ）

種　別	箇所数	面積(ha)	年間利用者数(千人)
国立公園	28	2,065,156	351,837
国定公園	55	1,344,500	293,957
都道府県立自然公園	308	1,959,143	259,475

国初の世界自然遺産として登録されています。

国立公園

国立公園は、「我が国の風景を代表するに足りる傑出した自然の風景地であって、環境大臣が、都道府県及び中央環境保全審議会の意見を聞き、区域を定めて指定する」ものとされ、全国で二八か所指定されています。

「霧島屋久国立公園」は、鹿児島県・宮崎県の両県にまたがり、霧島火山帯を中心とする霧島地域、桜島を中心とする錦江湾地域及びその南方海上に位置する屋久島地域により構成されています。その面積は、六万六六一ヘクタールに達します。昭和九（一九三四）年三月一六日に全国初の国立公園として霧島地域が「霧島国立公園」として指定され、その後昭和三九（一九六四）年三月一六日に屋久島地域及び錦江湾地域が追加指定され、これにあわせて「霧島屋久国立公園」に改称されました。

その後、昭和五〇（一九七五）年、五八（一九八三）年及び平成一四（二〇〇二）年に公園区域の拡張、削除等公園計画の変更が行われ、平成一九（二〇〇七）年三月に屋久島の西方の口永良部島全島が国立公園区域に編入されました。

原生自然環境保全地域

原生自然環境保全地域は、「その区域における自然環境が人の活動によって影響を受けることなく原生の状態を維持しており、一〇〇〇ヘクタール（島は三〇〇ヘクタール）以上の面積を有する区域であって、国または地方公共団体が所有するもののうち、当該自然環境を保全することが特に必要なもので、環境大臣が、都道府県及び中央環境保全審議会の意見を聞き、土地所有者の同意を得て指定するもの」と規定され、全国で五か所指定されており、その制度と

自然環境保全地域等指定状況

種別	指定地域		特別地区				海中特別地区	
					野生動物保護地区			
	地域数	面積（ha）	地域数	面積（ha）	地域数	面積（ha）	地域数	面積（ha）
原生自然環境保全地域	5	5,631.00	−	−	−	−	−	−
自然環境保全地域	10	21,593.00	9	17,266.00	7	14,868.00	1	128.00
都道府県自然環境保全地域	534	76,333.26	312	25,282.42	100	2,677.71	−	−
計	549	103,557.26	321	42,548.42	107	17,545.71	1	128.00

原生自然環境保全地域

地域名	位置	面積（ha）	土地所有別	指定年月日	自然環境の特色	備考
遠音別岳《おんねべつだけ》	北海道斜里郡斜里町 目梨郡羅臼町	1,895	国有地（国有林）	S55,2,4	ハイマツを主とする高山性植生	立入制限地区なし
十勝川《とかちがわ》源流部《げんりゅうぶ》	北海道上川郡新得町	1,035	〃	S52,12,28	エゾマツ・トドマツを主とする亜寒帯針葉樹林	〃
南硫黄島《みなみいおうじま》	東京都小笠原村	367	〃	S50,5,17	木生シダ、雲霧林の発達する熱帯・亜熱帯植生、海蝕地形、海鳥	全域立入制限地区（S58,6,2 指定）
大井川《おおいがわ》源流部《げんりゅうぶ》	静岡県榛原郡本川根町	1,115	〃	S51,3,22	ツガを主とする温帯針葉樹林、亜寒帯針葉樹林	立入制限地区なし
屋久島《やくしま》	鹿児島県熊毛郡屋久町	1,219	〃	S50,5,17	スギを主とする温帯針葉樹林、イスノキ・ウラジロガシ等を主とする照葉樹林	〃
合計	5地域	5,631ha				

して、立入制限地区を設けることができることが特徴となっています。

屋久島原生自然環境保全地域は、昭和五〇年五月一七日、霧島屋久国立公園区域のうち、人の活動による影響を受けることなく原生の状態を維持していた一部地域を、国立公園区域から原生自然環境保全地域に移行したものです。

屋久島への入島者

平成一七年、霧島屋久国立公園は、年間一〇三〇万人余りの利用者数を数え、全国に二八ある国立公園の利用者数の総計三億五一八四万人の二・九パーセント、第九位となっています。

屋久島への入島者数に関しては、種子屋久観光連絡協議会（事務局：鹿児島県熊毛支庁）データによると、世界自然遺産指定以前より年々増加しています。平成二（一九九〇）年度は約一八万七〇〇〇人、平成七（一九九五）年度は約二五万七〇〇〇人、平成一二（二〇〇〇）年度は約二六万三〇〇〇人、平成一七（二〇〇五）年度

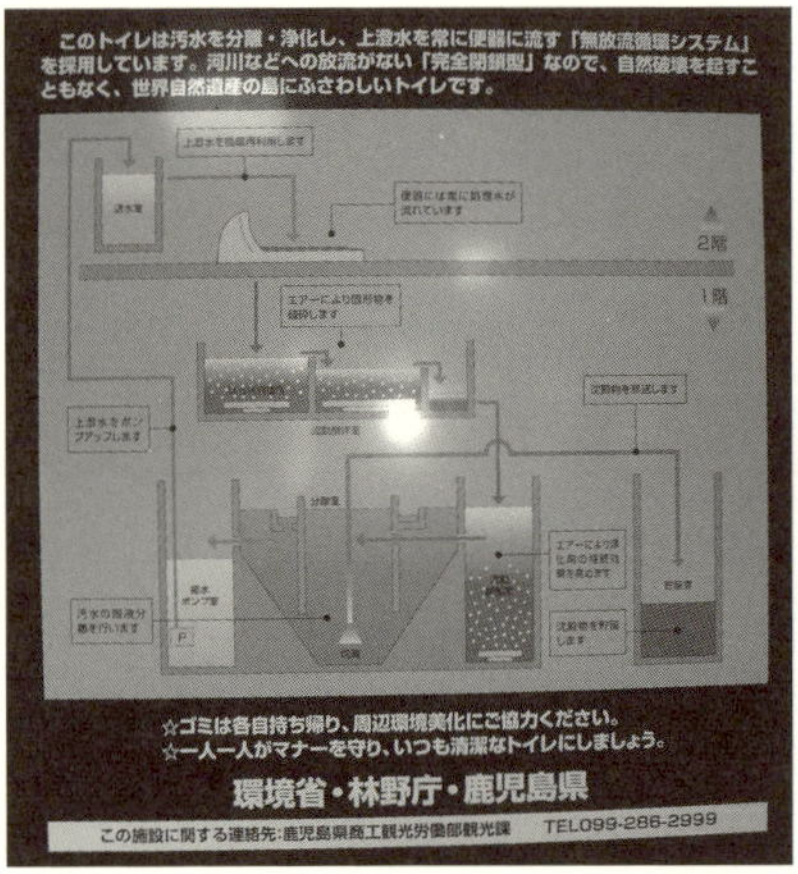

大株歩道入口に設置されたトイレ（撮影／吉丸博志）

は約三一万七〇〇〇人（平成二年度の約一・七倍、平成七年度の約一・二倍、平成一二年度の約一・二倍）と増加しており、多少の増減はあるにしても、依然として増加傾向にあります。

このうち、登山をはじめとする観光目的の入島者数については、平成一二年度までは統計数値がありますが、平成一三（二〇〇一）年度以降はありません。一般に過去のデータ等から全入島者の約六割が観光を目的とする入島者数といわれています。これにより推計した数値は、平成二年度は約九万七〇〇〇人、平成七年度は約一三万六〇〇〇人、平成一二年度は約一五万五〇〇〇人、平成十七年度は約一九万人（平成二年度の約二・〇倍）との結果となりました。

入島問題

このような利用者の増加による静謐性《せいひっせい》や快適な利用環境の喪失、登山道の荒廃をはじめとする自然環境への負荷の増大等、さまざまな自然環境への悪影響増大の懸念から、環境省では、屋久島における自然環境保全のために取り組むべき課題の明確化と、その具体的な手法を検討することを目的として、平成一六（二〇〇四）年度に、「屋久島世界自然遺産地域保全対策調査」を実施しました。

平成四（一九九二）年度と平成一六年度における山岳部の利用実態を比較すると、登山者の年齢層には大きな変化はなかったものの、男女比において女性利用者が著しく増加していること、縄文杉を目的とする日

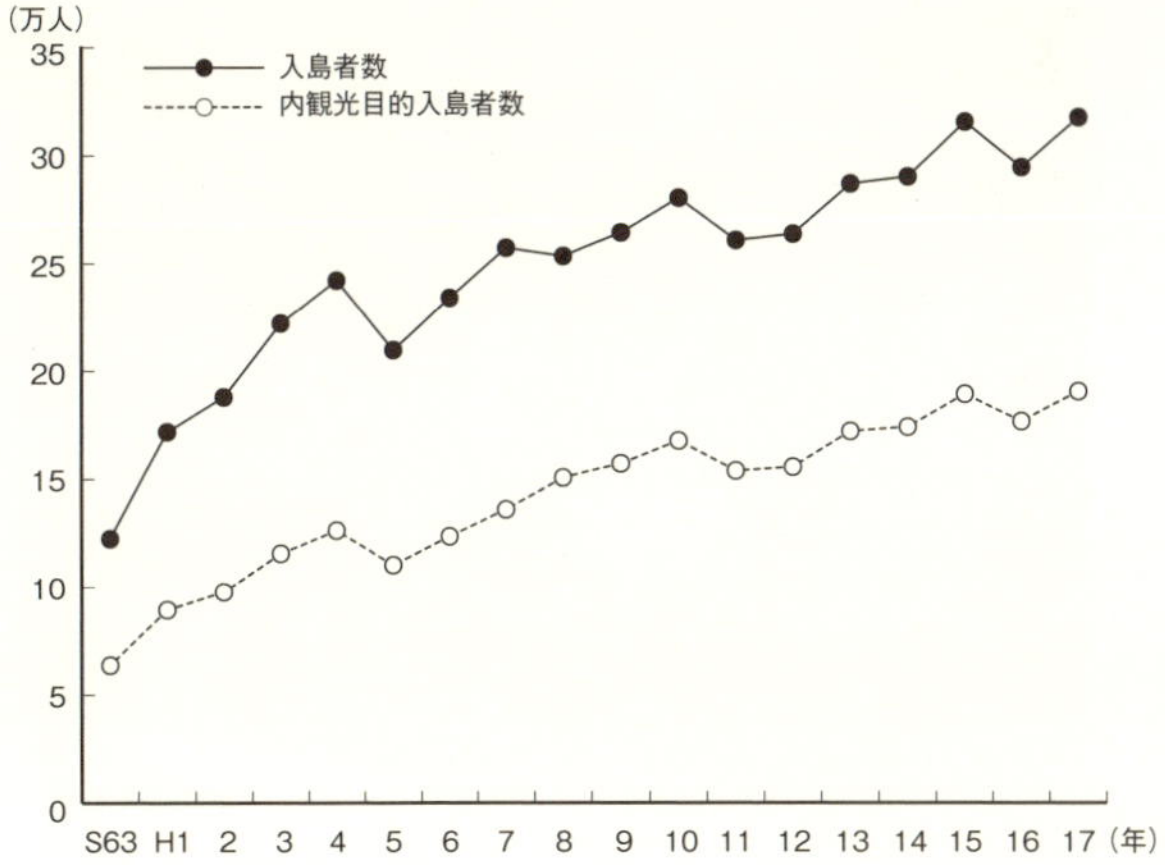

屋久島への入島者数の推移

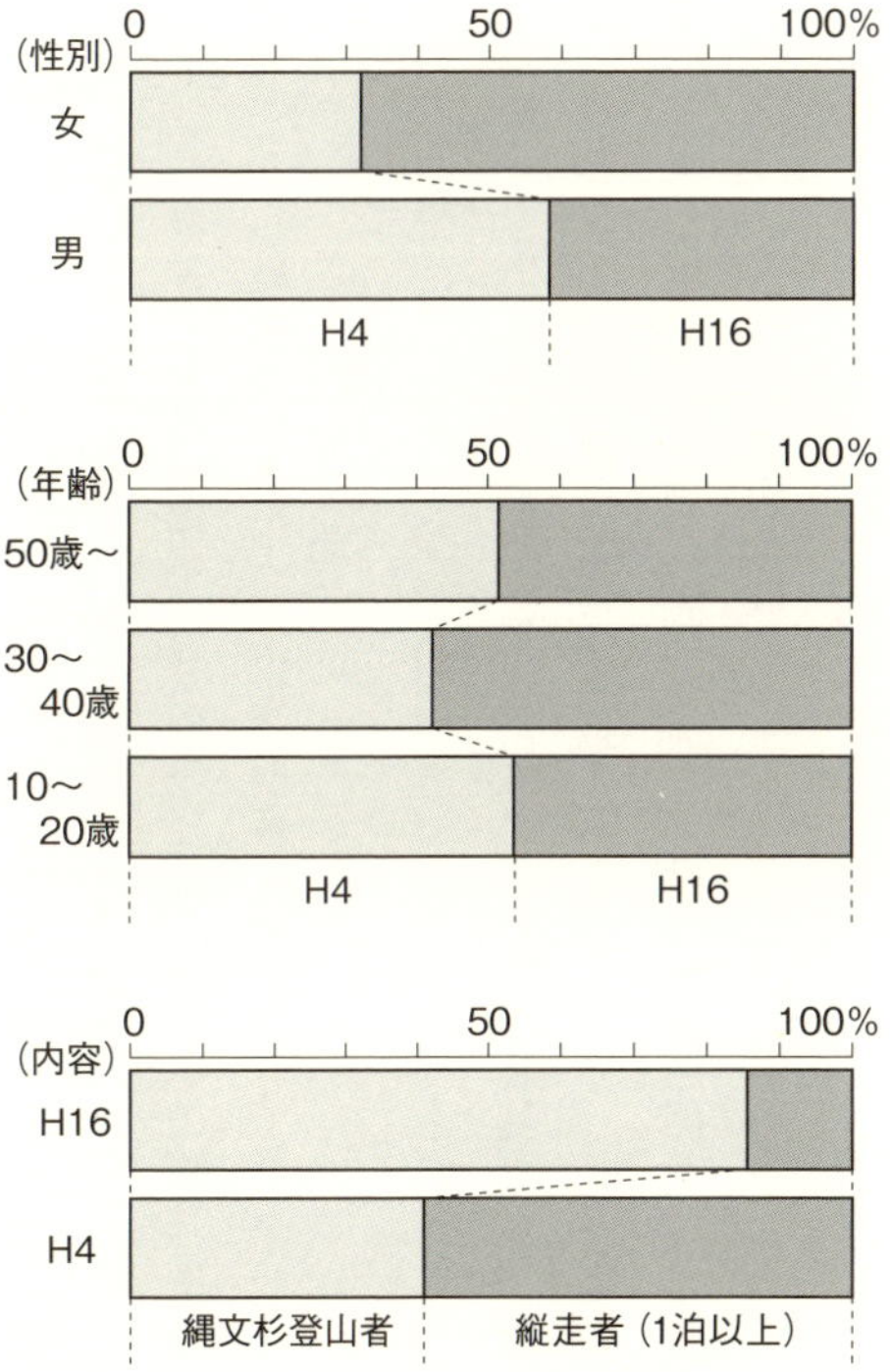

屋久島山岳部の利用実態

平成4年度のデータは松田（1994）を参照した。

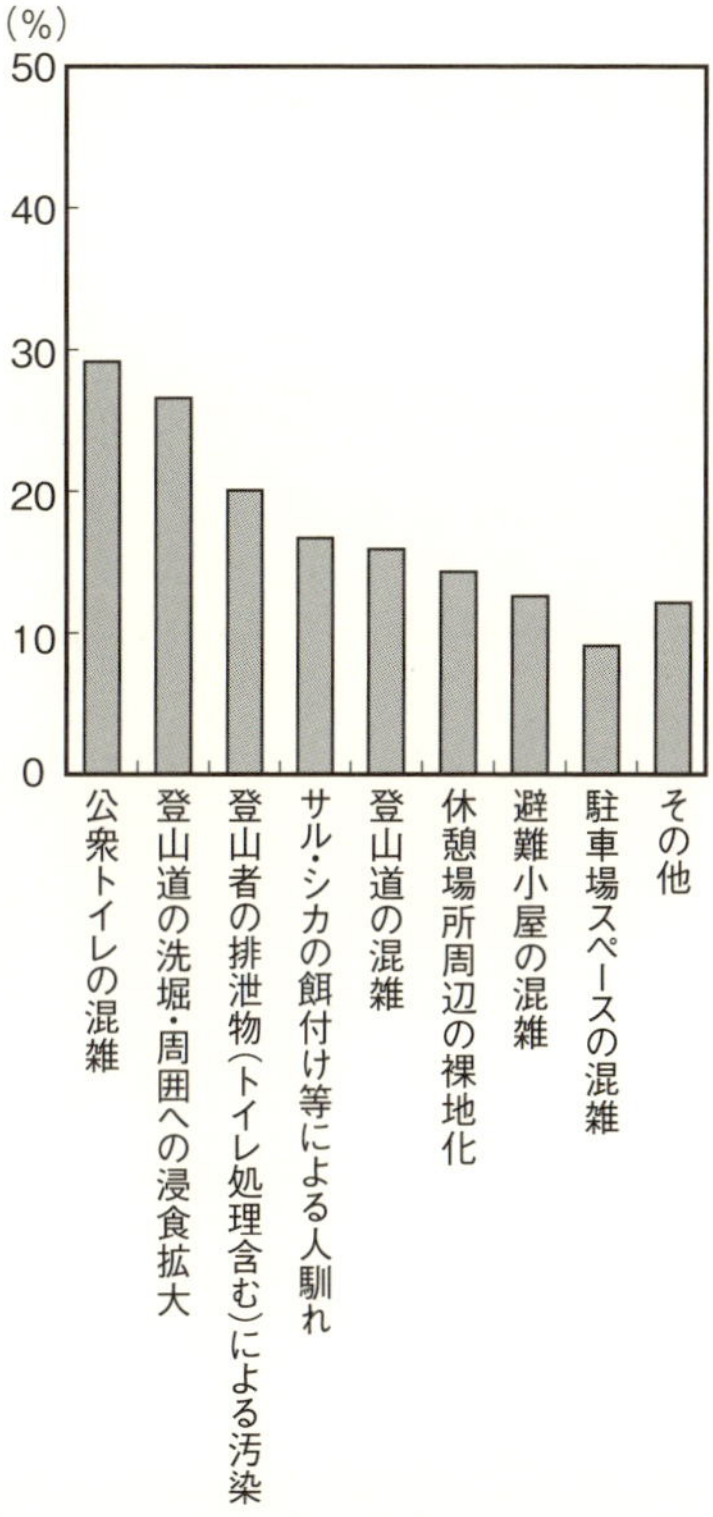

山岳地域の環境保全上の問題点

帰り登山が著しく増加していることが明らかになりました。

同時に、登山者が捉える現在の屋久島の抱える山岳地域の環境保全上の問題点として、「公衆トイレの混雑」、「登山道の洗掘・周囲への浸食拡大」、「登山者の排泄物（トイレ処理含む）による汚染」が多く掲げられていることが明らかになりました。

これらの問題点は、従前より地元関係者の間においても改善を図るべき問題として認識されており、①避難小屋付帯トイレの排泄物処理に関しては、山岳部域外への人力を含めた搬出の具体的手法の検討・実験、②混雑緩和対策に関しては自動車利用規制の実施、規制拡大に向けた検討の開始や、里地でのエコツアーの試行、そのほか島内全域でのエコツーリズムの定着・促進、③登山道の洗掘・浸食に関してはより屋久島の自然環境になじみ、有効と考えられる実施工法の変更、具体的には木道を主体とする整備から、現地周辺または屋久島産の素材（石、木材）利用による整備への転換など、各問題の解決、改善に向けた取り組みが屋久島で開始されています。

小花之江河の木道。高層湿原の植生を保護するために設置している。

屋久島自然保護官事務所の業務

環境省屋久島自然保護官事務所では、自然公園法並びに自然環境保全法の規定に基づく許認可事務や、登山道等の各種利用施設の維持管理等をはじめとする保護管理業務、世界遺産センターでの展示、自然観察会の実施やホームページ（http://www.sizenken.biodic.go.jp/park/np/kirishima/topics/19/）を通じた各種自然情報の提供及び自然保護思想の普及啓発、環境省主体の各種調査業務の推進並びに屋久島を対象とする研究者への支援を行い、屋久島の自然環境保護のための各種取り組みを地域の方々とともに取り組んでいます。

当所の設置は、昭和五〇年五月の原生自然環境保全地域の指定を機に、同年一〇月に初代の自然保護官（当時は国立公園管理員）一名の発令に始まり、以降三二年の間、歴代一三代、二〇名の職員が屋久島の島民として、この島に歴史を刻んでいます。屋久島自然保護管事務所は、当初、安房の春牧神社近くに設置されました。現在は県道安房ヤクスギランド線途中の、町立屋久杉自然館や屋久島環境文化研修センターに隣接する屋久島世界遺産センター内にあります。

この間、屋久島が持つ地域資源である自然環境の保護、保全のための取り組みは、地元住民、町などの関係行政機関が一体となって進めてきたところです。今後とも地域にある環境省の出先機関として、また地域住民の一人としての視点を持ちつつ、その役割を果たしてゆくことが望まれているものと考えています。

環境省自然保護官は、自然豊かな環境に囲まれた中で、自然環境保全のために働くことにその意義を感じ、自分の望む仕事として選択した者です。特に屋久島は、従前から勤務を志す職員も多く、今なお羨望の勤務地として人気の場であり続けており、このことは「屋久島にしかない豊かで優れた自然環境が今なお保たれている」ことの証だといえます。

これはとりもなおさず、観光を目的とした来島者を引きつけている要因と同一のものであり、損なうことなく、未来の地球人に引き継いでゆくため、地域の方々を始めとする様々な方々と時には議論を交わし、喜びを分かち、手を携え日々の業務に取り組んでいきたいと考えています。

マンリョウ

第二〇章　屋久島における研究者の役割

湯本　貴和

屋久島との出会い

わたしが初めて屋久島にいったのは昭和五九（一九八四）年で、大学院博士課程一年の秋だった。その頃はどんな植物の花にはどんな動物がきて、花粉を媒介しているのかを、ひとつひとつの植物種ではなく群集全体で調べようとしていて、修士課程では、信州の中央アルプス・木曽駒ヶ岳の高山植物群落で調査をおこなっていた。高山植物群落は花のシーズンが夏だけで短く、それになによりも草丈が低くて、すべての観察が目の高さより下で済むのが大きな利点だった。

しかし、高山という厳しい環境では、昆虫も植物も多くはない。もちろん、高山にしか生息しない高山の蝶や蛾もいるのだが、花に来る昆虫は限られている。花期が短い、あるいは草丈が低く群集の立体構造に乏しいというのも、観察には便利だが、研究自体の幅は狭まる。わたしは高山植物群落のどちらかというと単純な世界に物足りなさを感じて、さらに複雑な群集を求めて屋久島にやってきたのだった。

当時、わたしにとっての調査地を決める基準は、なるべく人間の手が入っておらず、動物や植物の間だけの相互作用がつくりあげてきた群集、という一点にあった。そういう原生的な自

リョウブ

然は、日本では高山や海岸を除くと森林になる。日本を代表する森林である亜高山帯針葉樹林、冷温帯落葉広葉樹林、暖温帯照葉樹林のうちで、高木まで虫媒性植物が占めるのは暖温帯照葉樹林だけである。日本の広い地域にわたって、照葉樹林には人為が加わっていて、大面積で原生的な自然が残っている場所は少ない。そこで選んだのが屋久島である。この頃のわたしの視点は、明らかに「原生の島・屋久島」であった。

森林の研究のなかでも、花の研究は非常に遅れていた。まず、最初に行き当たる困難は、花が咲くのが高い木の枝先であり、簡単に観察ができないことだ。わたしは岩登り用のザイルと登はん器具を用いて木登りをして、高さ二〇メートルに至る樹上の花と昆虫の関係を調べていった。もうひとつの研究が進まない理由としては、それぞれの樹種の花の時期は限られているため、たとえば木の直径を測定するような研究と異なって、短期集中で調査ができないことである。そのため、わたしは島の集落のなかに一軒家を借りて、最終的には二年半の間、屋久島に住むことになった。このことが、結果としては島の人々と関わりを深くもち、「原生の島・屋久島」ではない「人々の住む島・屋久島」を強く意識していくことに繋がった。

それでも最初の半年間は、あまり島の人々と関わりをもたず、借家とフィールドを往復する生活だった。それが変わったのは「あこんき塾」という活動に参加してからである。ここでは「研究者というよそ者がいかに地元に関わるか？」という問題を、自分自身の体験を基に記したい。

「保護か開発か」の時代

わたしが屋久島に住みはじめた昭和六〇（一九八五）年当時の、屋久島と研究者との関わりを少し振り返ってみよう。この時期は、屋久島の自然の価値が学術的に脚光を浴びはじめた時

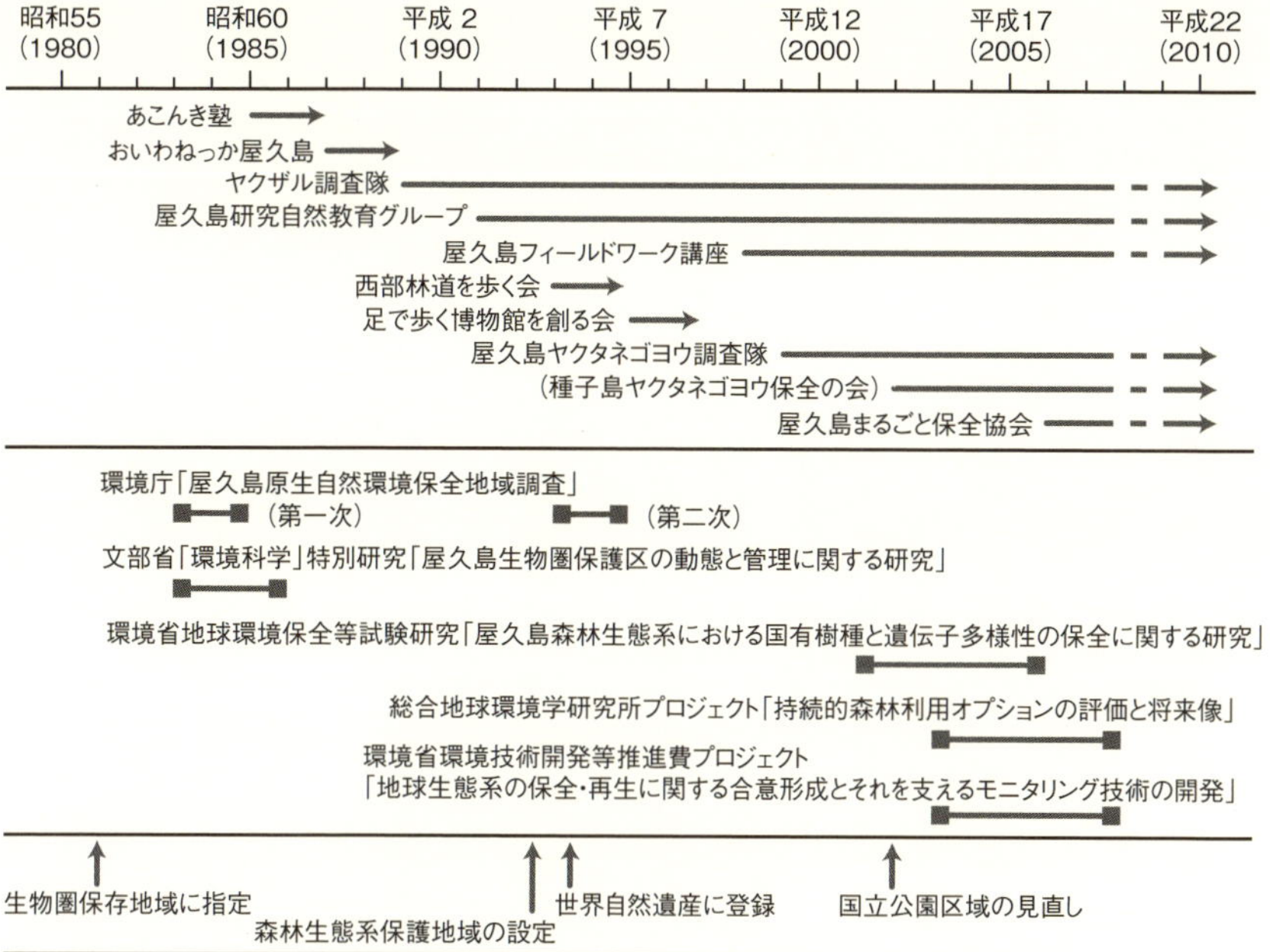

上段は、研究者と地元住民による取り組み。中段は、主な屋久島の森林生態系に関する研究プロジェクト。下段は、主な出来事。

代であった。一九七〇年代にわたしの一〇歳前後先輩にあたる若い研究者たちによって、屋久島西部地域での霊長類学の研究や、瀬切川地域の植物生態学の研究が始められ、個々の学問分野では屋久島の自然の価値と、その研究レベルの高さは注目されてきた。

しかし、当時の屋久島はまだまだ「保護か開発か」の対立の時代でもあった。昭和五四（一九七九）年九月三十日に起こった台風一六号による土面川土石流では、不幸中の幸いながら死者はでなかったものの、二三一世帯四九五人の方々が被害に遭われた。上流域の国有林の伐採が土石流の直接の原因であるという、国を相手取った訴訟も起こった。熊本営林局が公表した施業計画に対して、昭和五六（一九八一）年には上屋久町議会が瀬切川伐採禁止の決議を挙げた。この問題は屋久島の住民や出身者の方々の多大な努力によって、国会の予算委員会での議論にまで発展し、最終的には田沢農林大臣による答弁によって昭和五七（一九八二）年に瀬切川右岸の保護と公園区域の見直しという成果を勝ち取った。その結果、西部域の低地林が国立公園三種から一種に格上げされるとともに、

＊1：人間と生物圏計画（Man and Biosphere Programme）。昭和四六年に発足、自然と天然資源の利用と保全に関する科学研究を国際協力のもとに行うとするもの。

＊2：環境庁自然保護局編（一九八四）。

鹿児島県の鳥獣保護区にもなった。国有林の調査にはわたしたちは入林許可証を営林署からいただく必要があるが、昭和五九年ごろでも入林許可証をもらいに出向くと、営林署の担当官との間に何か険悪な空気があったように記憶する。

一方では、昭和五五（一九八〇）年屋久島はユネスコＭＡＢ計画[＊1]による生物圏保護区の指定を受けている。昭和四七（一九七二）年にストックホルムで開かれた国連の人間環境会議は、無軌道な開発に歯止めをかけ、人類全体の問題である地球環境の劣化を防ぐために、「持続可能な開発」という概念を提唱した。「持続可能」とは、将来の世代の需要と希望を満たすため、生物圏の潜在能力を維持するという意味である。以後すべての開発行為はこの理念に沿って、自然資源の保全を計るためのさまざまな規制を受けるべきであるということが、国際的な共通認識となってきた。それを受けてユネスコは、ＭＡＢ計画として、重要な生態系を保護するために世界各地に「生物圏保護区」を指定し、厳重な保護が必要な「中核地域」のまわりに人間の諸活動が段階的に制限される「緩衝地域」や「移行地域」を置いて、自然と人間との共存を計る方策を提案した。日本では屋久島、志賀高原、白山、大台ヶ原・大峰山の四か所がＭＡＢの「生物圏保存地域」として指定されたのだ。

このような流れのなかで、昭和五八〜五九年にかけて環境庁による「花山原生自然環境保全地域総合調査」が実施され、気象、地質、植物、動物など多くの分野の研究者が栗生に基地をおいて、大規模な調査がおこなわれた。[＊2] この調査は花山という原生自然環境保全地域の調査と銘打ってあるが、じつは屋久島全体の総合調査であり、地質や気象データや、全島の植物や鳥類リスト、垂直分布帯の実態などが初めてとり纏められたものである。当時わたし自身は、高山植物の研究とネパールでの調査に重なってしまい、この歴史的な総合調査に参加するチャン

スギの若い球果

ヤクタネゴヨウの雌花と若い球果

スがなかった。

この総合調査こそが、現在の屋久島に関する科学的知見の基礎を産み出したものであり、その後のすべての屋久島研究はこの基礎の上に立脚するものであるといっても過言ではない。今回の森林総合研究所のプロジェクトは、スギとヤクタネゴヨウにテーマは絞られてはいるものの、この花山の総合調査以来の大プロジェクトであるといえる。今回導入されたＤＮＡ解析や年輪年代法などの新しい手法と、長期にわたる地道な森林の追跡調査によって、とくにスギに関しては、花山の総合調査のときに提起された多くの課題に一応の決着をつけたことになる。一例をあげると、縄文杉は一個体ではなく複数個体の合体木であるとした説は、ＤＮＡ解析によっては支持されなかった。他の結果については、本書で詳細に述べられている。

花山の総合調査の資料の大半は、島外の大学や研究機関に持ち去られたため、地元の人々が簡単に利用したり閲覧したりできるわけではなかった。なによりも屋久島に標本や資料を保管できる公的な施設がなく、専門の教育を受けた人材も乏しかったため、研究成果をわかりやすいかたちで、地元に還元・保管することができなかったのである。学術調査をおこなう側も、調査の成果を地元で利用できるかたちで残すという予算が計上されることはなく、将来を見すえて島民との緊密な協力のもとに調査を実施するという視点が欠けていたと反省しなければならない。

屋久島オープン・フィールド博物館構想

このような時代にあって、わたしたち地元密着型の研究者はいやがおうにも、自然の保全と人々の生活の両立について深く考えざるを得なかった。「保護か開発か」という対立の時代か

ガジュマル

ら「自然も生活も」という対話の時代を目指すという考え方は、当時屋久島に関わっていた多くの研究者が共有する想いであったと思う。

昭和五九年、日本モンキーセンターが発行している「モンキー」紙上に、大竹勝・三戸幸久両氏によって「明日の屋久島への提言—屋久島オープン・フィールド博物館を考える」という一文が掲載された。[*3] 大竹氏はこれまで愛知県で自然観察指導や博物館活動に関わってきた研究者で、花山の総合調査に参加している。三戸氏も東北、関東、東海地方のニホンザルの分布調査に参加したり、サルの民俗を調べるなど広範に博物館活動を行っている研究者である。その内容は、世界的に貴重な自然とそれに関わってきた人間の歴史を博物館の土台とした、オープン・フィールド博物館の提唱である。

この屋久島オープン・フィールド博物館は、島に住む人々の存在基盤である屋久島の自然を保護しつつ正しく活用するために、持続的な調査研究を通じてまだ誰も気がついていない価値を掘り起こし、その価値をひとりでも多くの人々に理解してもらう活動をおこなうというものである。すなわち屋久島の豊かな自然と人々の営みそのものを博物館の中味としながら、それを研究・保全・普及などの活動を通じて、社会的に利用しようという提案である。この提案では、具体的な活動の場となる屋久島オープン・フィールド博物館として、中核施設となる国立公園の管理センターとビジターセンター、自然史博物館、国際研究共同利用施設、海浜・海洋総合センター、歴史民俗資料館、森林博物館、野外教育センター、照葉樹林文化村などの設立、あるいは、各施設のネットワークの確立などが提唱されている。

屋久島オープン・フィールド博物館構想をいかにして現実化していくか、という課題を担って結成されたのが「あこんき塾」である。構想の主体であった日本モンキーセンターが、「屋

＊3：大竹勝・三戸幸久（一九八四）。

アコウ

久島における人と自然の共生をめざした博物館的手法による地域文化振興に関する実践的研究」という題目で、日本生命財団の助成を受けることになった。これは島外の研究者が主体だったこれまでの学術調査とは異なり、町の社会教育課の職員、小学校の先生、郷土史家や自然に関心のある主婦など地元のひとたちと共同して研究を企画し、島外からも研究者だけではなく、教材をつくる上で不可欠だと考えられる絵本画家らも参加した。これらのメンバーをアドバイザーとして、地元青年たちによる「あこんき塾」という組織が設立され、実際の活動の中心となった。

あこんきとは、島のことばでアコウを指している。この亜熱帯性のイチジクの仲間は、大きく樹冠を広げる巨木になるが、建材にも炭にもならず、そのためバカンキと呼ばれたこともあった。しかし、大地にしっかり根をおろして大空に枝を広げるアコウは、雨の多い屋久島の地盤を支え、台風から村を守る大切な役を果たしてくれる。このことが改めて意識されたのは、皮肉なことに島のあちこちでアコウの大木が無用の長物としてどんどん伐られていったあとで、台風の被害がこれまで以上にひどくなったことを思い知らされたからである。先人は古くからの智恵としてアコウやガジュマルを、村の周りに植えてきたのだった。

このアコウの逸話は、一見役に立たないと思われたものでもどこかで立派な役割を果たしていることと、自然や風土との長い関わりのなかから得られた先人の智恵をおろそかにしてはならないことを教えてくれる。これこそオープン・フィールド博物館がめざす目標そのものであり、これまで見過ごされてきた屋久島の自然をさまざまな角度からもう一度見つめ直し、あすの屋久島を築くための礎にしよう、という志にふさわしいということで、活動の名前に拝借したわけである。ふと気がついた時には、わたしもその頃に移住してきた妻とともに「地元の青

自然観察会で。ヤクタネゴヨウの大木の根元で記念撮影。五本の指を広げるのは、五葉松であるヤクタネゴヨウにちなむ（撮影／手塚賢至）

年」として、この活動に自分の研究と同じくらいか、ときにはそれ以上の時間と労力を費やすことになっていた。

週に一度あるいはもっと頻繁に、あこんき塾の集まりが開かれた。メンバーは町の職員、自営商店の跡継ぎ、家事手伝い、移動図書館の司書、環境庁の管理事務所のレンジャーなど個性的な人たちだった。夕食後に集まって、具体的な活動の計画を話し合うなかで、みんなの屋久島にかける思いや人生論などに話が及んで、集まりが終わるのはたいてい零時をまわってからだった。観察会の下見といっては山や海にいき、打ち上げといっては焼酎を酌み交わし、正月や十五夜の綱引きなどの行事には必ず参加するようにして、みんなでよく遊びながらも、屋久島の自然と人々の生活を自分たちの目で確かめていった。

島民に見えるあこんき塾の活動は、定期的に自然観察会と講演会を開催することだった。最初に行われたのは、秋の「サシバの渡り観察会」で、屋久島の各所に参加者を配置して南下するサシバの数を数えた。日本野鳥の会とＮＨＫの協力を得て、全国ネットでも情報を流し、渡り鳥の世界で屋久島がどのように位置づけられるかを学んだ。別の機会には、屋久島各地で農作物の被害をもたらしているヤクシマザルについて、観察会と討論会を催して、サルの生態を学ぶとともに、農業に従事する人々と猿害対策について話し合いをもった。これらの活動では、他の生物にこの屋久島がどう見えているのか、ということが新しい視点として提案されたことになる。人間以外の生物にとっての自然の価値を掘り起こし、それを再検討することは、この自然観察会での大きな目的のひとつであった。

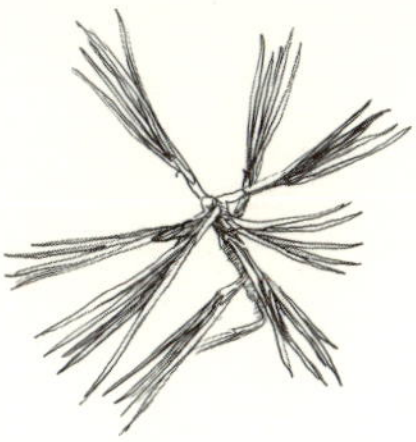

ヤクタネゴヨウ

自然観察会は月一回催され、島の内外から田川日出夫先生をはじめとした専門家を招いて解説してもらったり、講演会を開いたりした。メンバーに国立公園管理事務所の職員が加わっていたこともあって、国立公園内に新たに植物の名前札を取りつけるなどの活動もおこなった。また、日本自然保護協会に要請して、自然観察指導員研修会を屋久島で開催した。この研修会によって、地元の人々が自然観察指導員となり、自然観察会を地元の手で指導していく可能性が広げられた。

しかし、いまから反省してみると、この活動は時期尚早であったという気がする。屋久島の自然は、島のひとたちにとってはあまりにも当たり前すぎるもので、改めて他人から学ぶ価値のあるものとは認識されていなかった。自然観察会に参加する人たちはある時点で固定してしまい、しかも島外から移ってきたひとで占められていた。まだ瀬切川地域の伐採か保護かといった議論の記憶は生々しく、新手の自然保護運動であると敬遠したひとは、役場や学校の先生にも多かった。猿害は深刻で、解決の糸口すら見つけられなかった。その上、自然観察が産業になるとは、この時点では誰も予想していなかった。ただ、あこんき塾活動を通して触れあった、やさしく、しかし真摯な人々との思い出は、いまでも珠玉のように心に残っている。

残念ながら、あこんき塾としての活動は、メンバーの転出や異動などのため二年足らずで中断せざるを得なくなった。開催した自然観察会をもとに手作りの自然観察ガイドを作成する計画だったが、『ヤクシマザルを追って：西部林道観察ガイド』[*4]を発行するのみにとどまった。ただ、あとで湯本個人の名で出版した『屋久島―巨木の森と水の島の生態学』[*5]という自然観察ガイドブックは、このあこんき塾活動を基礎にしている。

ただ、この間に話し合われた将来計画や企画案は膨大なもので、以降のさまざまな博物館的

＊4：山極寿一・伏原納知子（一九九四）。

＊5：湯本貴和（一九九五）。

スライド講演会の様子。若手の研究者が、各地域の公民館等をまわって、自分達が行っている研究をわかりやすく紹介する（撮影／金谷整一）

活動を産み出すきっかけになったと思われる。博物館的活動の対象として挙げられた主なものだけでも、微気象の観測、地質調査、照葉樹林の分布や生態、磯の観察や魚の生態、野草の利用法、樹木の伝統的利用、昔ながらの遊びの発掘など多岐にわたり、変化に富む屋久島の生活環境と、自然と人との接点に対する人々の関心の高さがうかがわれた。あこんき塾の会合でも、自然観察会を定期的に開くためのネイチャー・トレイルの設定や各集落で身近な自然を解説するための案内版の設置、さまざまな情報を提供できるセンターの設立など、多くの要望や意見が出された。「屋久島全部がフィールド博物館で、その入り口（フィールド博物館の看板）はいくつもあって、どこからでもいける」という屋久島オープン・フィールド博物館のスタイルがここで固まったといえる。またこの際に「インターナショナル・パーク構想」が出され、国立公園の国際化へ向けて熱のこもった討論が交された。これらの意見や構想は、その後に実現した「屋久島文化村構想」や「世界自然遺産」の指定に結実したとするのは自賛が過ぎるであろうか。

「あこんき塾」からさまざまな市民活動へ

あこんき塾によって、島外の研究者と地元の人々が協力して博物館的活動に取り組んだことは、屋久島オープン・フィールド博物館構想の一里塚として位置づけることができる。一九八〇年代後半から地元で展開されるようになった博物館的活動には、あこんき塾の精神や構想が受け継がれていると思われるからである。昭和六一〜六三年にはトヨタ財団の助成を受けた「お

＊6：おいわあねっか屋久島（一九八八）。

ハドノキ

いわあねっか屋久島」という活動が実施された。これは地元有志に、わたしや妻といった元あこんき塾のメンバーを加え、植物の宝庫といわれる屋久島において人は植物とどうつきあってきたかを調査する活動であった。その主眼は、今はもう失われようとしている自然との関わり方を島内の古老やその知恵を受け継いでいる人々から聞き取ることである。屋久島で大きく生活様式が変化した昭和三〇年代を境にして、その前と後での衣、食、住、道具、燃料、飼料・肥料、薬、遊び、換金、心の一〇項目について利用法の変遷を調べ、該当する植物の乾燥標本を作成するなどした。残念なことに、この成果も一般のひとが入手できる資料としては存在していない。[＊6]

一九九〇年代になってからは、西部域でヤクシマザルや植物の調査をしている若手の研究者が中心となって「屋久島研究自然教育グループ」が結成され、中高生、学校の教職員、一般の人々を対象に、自分たちのおこなっている研究をわかりやすく紹介する活動が始められた。日本自然保護協会の助成を受けて野外観察会を開き、動植物の観察を通して調査の実態を解説したり、屋久島高校で課外授業の一環としてスライド資料を用いた講演会を開催したりする活動を続けてきた。この活動は地元行政や農家にも歓迎され、講演の依頼や協力の申し出が相次ぎ、地元からの需要が高いことがわかる。

こうした動きと平行して、平成四（一九九二）年に鹿児島県は人と自然の共生をうたった「屋久島環境文化村構想」を発表した。また、平成五（一九九三）年には屋久島の自然が、ユネスコの世界自然遺産に指定された。とくに西部域は、海岸線から奥岳の頂上部まで遺産地域に含まれ、動植物の垂直分布を重視した屋久島全体の生態系としての価値が国際的に認められたといってよい。

「屋久島まるごと保全協会」の会合（撮影／手塚賢至）

この世界遺産登録の前後に西部林道拡幅問題が持ち上がった。もともと屋久島の一周道路は営林署が林道として敷設し、それが県道に格上げされたものである。一九八〇年代にはおおむね改修が進んだが、永田から栗生にかけての無人地域は改修されないままだった。そこを県道基準に合った二車線の道路に拡幅しようと県が計画したのである。この地域は照葉樹林帯からの垂直分布が残る重要な場所であり、地形がきわめて急峻なために道路拡幅が高さ一〇〇メートルを超える大きな崖を出現させてしまうことになる。そこで日本生態学会や日本霊長類学会が拡幅反対の申し入れをし、たいへんな議論を巻き起こしながらも平成五年に拡幅は中止となった。このことは保全の面からはまことに喜ばしいニュースであるが、中止に追い込んだわたしたち研究者が、西部林道を拡幅しなかったという利点でいかに活用するかという課題を逆につきつけられたことになった。

　このときに本書にも登場する手塚賢至氏をはじめとする地元有志が「西部林道を歩く会」を始めた。屋久島住民もじつは西部林道を十分に知らないのではないか、知らないならば一緒に歩いてみようじゃないかという呼びかけであった。この活動はＷＷＦＪの助成を受けて平成七～八年の「足で歩く博物館を創る会」（代表：手塚賢至）に発展する。この略称・足博は、西部林道に焦点を絞って、毎月一回定例で自然観察会を行うものであった。じつは手塚氏は「あこんき塾」の熱心な参加者であり、「おいわあねっか屋久島」のメンバーとしても活躍していた。屋久島オープン・フィールド博物館構想の一端を実現するべく、足博という活動を始めたと手塚氏は語っている。ここでの経験と金

ネズミモチ

谷整一氏との出会いが、平成一一（一九九九）年に始まる「ヤクタネゴヨウ（通称やったね）調査隊」に結実することになるが、その詳細は手塚氏本人の執筆する別章に譲ることにする。

さらに、平成一八（二〇〇六）年には「屋久島まるごと保全協会（Yakushima Overall Conservation Association）」（会長：荒田洋一）が発足した。この会は、矢原徹一氏（九州大学）がヤクシカ食害による屋久島希少植物の危機に関して、植物（シダ植物、コケ植物を含む）とシカのモニタリングを全島的に実施するというプロジェクトを発端にして結成された。地域住民こそがきっちり意識をもって自分たちの島の現状を把握し、問題解決に当たらないといけないという決意のもとに集まった地元有志の集いであり、研究者はもはや実質的な担い手ではなく「顧問」という扱いである。生態系管理や自然再生などでお題目のように「住民の合意形成が必要」といわれながらも、なかなか住民が主体的に関われる場をつくることが多くのケースで困難である。ここでは生態系や生物多様性のモニタリングを研究者のサポートを受けて地域住民が主体的に行うという、「やったね調査隊」からさらに発展した形での研究者と地元住民のコラボレーションが実現しつつある。

エコ・ツーリズムと市民活動

ユネスコ世界遺産委員会では、エコ・ツーリズムという新しい産業を奨励して自然遺産の価値を普及するとともに、遺産地域に現金収入をもたらして雇用を生みだし、地元の人々にも遺産を保護する重要性を理解してもらうように努めるべきである、としている。エコ・ツーリズムは、「比較的撹乱されていない自然地域をベースとした観光の一部で、その場所を劣化することなく、生態学的に持続可能なもの」と定義され、その考え方を具体化した旅行をエコ・ツ

カンコノキ

アーとよぶ。地元への経済効果を重視し、遺産の保護と利用の融和を計りながら、教育的な価値に基づく新しい観光スタイルの創出をめざしている。現在、遺産地域以外でもエコ・ツーリズムは大きなブームになっており、世界各地で地域の自然を保護しつつ利用しようとする動きが盛んである。ただ、利益重視の方向に偏ると、生態系への負荷の小さい持続可能な活動というエコ・ツーリズムの精神に反する似非エコ・ツアーの横行を招き、遺産自体の存続を危うくする結果となることも指摘されてきた。

屋久島ではすでに一二〇名以上がエコ・ツアーのガイドとして生計を立てていると推定される。近年はガイドを目指して屋久島に定住する若者も増えていて、西表島のある竹富町とともに南西諸島では例外的に、屋久島では人口減が止まり、増加に転じている。自然観察会のようなものを含む活動が、立派に産業として成立しているのだ。エコ・ツアーガイドとしての研修と親睦を深めるための「屋久島ガイド連絡協議会」は平成一一年に発足し、平成一八年六月現在で会員数五三名を数える。

従来、ひとり、あるいは少数の気心の知れたグループで、自発的に自然を探索する人々が多かった日本では、自然対象のガイドツアーは定着しないだろうと考えられていたこともあった。しかし、高齢者の自然探索が盛んになり、しかも、海外でのガイドツアーを体験した人々が次第に増えて、ガイドツアーの楽しさやおもしろさがだんだん知れ渡ってきた。今後も白神山地や知床、西表島などでガイドツアーが盛んになることで、ますます発展していくことが期待されている。

自然遺産での観光では、ツアーの安全確保やエコ・ツーリズム精神の徹底、観光客の体験学習に必要な自然知識の普及に努めることで、ガイドの果たす役割は大きい。それとともに、持

ギョボク

続可能な活動がおこなわれているかどうかを逐次モニタリングするシステムの導入が、早急に必要である。エコ・ツアーやその他の活動をおこなうことで損なわれる自然と、人間活動に影響なく変わっていく自然の変動を科学的な手法でモニタリングすることによって、将来を予測して問題が顕在化する前に適切な予防策を講じなければならない。このための予算を国、あるいは自治体が負担するのか、観光税のような財源を考えるのかという経済上の問題や、誰が企画して誰がおこなうのかといった運営上の問題など、課題は多い。

ただ環境省が外部のコンサルタント会社に委託するといった方法ではなく、屋久島の人たちを巻き込んだかたちで、科学的なモニタリングが実行されることが望ましい。たとえば、研究者やツアーガイドを含む「屋久島まるごと保全協会（ＹＯＣＡ）」のようなＮＰＯを立ち上げて、モニタリング方法の検討や結果の解釈の科学的な厳密さを保ちながらも、一方では屋久島の小中学校や高校の環境教育の一環として、微気象や身の回りの自然に関する「観測員」を募集して、定期的な観測をおこなうという案はどうだろうか。

二一世紀は環境の時代といわれる。そのなかで屋久島は日本における環境問題の聖地のひとつとしてのイメージを享受するだけではなく、それに見合った役割を果たすことが期待されている。住民やこれまで関わってきた研究者に課せられた責任は、限りなく重い。本書のヤクタネゴヨウ保全の取り組みは、研究者と地元住民のコラボレーションの先駆的な例として、その重要性はいくら強調してもしすぎることはないだろう。

ヤマモガシ

第二一章　ヤクタネゴヨウの保全活動

―民・官・学協働のとりくみ―

手塚　賢至

はじめに

ヤクタネゴヨウ（屋久種子五葉）は、文字通り屋久島と種子島にのみ自生する五葉松です。現在、ヤクタネゴヨウの生残本数は、屋久島で一〇〇〇～二〇〇〇本、種子島で三〇〇本程度と推定されています。自生地そのものが急峻な尾根筋や岩塊上の「がけっぷち」にありますが、その種の存続自体すでに「がけっぷち」に立たされているわけです。

屋久島・ヤクタネゴヨウ調査隊は、屋久島の森林生態系における重要な一員であるこの固有種を、後世まで引き継ぎたい想いを込めて平成一一（一九九九）年に活動を開始しました。平成一四（二〇〇二）年には、種子島でも「ヤクタネゴヨウ保全の会」が発足しました。今では、両島で環境NGOのボランティア活動として、この種の保全に取り組んでいます。もちろん、この一般になじみの薄いマツの保全活動が、いきなり始まったわけではありません。

ヤクタネゴヨウとの出会い

平成五（一九九三）～八（一九九六）年にかけて、屋久島西部地域一帯をフィールドとした「西部林道を歩く会」や「足で歩く博物館を創る会（略して足博）」といった自然観察会を運営したのが、私にとってのヤクタネゴヨウや西部地域とのかかわりの基点となりました。折しも、西部林道拡幅工事計画が進行し、この事態を見据えた活動でした。

「足博」は、屋久島で調査研究に携わる研究者達と合同で企画し、ＷＷＦＪ（世界自然保護基金日本委員会）の助成を受けての活動でした。二年にわたり毎月一回、さまざまな分野の専門家を講師として招き、一般市民向けの自然観察会を行いました。一般市民が研究者と一緒に西部林道を歩き、自然のすばらしさを体験・体感し、この地域の持つ貴重性を学んでもらおうという主旨で活動を展開しました。

この活動では、西部林道の拡幅工事を行わず、自然の姿のままに止め、屋久島全体を「オープンフィールドミュージアム（野外博物館）」とする構想を持っていました。この地域の狭い林道を残すことが、屋久島独自の自然と時間の価値を高め、かつ屋久島のエコツーリズムの拠点となる可能性を提示するものでした。

その後、拡幅工事計画は白紙に戻されるのですが、こうした具体的な活動を通して私自身が西部地域の生態系により強く惹かれ、愛着を深める中でヤクタネゴヨウの存在にも気づかされていきました。特に、山中でヤクタネゴヨウの大木群に出会ったときの驚きは忘れられません。ましてや、出会った一本の樹が、目前で時間をかけてゆっくりと痛々しく枯れていく姿に対峙したことが、私がヤクタネゴヨウの保全活動に取り組む動機となりました。

屋久島、世界遺産の森に分け入る

こうした私自身の前史を経て醸成された時と、一人のヤクタネゴヨウ研究者（当時、九州大学大学院生であった金谷整一さん）との出会いが発火点となって調査隊は発足しました。これまでに、山中に分け入ること足掛け八年になる活動が継続されています。

左ページ：西部林道の国割岳周辺の照葉樹林。海岸から山頂までの樹木の垂直分布が概観できる。

平成五（一九九三）年、屋久島は白神山地とともに、日本で最初の世界自然遺産に登録されました。その価値は、島の代名詞のような「屋久杉」だけではありません。今では、西部地域にのみ残る海岸から山頂部まで途切れなく続く、いわゆる植物の垂直分布の重要性に示されます。

屋久島におけるヤクタネゴヨウの自生地は、西部林道沿い、南部平内地区の破沙岳周辺、南東部高平地区の高平岳の三地域が知られています。そのうち最大の自生地は、世界遺産登録地域の西部地域で、環境省では国立公園特別保護地域、林野庁では森林生態系保護地域に指定されており、屋久島の自然生態系の最深部です。

私達の調査は、海から国割岳（一三二三メートル）が一望され、ダイナミックな景観が広がる緑深い森にヤクタネゴヨウの白骨樹が痛々しい、ここ西部の自生地からスタートしました。

ひたすら足でかせぐ個体調査

絶滅危惧種を保全するためには、その種の現状が正確に把握されていなければなりません。現存するヤクタネゴヨウに関する基礎データの収集と記録は、後々のモニタリング調査や自生地保全事業に資するためにも、非常に重要な作業です。

ところが、私達は「調査隊」と名乗るものの、所詮素人の集まりです。調査の方法は、この種の研究者より指導を受け開始しました。

　私達の調査は、一本一本の個体に番号（ナンバーテープ）を付け、所在（分布位置）とその素性（直径・樹高）を確かめることです。人に例えれば、戸籍調べのようなものかもしれません。

　しかし、一口に調査といっても、ヤクタネゴヨウが分布する地域は、むろん登山道とてない、傾斜が三〇度以上もある急峻な尾根筋です。山中では、目視と地図を頼りに隈なく尾根をよじ登り、谷を渡り、またひたすら森を経巡りヤクタネゴヨウを捜しだします。ようやく個体にたどり着くと、GPSとコンパス測量を併用しながら、分布位置を記録していくという地道でハードな作業となります。

　こうして毎月一回の定例調査を続け、これまでに一二〇〇本程の個体を

右ページ下：メジャーを使ってヤクタネゴヨウの胸高直径を測定する。「がけっぷち」に立つ大径個体で、メジャーをたるませないように水平に幹に回すのは至難の業。
左ページ上：コンパスを使って分布位置を記録していく。
左ページ下：調査によってできた西部林道沿いのヤクタネゴヨウの分布図（平成一八年三月までの調査結果による）。

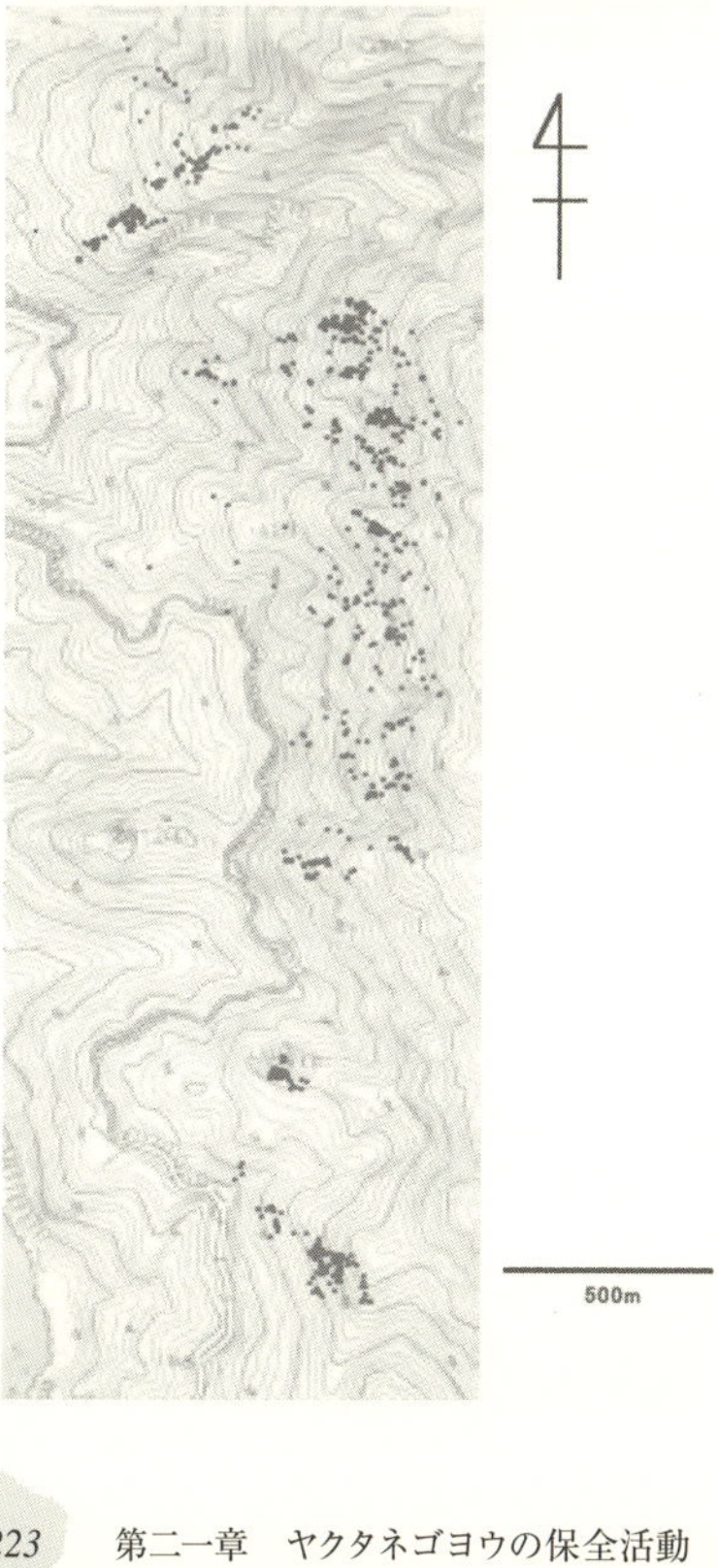

確認し、位置図を作成しました。これは、ボランティア参加者延べ七〇〇名による足跡と汗の結晶の賜物です。

「民・官・学」のパートナーシップ

私達の活動は、より絶滅の危機度の高い種子島まで視野に入れ、当初より活動の基本理念として「民・官・学」の協働を常に提唱し実践してきました。三者がそれぞれの立場で役割と責任を果たしてこそ、この種の保全は後世まで引き継がれると考えています。これまでに分布調査と同時進行して独自にさまざまな活動を展開し、行政や研究機関との連携も重ねてきました。

それらを振り返るとき、三者の信頼関係によるパートナーシップの大切さが強く理解されます。

まず、調査隊発足自体が専門的な知見と保全への指針をもつ研究者との出会いが発端となりました。私達が持ち合わせているのは、せいぜい想いの強さと地元住民としてのアクティビティの高さです。調査方法を実地に教わり、調査データは研究者により解析され、科学的に信頼性の高い情報として蓄積されていきます。

調査隊独自の実績の拡大とともに、森林総合研究所の行う現地調査への参加とサポート体制も整え、カウンターパートとしての役割を担い、たがいに情報を共有しています。森林総合研究所と培ってきた深い連携の中で、さまざまな分野の研究者とも交流し、多くのことを学ぶことができました。つま

右ページ下：平成一八年一〇月に鹿児島市で開催されたヤクタネゴヨウシンポジウムで。筆者が開会挨拶をしているところ。

左ページ上：採種林・見本林でモニタリング調査の方法の説明を受ける調査隊メンバー。平成一八年一一月、屋久島にて。

りさまざまな分野の研究成果を集積し、総合的な見地から屋久島の森林生態系保全を考えていくことの重要性です。この点は、今後の調査隊の活動がステップアップしていく課題のひとつだと考えています。

このようにして、貴重種や、それを育む地域の森林生態系の保全といったテーマで、シンポジウムや自生地観察会の企画・開催に取り組んでいます。一般市民を対象とした「ヤクタネゴヨウと熊毛の自然」（熊毛は屋久島と種子島を含む地域名称）をはじめとして、ヤクタネゴヨウや地域の森林生態系保全への関心を高める啓発活動にも力を注いでいます。

もちろん、研究機関との関係だけでは保全事業は実を結びません。国有林を管理する林野庁や、県有林を所有する鹿児島県との連携は特に重要です。平成一二（二〇〇〇）年より開始された九州森林管理局（林木育種協会受託事業）の「ヤクタネゴヨウ増殖・復元緊急対策事業」へは、筆者も検討委員のひとりとして、この事業計画の効率的かつ円滑な実現へ向けて議論に加わりました。

この事業の成果として、両島につぎ木苗を用いた採種林・見本林が造成されました。次代への有用遺伝資源としての期待を背負い成長しています。この事業には調査隊や保全の会としても、現地でのつぎ穂採取にあたり分布情報の提供や作業補助等の協力をしました。事業が終了した後、屋久島森林管理署や屋久島森林環境保全センターが行う採種林・見本林の維持管理にも、全面的に協力しています。

種子島におけるヤクタネゴヨウの現状

平成一五(二〇〇三)年九月、種子島での自生地調査で、これまでの定説を覆す、一地域に一四〇本の群生地が発見されました。これは、大きなニュースとなり、すぐに地元より管理者である九州森林管理局に対して保護林設定の要望書が提出されました。その結果、平成一八(二〇〇六)年四月に、めでたく保護林に設定されました。

しかし近年、種子島ではマツ材線虫病(いわゆる松くい虫)被害が蔓延しています。この群生地も発見の喜びもつかの間、マツ材線虫病に犯され、手をこまねいていると壊滅の可能性もある緊急事態となりました。

ここからが保全活動の本番です。私達は研究者とともに森林管理署に呼びかけ、このマツの伝染病の拡大を防ぐ為に、病原となる枯死木を現地からすべて運び出す作業を、平成一五(二〇〇三)年度より協働で行っています。これ以外の地域では、鹿児島県や地元自治体とともに、枯死木の搬出だけではなく、マツ材線虫病の被害が拡大しないように、生存木に対して薬剤注入も行っています。この薬剤注入は、地元の薬剤会社や樹木医の協力で実行されています。

行政機関や研究機関、そしてNGOが連携し協力しあい迅速に行動を起し事態に対処する体制を築き、被害の拡大を確実にくい止めてきています。つまるところ、この種の保全の要とな

左ページ上：一五年九月、種子島で確認された新規群落の調査。胸高直径は一二〇センチメートルで、種子島に現存するヤクタネゴヨウの中で最大径の個体だった。
左ページ中・下：マツ材線虫病で枯死したヤクタネゴヨウを搬出する。自生地で枯死した木を切り倒し、幹は三〇～四〇センチメートルの長さに切り分け、背負子で運び出す。自生地には自動車が入れないので、人力が頼り。軽トラックが通行できる林道まで、何度も往復した。小枝も、病気を媒介するマツノマダラカミキリの幼虫が潜んでいる可能性があるので、袋に詰めて運び出した。

るのは人の力、意思と汗、そして目ということになります。活動を通して培われた多くの人の意識と眼差しが、ヤクタネゴヨウを絶滅から救う「カギ」といえましょう。

しかし、さらに確実で戦略的な対策が必要です。種子島のヤクタネゴヨウは国有林、県有林、民有林と各地に散在していますが、マツ材線虫病を媒介するマツノマダラカミキリには人間社会の境界線は通用しません。所轄の管理地域がどこであろうと、マツがあればマツノマダラカミキリは飛び回り、マツを枯らすのは明らかです。そこで調査隊では、平成一七（二〇〇五）

年八月に屋久島森林管理署（種子島も所轄）と共催で国、県、市、町の関係機関と専門の研究者、市民が一同に集い、情報の共有と共通の認識を持ち被害に対処するために「松くい虫被害対策専門家会議」を開催しました。これを基に民・官・学からなる「ヤクタネゴヨウ保全対策連絡協議会」が設立され、両島でのヤクタネゴヨウ保全への道が、さらに一歩前進しました。

ヤクタネゴヨウが拓く未来

ヤクタネゴヨウは絶滅危惧種という「種」としての貴重性とともに、古来より人の暮らしと密着して利用されてきた歴史を持つ「文化」的にも貴重な種です。特に種子島では丸木舟の最適材として、大正期には四五五隻、昭和二〇年代にも二四四隻が利用されていました。戦後は、丸木舟はもちろん、建築材としても活用されていたことが知られています。

日本の丸木舟の歴史はおそらく縄文時代まで遡れます。丸木舟は、その製造技術とともに、自然に根ざした儀式や習俗にみられる古層文化を知る手がかりとして、自然と人との関わりを物語る貴重な遺産です。歴史上、この地域独自に育まれた文化財としての価値もヤクタネゴヨウの保全を考えるうえで忘れてはならないのです。

今ではヤクタネゴヨウは、絶滅の危機にあり忘れ去られようとしていますが、この有用材としての特性を活かすことが不可欠です。現在、育苗されている採種林の利用を推進し、未来への展望を持ち大切に育てていけば地域の特産材としての価値も見出せます。森林生態系の重要な、そして貴重な種として、現存している自生地での保護と共に、人の暮らしへの活用を目指すことで、ヤクタネゴヨウの未来は拓かれていくことでしょう。

ともあれ、私達はヤクタネゴヨウの保全活動が地域全体の森林生態系の保全につながり、未来においても、豊かな自然環境と人々が共存していける暮らしの基盤となることを願っています。

右ページ上：平成一七年八月、西之表市で開催された「松くい虫被害対策専門家会議」の様子。多くの関係機関の担当者が集い、有意義な議論が行われた。

左ページ下：枯死したヤクタネゴヨウの搬出作業は、毎年多くの参加者によって行われている。平成一八年三月の作業に参加した全員の集合写真。西之表市鴻之峰小学校にて。

おわりに

本書を最後まで読み進んで来られて、どのような感想をお持ちでしょうか。調査してわかったことにも増して、どのような調査をやってどういうことがわかるかといった関係、共通の対象についていろんな専門家が異なる角度から研究して得られることの興味深さ、基礎研究と具体的な保全策との遠さあるいは近さ、などいろいろあると思います。

よく知られたヤクスギの切株、ウィルソン株の内側から空を見上げる（撮影／谷尚樹）

本書の中心となっている調査研究は、平成一三（二〇〇一）年度から平成一七（二〇〇五）年度までの五年間、独立行政法人森林総合研究所と九州大学が、環境省の地球環境保全等試験研究費を受けて進めてきた「屋久島森林生態系における固有樹種と遺伝子多様性の保全に関する研究」というプロジェクトでした。

プロジェクトを進めるにあたり、最初にしなければいけなかったことは、調査の許可を得ることでした。屋久島は世界遺産地域に登録されるほど森林生態系が豊かで、他の地域に比べてより多く法律の保護がかけられています。そのような場所で調査をするためには、林野庁、環境省、文化庁、鹿児島県、上屋久町、屋久町などさまざまな役所に、調査の許可を申請しなければなりません。

そうやって調査に入る屋久島の森林の中には、いくつかの章で紹介されたように、過去に設定して記録が残されている試験地がいくつかありました。森林の変化を研究する時、このような歴史のある試験地はかけがえのない宝物です。しかし、昔に比べて屋久島にははるかに多くの人々が訪れるようになり、ネイチャーガイドの案

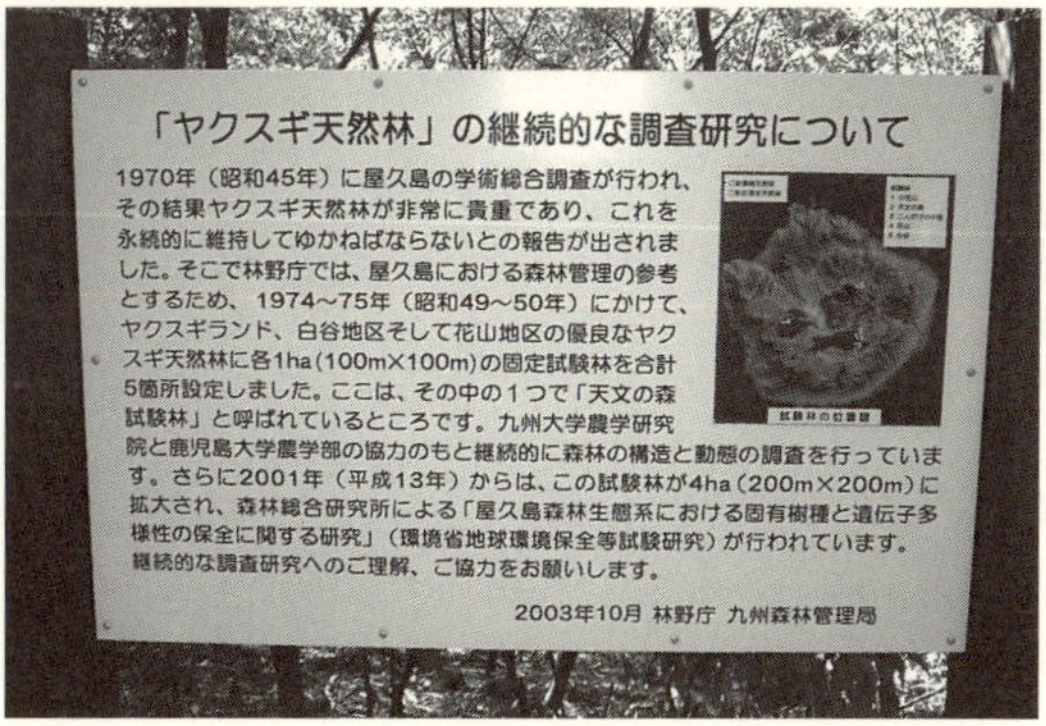

「天文の森」試験地の看板(撮影/高嶋敦史)

内を頼んで各地の登山道に分け入る人も増えてきました。私たちのスギ天然林の調査地の中には、一般の登山道と接しているところがあり、試験地の位置の基準となる杭が一〇メートルおきに地面に見えたり、一本一本の木の幹に付けたラベルがちらちら見えたりします。

「原生の森を期待してここを通る登山者の人が見たら、『これは何だろう?』と思うよね。いっそのこと広く知らせて理解してもらったほうがいいかも」。そう考えて、地元で発行されている季刊誌「生命の島」に、スギ天然林の調査地の紹介文を載せてもらいました(本書の第五章が相当)。同時に林野庁屋久島森林環境保全センターが、太忠岳登山道沿いの「天文の森」試験地に説明看板を新設してくれました。そのようなことが端緒で、その後の五年間、研究チームのメンバーが調査していること、わかりつつあることなどを同誌に連載して、なるべく広く研究情報を知らせる体制を進めてきました。また、平成一七(二〇〇五)年一〇月には、屋久島環境文化村センターにおいて、研究報告のシンポジウムも開催させていただきました。

プロジェクトの主体は研究者のグループですが、森林の管理を日常的に行う行政機関、自然を愛して保全に尽力する地元の人々との積極的な連携による総合的な力が、このようなフィールドサイエンスの推進と、その成果を利用した保全活動の実践には不可欠であると強く感じています。特にヤクタネゴヨウの枯れの原因の多くがマツ材線虫病であることが証明され、種子島のヤクタネゴヨウにまったなしの枯損が進んだ三年前からは、第一〇、一二、二一章などで紹介したように、まさに「民・官・学の協働作業」が進められてきました。幸いなことに、種子島のヤクタネゴヨウでのマツ材線虫病はその勢いが衰えつつあるようです。

「生命の島」誌。屋久島山水会（上屋久町小瀬田。電話：0997－43－5533）発行

本書では、先述の「生命の島」の連載に加えて、屋久島森林環境保全センターの久保田氏、屋久島自然保護官事務所の廣瀬氏、屋久島・ヤクタネゴヨウ調査隊の手塚氏、屋久島研究の先達である田川氏と湯本氏にも執筆を依頼して、私たちの進めて来た研究や保全活動の一端を紹介してきました。屋久島の歴史の長さと自然の奥行きの深さや複雑さから見れば、明らかになったことはまだまだ微々たるものですが、いっぽうで昔に比べると現在知り得ている情報はかなり増えていると感じます。本書の情報が、屋久島の森林への理解と、今後の保全に役立つことができましたら、編集者としてたいへんありがたく思います。

なお、本書では取り上げる機会がありませんでしたが、森林の保全について最近国内各地で重要になっているのが、シカによる林床植生や造林樹林の食害の問題です。そこでは、シカの保護・管理と森林の保全のバランスという難しい問題があり、屋久島も例外ではありません。[*1] 屋久島ではさらに、従来いなかったタヌキが侵入して最近急激に個体数を増やしているという状況もあり、雑食性のタヌキによる小動物の捕食や種子の採食・移動など、森林に与える影響が懸念されています。

このように、屋久島の森林生態系は、植物だけでなく動物も含むさまざまな要因で変化していくかもしれません。さまざまな分野の専門家をつなぎ、屋久島の地域住民が島の現状を把握して問題解決にあたろうとする、「屋久島まるごと保全協会」のような活動は、研究情報を十分に生かして使うための、今後の重要な方向性だと思います。また、情報を島内外に広く知らせるという点で、「生命の島」のような地元誌の存在も必要不可欠です。

最後になりましたが、本書の作成にあたり、菊地千尋さんはじめ文一総合出版の皆様にはひ

＊1：松田・湯本（二〇〇六）

とかたならぬお世話になりました。菊地さんのご尽力と適切なアドバイスがなければ本書はとても完成できなかったと思います。また、日吉眞夫さん、佐藤未歩さんはじめ屋久島山水会「季刊・生命の島」編集部の皆様にも五年間の連載を支えていただきました。この場をお借りして、お礼申し上げます。

二〇〇七年五月

編　者

執筆者紹介

《編者》

金谷 整一（かねたに せいいち）

昭和四四年、鹿児島県生まれ。鹿児島大学農学部林学科を経て、九州大学大学院農学研究科修了。博士（農学）。現在、独立行政法人森林総合研究所生態遺伝研究室主任研究員。専門は森林生態遺伝学、保全生物学。主な研究フィールドは、屋久島と種子島。

吉丸 博志（よしまる ひろし）

昭和三〇年、福岡県生まれ。九州大学大学院理学研究科修了。理学博士。放射線影響研究所、テキサス大学、杏林大学保健学部助教授、独立行政法人森林総合研究所集団遺伝研究室室長を経て、現在、同所生態遺伝研究室室長。専門は集団遺伝学、森林保全遺伝学。

《執筆者》

秋庭 満輝（あきば みつてる）

昭和四五年、北海道生まれ。北海道大学大学院農学研究科修了。現在、独立行政法人森林総合研究所九州支所森林微生物管理研究グループ主任研究員。専門は森林病理学であるが、材線虫病の研究をきっかけに線虫に魅せられている。

石井 克明（いしい かつあき）

昭和二八年、東京都生まれ。東京大学大学院農学系研究科修了。農学博士。林野庁関東林木育種場、独立行政法人森林総合研究所形質転換研究室室長を経て、現在、同所森林バイオ研究センター第二研究室室長。専門は森林植物工学。著書『Micropropagation of Woody Trees and Fruits』（共編集・Kluwer Academic Publishers）、など。

金指 あや子（かなざし あやこ）

東京都生まれ。東京農工大学農学部林学科卒業。林野庁関東林木育種場、独立行政法人森林総合研究所稀少樹種担当チーム長を経て、現在、同所企画部研究管理科地域林業室長。専門は森林生態遺伝学。著書『主張する森林施業論 二二世紀を展望する森林管理』（分担執筆、日本林業調査会）。

木村 勝彦（きむら かつひこ）

昭和三四年、東京都生まれ。大阪市立大学理学研究科単位取得退学。国立環境研究所特別研究員、JICA長期派遣専門家を経て、現在、福島大学共生システム理工学類准教授。専門は森林生態学、年輪年代学。最近は、年輪年代学の応用で火山噴火の年代決定や縄文遺跡の考古学などにもかかわっている。

久保田 修（くぼた おさむ）

昭和三七年、鹿児島県生まれ。県立伊佐農林高等学校卒業。昭和五五年、林野庁入庁。熊本営林局の内之浦、加治木、えびの、日田、大口の各営林署、中津、出水、大分西部の森林管理署業務課長、林野庁国有林野部管理課資金第一係長を経て、平成一七年より屋久島森林環境保全センター所長。

小南 陽亮（こみなみ ようすけ）

昭和三六年、和歌山県生まれ。東北大学大学院理学研究科修了。理学博士。独立行政法人森林総合研究所九州支所を経て、現在、静岡大学教育学部教授。専門は植物生態学。著書『動物と植物の利用しあう関係』（共著、平凡社）、『種子散布　助けあいの進化論1　鳥が運ぶ種子』（共著、築地書館）など。

齊藤 哲（さいとう さとし）

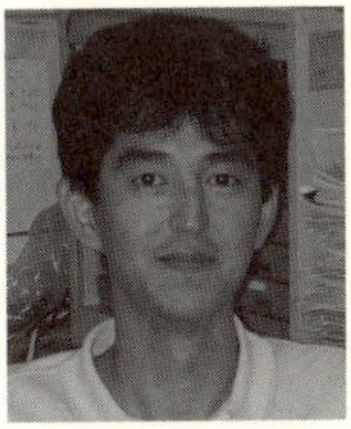

昭和四〇年、新潟県生まれ。北海道大学農学部林学科卒業。博士（農学）。独立行政法人森林総合研究所九州支所を経て、現在、同所物質生産研究室主任研究員。専門は造林学、森林生態学。主な調査対象は照葉樹林。九州支所在籍中、屋久島や焼酎との関係が深まる。

菅谷 貴司（すがや たかし）

昭和四九年、茨城県生まれ。東京農業大学大学院農学研究科林学専攻修了。博士（林学）。現在、ジョイフル山新笠間店勤務。専門はマングローブの生態遺伝学、保全。

高嶋 敦史（たかしま あつし）

昭和五二年、大分県生まれ。九州大学大学院生物資源環境科学府森林資源科学部門修了。現在、琉球大学農学部附属亜熱帯フィールド科学教育研究センター与那フィールド助教。専門は森林計画学。

高橋 友和（たかはし ともかず）

昭和五一年、新潟県生まれ。新潟大学大学院自然科学研究科修了。博士（農学）。平成一八年、林野庁入庁。現在、東北森林管理局津軽森林管理署金木支署勤務。専門は森林遺伝学。

田川 日出夫（たがわ ひでお）

昭和八年、韓国ソウル生まれ。九州大学大学院理学研究科修了。理学博士。鹿児島大学教養部教授、鹿児島県立大学学長を経て、現在、屋久島環境文化財団中核施設館長。著書は『世界の自然遺産　屋久島』（日本放送出版協会）、『世界遺産　屋久島－亜熱帯の自然と生態系－』（共著、朝倉書店）など。

津村 義彦（つむら よしひこ）

昭和三四年、福岡県生まれ。筑波大学大学院農学研究科修了。博士（農学）。現在、独立行政法人森林総合研究所樹木遺伝研究室室長。専門は森林遺伝学。著書『森の分子生態学』（分担執筆、文一総合出版）、『地球環境ハンドブック』（共著、朝倉書店）、『植物のゲノム研究プロトコール』（共著、秀潤社）。

手塚 賢至（てつか けんし）

昭和二八年、鹿児島県生まれ。画家、ネイチャーガイド。平成一一年度より屋久島・ヤクタネゴヨウ調査隊代表。平成一七年度より屋久島まるごと保全協会（ＹＯＣＡ：Yakushima Overall Conserving Association）幹事、鹿児島県希少動植物保護推進員。著書『世界遺産をシカが喰う　シカと森の生態学』（分担執筆、文一総合出版）。

中島 清（なかしま きよし）

昭和二四年、愛知県生まれ。九州大学大学院農学研究科修了。農学博士。林野庁林業試験場、独立行政法人森林総合研究所生態遺伝研究室室長、国際農林水産業研究センター林業部長、森林総合研究所東北支所支所長を経て、現在、同所研究コーディネーター（生物機能研究担当）。専門は森林生態遺伝学。

永松 大（ながまつ だい）

昭和四四年、山口県生まれ。東北大学大学院理学研究科修了。博士（理学）。独立行政法人森林総合研究所九州支所を経て、現在、鳥取大学地域学部准教授。専門は植物生態学、保全生態学。最近の研究フィールドは、照葉樹林（九州、屋久島）、海浜植生（鳥取砂丘）、半乾燥地植生（中国）など。

中村 克典（なかむら かつのり）

昭和三九年、神奈川県生まれ。広島大学大学院生物圏科学研究科中退。博士（学術）。独立行政法人森林総合研究所九州支所を経て、現在、同所東北支所生物被害研究グループ主任研究員。専門は森林昆虫学、マツ材線虫病関連。著書『樹の中の虫の不思議な生活－穿孔性昆虫研究への招待』（分担執筆、東海大学出版会）など。

新山 馨（にいやま かおる）

昭和三〇年、青森県生まれ。弘前大学理学部生物学科卒業、昭和六〇年、北海道大学大学院環境科学研究科単位所得退学。学術博士。独立行政法人森林総合研究所九州支所暖帯林研究室室長を経て、現在、同所植生管理研究室室長。専門は森林生態学。著書『水辺林の生態学』（共著、東京大学出版会）など。

廣瀬 勇二（ひろせ ゆうじ）

昭和三四年、大分県生まれ。県立日田林工高等学校卒業。昭和五三年、環境庁入庁。瀬戸内海国立公園管理事務所、環境庁自然保護局計画課、各地の自然保護官事務所勤務等を経て、平成一八年度まで屋久島自然保護官事務所首席自然保護官。現在、環境省自然環境局自然ふれあい推進室室長補佐。

細井 佳久（ほそい よしひさ）

昭和三七年、愛知県生まれ。名古屋大学農学部林学科卒業。現在、独立行政法人森林総合研究所樹木分子生物研究室主任研究員。専門は植物細胞工学。著書『組織培養法を用いた優良樹木苗の生産－森林の多様性保全と遺伝資源の保存のために－』（分担執筆、林業科学技術振興所）。

湯本貴和（ゆもと たかかず）

昭和三四年、徳島県生まれ。京都大学大学院理学研究科修了。理学博士。神戸大学理学部講師、京都大学理学部生態学研究センター助教授を経て、現在、総合地球環境学研究所教授。著書『屋久島 巨木の森と水の島の生態学』（講談社）、『熱帯雨林』（岩波書店）など。

吉田 茂二郎（よしだ しげじろう）

昭和二八年、福岡県生まれ。九州大学大学院農学研究科（林業学専攻）修了。農学博士。鹿児島大学農学部助教授を経て、現在、九州専門は森林計測学。著書『森林資源の社会化』（分担執筆、九州大学出版会）、『森林組織計画』（分担執筆、九州大学出版会）。

えて．林木の育種 **215**: 34-42.
山手廣太・冬野劭一（2003）ヤクタネゴヨウの事業的つぎ木増殖．林木の育種 **209**: 20-22.
湯本貴和・松田裕之（2006）世界遺産をシカが喰う　シカと森の生態学．文一総合出版.

第一九章　屋久島自然保護官事務所の業務（廣瀬勇二）

松田千鶴（1994）屋久島山岳地域における自然環境への人為的影響　－登山者の動向・意識の分析を中心に－．1993 年度奈良大学文学部地理学科卒業論文.

第二〇章　屋久島における研究者の役割（湯本貴和）

環境庁自然保護局（1984）屋久島原生自然環境保全地域調査報告書．日本自然保護協会.
おいわねっか屋久島（1988）植物の宝庫とよばれる屋久島で人は植物とどのようにつきあってきたか．トヨタ財団研究コンクール報告書.
大澤雅彦・山極寿一・田川日出夫（2006）世界遺産　屋久島－亜熱帯の自然と生態系－．朝倉書店.
大竹勝・三戸幸久（1984）明日の屋久島への提言－屋久島オープンフィールド博物館を考える．モンキー **197・198・199**（合併号）: 90-93.
山極寿一（2006）サルと歩いた屋久島．山と渓谷社.
山極寿一・伏原納知子（1994）ヤクシマザルを追って：西部林道観察ガイド．あこんき塾.
湯本貴和（1995）屋久島－巨木の森と水の島の生態学．ブルーバックス B-1067．講談社.
湯本貴和・松田裕之（2006）世界遺産をシカが喰う　シカと森の生態学．文一総合出版.

第二一章　絶滅危惧種ヤクタネゴヨウの保全活動－民・官・学協働の取り組み－（手塚賢至）

環境庁（2000）改訂・日本の絶滅のおそれのある野生生物レッドデータブック 8　植物 I（維管束植物）．自然環境研究センター.
金谷整一（2002）絶滅危惧種ヤクタネゴヨウの利用のススメ．かごしまウッディテック・フォーラム **21**: 32-35.
金谷整一・池亀寛治・手塚賢至・寺川眞理・湯本貴和（2004）種子島におけるヤクタネゴヨウの新群生地の発見．保全生態学研究 **9**: 77-82.
金谷整一・中村克典・秋庭満輝・寺川眞理・池亀寛治・長野広美・浦辺菜穂子・浦辺　誠・大山末広・小柳　剛・長野大樹・野口悦士・手塚賢至・手塚田津子・川上哲也・木下大然・斉藤俊浩・吉田明夫・吉村充史・吉村加代子・平山未来・山口恵美・稲本龍生・穴井隆文・坂本法博・古市康廣（2005）種子島木成国有林におけるマツ材線虫病で枯死したヤクタネゴヨウの伐倒駆除．保全生態学研究 **10**: 77-84.
金谷整一・手塚賢至（2004）がけっぷちに立つヤクタネゴヨウ - 屋久島と種子島に固有な五葉松．林業技術 **743**: 38-39.
金谷整一・手塚賢至・池亀寛治（2005）日本の絶滅危惧樹木シリーズ（14）－ヤクタネゴヨウ－．林木の育種 **214**: 27-30.
金谷整一・吉丸博志・中村克典・秋庭満輝・手塚賢至・池亀寛治（2007）屋久島と種子島におけるヤクタネゴヨウの保全の現状について．林木の育種 特別号：33-36.
手塚賢至（2006）絶滅危惧種ヤクタネゴヨウの保全活動－民・官・学協働の取組み－．林木の育種 **220**: 13-15.

おわりに

湯本貴和・松田裕之（2006）世界遺産をシカが喰う　シカと森の生態学．文一総合出版.

佐々木高明（1972）照葉樹林文化の道. 日本放送出版協会.
杉山真二（1999）植物珪酸体分析からみた最終氷期以降の九州南部における照葉樹林発達史. 第四紀研究 **38**: 109-123.

第一六章　メヒルギと黒潮（菅谷貴志・吉丸博志）

青山潤三（2001）世界遺産の森　屋久島　大和と琉球と大陸のはざまで. 平凡社新書 101. 平凡社.
Giang LH, Geada GL, Hong PN, Tuan MS, Lien NTH, Ikeda S, Harada K. (2006) Genetic variation of two mangrove species in *Kandelia* (Rhizophoraceae) in Vietnam and surrounding area revealed by microsatellite markers. *International Journal of Plant Science* **167**: 291-298.
鹿児島県環境生活部環境保護課（1996）屋久島環境文化村ガイド　図説・屋久島.（財）屋久島環境文化財団.
中村武久・中須賀常雄（1998）マングローブ入門　海に生える緑の森. めこん.
Sugaya T, Takeuchi T, Yoshimaru H, Katsuta M. (2002) Development and polymorphism of simple sequence repeat DNA markers for *Kandelia candel* (L.) Druce. *Molecular Ecology Note* **2**: 65-66.
Sugaya T, Takeuchi T, Yoshimaru H, Katsuta M, Fujimoto K, Changtragoon, S. (2003) Development and polymorphism of simple sequence repeat DNA markers for *Bruguiera gymnorrhiza* (L.) Lamk. *Molecular Ecology Note* **3**: 88-90.
Takeuchi T, Sugaya T, Kanazash A, Yoshimaru H, Katsuta M. (2001) Genetic diversity of *Kandelia candel* and *Bruguiera gymnorrhiza* in the Southwest Islands, Japan. *Journal of Forest Research* **6**: 157-162.
武内俊一・菅谷貴志・吉丸博志・勝田　柾（2002）南西諸島におけるメヒルギおよびオヒルギ集団間の遺伝的分化. 東京農業大学農学集報 **47**(3): 203-209.
田川日出夫（1994）世界の自然遺産　屋久島. ＮＨＫブックス 686. 日本放送出版協会.
湯本貴和（1995）屋久島　巨木の森と水の島の生態学. ブルーバックス B-1067. 講談社.

第一七章　屋久島の森林生態系と台風（齊藤　哲）

気象庁（2005）異常気象レポート 2005　近年における世界の異常気象と気候変動. 気象庁.
小南陽亮（2006）鳥と樹木の相利関係からみた森林群集. 種生物学会：正木　隆・田中　浩・柴田銑江（編）森林の生態学　長期大規模研究からみえるもの:203-217, 文一総合出版.
Matsui T, Yagihashi T, Nakaya T, Tanaka N, Taoda H. (2004) Climatic controls on distribution of *Fagus crenata* forests in Japan. *Journal of Vegetation Science*, **15**: 57-66.
松本　淳・岡谷隆基・江口　卓（1996）屋久島における台風の気候学的解析.「屋久島における気候変動と森林系のレスポンス（大沢雅彦編）, 平成七年度科学研究費補助金総合研究Ａ　研究成果報告書」: 55-79.
Saito S. (2002) Effects of a severe typhoon on forst dynamics in a warm-temperate evergreen broad-leaved forest in southwestern Japan. *Journal of Forest Research* **7**: 137-143.
齊藤 哲・小南陽亮　(2004) 西南日本における強風の再現周期の広域的特徴. 日本林学会誌 **86**: 105-111.

第五部　森林生態系の保全にとりくむ

第一八章　屋久島の国有林における森林保全管理について（久保田 修）

熊本営林局・屋久島森林環境保全センター（1996）屋久島の森.（財）林野弘済会熊本支部.
大澤雅彦・山極寿一・田川日出夫 (2006) 世界遺産　屋久島－亜熱帯の自然と生態系－. 朝倉書店.
塩崎　實・石井正氣・西村慶二・冬野劭一（2005）ヤクタネゴヨウ増殖・復元緊急対策事業を終

小南陽亮（1998）鳥による木の実の散布．林業技術 **679**: 15-18.
小南陽亮（1999）綾照葉樹林における落葉広葉樹の構成と更新．日本林学会九州支部研究論文集 **52**: 75-76.
小南陽亮（1999）鳥に食べられて運ばれた種子の空間分布．「種子散布　助けあいの進化論 1 鳥が運ぶ種子（上田恵介編）」: 17-26，築地書館．
小南陽亮・小泉　透・佐藤　保・齊藤　哲・永松　大・矢部恒晶・関　伸一（2001）綾照葉樹林における台風撹乱後の更新稚樹に対するニホンジカの選択性．日本林学会九州支部研究論文集 **54**: 85-88.
小南陽亮・真鍋　徹・田内裕之・佐藤　保・新山　馨（1995）綾照葉樹林における落下種子相．日本林学会九州支部研究論文集 **48**: 111-112.
Kominami Y, Sato T, Takeshita K, Manabe T, Endo A, Noma N. (2003) Classification of bird-dispersed plants by fruiting phenology, fruit size, and growth form in a primary lucidophyllous forest: an analysis, with implications for the conservation of fruit-bird interactions. *Ornithological Science* **2**: 3-23.
小南陽亮・竹下慶子・佐藤　保・新山　馨（1994）暖温帯に分布する木本植物の種子サイズ．日本林学会九州支部研究論文集 **47**: 65-66.
Kominami Y, Tanouchi H, Sato T. (1998) Spatial pattern of bird-dispersed seed rain of *Daphniphyllum macropodum* in an evergreen broad-leaved forest. *Journal of Sustainable Forestry* **6**: 187-201.
森山喜代香（2001）自然と共生した町づくり　宮崎県・綾町．公人の友社．
永松　大・小南陽亮・佐藤　保・齊藤　哲（2001）綾照葉樹林における主要亜高木の 2 種の分布様式の比較．日本林学会九州支部研究論文集 **54**: 91-92.
永松　大・小南陽亮・佐藤　保・齊藤　哲（2002）綾照葉樹林の個体群構造と更新．九州森林研究 **55**: 50-53.
Sato T, Kominami Y, Saito S, Niiyama K, Manabe T, Tanouchi H, Noma N, Yamamoto S. (1999) An introduction to the Aya Research Site, a Long-Term Ecological Research site, in a warm temperate evergreen broad-leaved forest ecosystem in southwestern Japan: Research topics and design. *Bulletin of the Kitakyushu Museum Natural History* **18**: 157-180.
種生物学会（2006）森林の生態学　長期大規模研究からみえるもの．文一総合出版．
湯本貴和・松田裕之（2006）世界遺産をシカが喰う　シカと森の生態学．文一総合出版．

第一五章　屋久島西部の照葉樹林を調べる（新山　馨）

相場慎一郎・明石信廣・甲山隆司（1994）屋久島原生照葉樹林における林木群集の 10 年間の動態．「屋久島原生自然環境保全地域調査報告書（環境庁自然保護局編）」: 41-59，日本自然保護協会．
藤田晋輔（1985）屋久島に生育する照葉樹林材の利用開発．鹿児島大学農学部演習林報告 **13**: 222-236.
服部　保（2006）照葉樹林という用語について．植生情報 **10**: 9-14.
甲山隆司・坂本圭児，・小林達明・渡辺隆一（1984）小楊子川流域の照葉樹原生林における林木群集の構造．「屋久島原生自然環境保全地域調査報告書（環境庁自然保護局編）」: 375-397，日本自然保護協会．
Nanami S, Kawaguchi H, Yamakura T. (1999) Dioecy-induced spatial patterns of two codominant tree species, *Podocarpus nagi* and *Neolitsea aciculate*. *Journal of Ecology* **87**: 678-687.
野間直彦（1994）原生的照葉樹群集の果実のフェノロジー．「屋久島原生自然環境保全地域調査報告書（環境庁自然保護局編）」: 127-137，日本自然保護協会．

環境．日本林学会九州支部研究論文集 **49**: 75-76.

金指あや子・中島　清・河原孝行（1998）ヤクタネゴヨウの遺伝資源保全研究．林木の育種 **188**: 24-28.

Kanetani S, Akiba M, Nakamura K, Gyokusen K, Saito A. (2001) The process of decline of an endangered tree species, *Pinus armandii* Franch. var. *amamiana* (Koidz.) Hatusima, on the southern slope of Mt. Hasa-dake in Yaku-shima Island. *Journal of Forest Research* **6**: 307-310.

金谷整一・玉泉幸一郎・齋藤　明・伊藤　哲（1996）屋久島破沙岳周辺におけるヤクタネゴヨウの球果および種子生産量．日本林学会九州支部研究論文集 **49**: 49-50.

金谷整一・玉泉幸一郎・齋藤　明・吉丸博志（2001）種子島における絶滅危惧種ヤクタネゴヨウの分布．林木の育種 特別号：34-37.

金谷整一・細山田三郎・玉泉幸一郎・齋藤　明（1998）寺山自然教育研究施設におけるヤクタネゴヨウの種子散布．鹿児島大学教育学部研究紀要 自然科学編 **49:** 95-104.

Kanetani S, Kawahara T, Kanazashi A, Yoshimaru H. (2004) Diversity and conservation of genetic resources of an endangered five-needle pine species, *Pinus armandii* Franch. var. *amamiana* (Koidz.) Hatusima. *In*: IUFRO Breeding and Genetic Resources of Five-Needle Pines: Growth, Adaptability and Pest Resistance. USDA Forest Service Proceedings RMRS-P32: 188-191.

金谷整一・中村克典・秋庭満輝・寺川眞理・池亀寛治・長野広美・浦辺菜穂子・浦辺　誠・大山末広・小柳　剛・長野大樹・野口悦士・手塚賢至・手塚田津子・川上哲也・木下大然・斉藤俊浩・吉田明夫・吉村充史・吉村加代子・平山未来・山口恵美・稲本龍生・穴井隆文・坂本法博・古市康廣（2005）種子島木成国有林におけるマツ材線虫病で枯死したヤクタネゴヨウの伐倒駆除．保全生態学研究 **10**: 77-84.

金谷整一・齋藤　明・玉泉幸一郎（1995）種子島におけるヤクタネゴヨウの個体数と鹿児島県本土における由来．日本林学会九州支部研究論文集 **48**: 65-66.

熊本営林局植生調査課（1937）アマミゴエフマツ *Pinus amamiana* Koidz. の分布に就て．研修 **5**: 70-79.

永淵　修（2000）屋久島における大陸起源汚染物質の飛来と樹木衰退の現状．日本生態学会誌 **50**: 303-309.

Nakamura K, Akiba M, Kanetani S. (2001) Pine wilt disease as promising causal agent of the mass mortality of *Pinus armandii* Franch. var. *amamiana* (Koidz.) Hatusima in the field. *Ecological Research* **16**: 795-801.

辻本克己・吉田茂二郎・米盛恒司（1983）ヤクタネゴヨウの分布と天然性林の林分構造について－種子島における学術参考保護林について－．日本林学会九州支部研究論文集 **36**: 45-46.

山口　昇（1950a）タネガシマゴエフマツ（アマミゴエフ）*Pinus amamiana* Koidz. の植物学的考究．暖帯林 **5**(10): 38-41.

山口　昇（1950b）タネガシマゴエフマツ（アマミゴエフ）*Pinus amamiana* Koidz. の植物学的考究．暖帯林 **5**(12): 43-45.

第四部　照葉樹林・マングローブ・台風の部

第一四章　屋久島と九州の照葉樹林（小南陽亮）

千葉県立中央博物館（1997）照葉樹林の生態学．千葉県立中央博物館．

小南陽亮（1997）綾照葉樹林における堅果類の被食 . 日本林学会九州支部研究論文集 **50**: 85-86.

小南陽亮（1997）綾照葉樹林における樹木個体群の変動に鳥類による種子散布が影響する可能性 . 個体群生態学会会報 **54**: 29-33.

千吉良治（1995）ヤクタネゴヨウの種子の充実率と発芽率（Ⅰ）．日本林学会論文集 **106**: 303-304.
Kanazashi A, Kanazashi T, Yokoyama T. (1990) The relationship between proportion of self-pollination and that of selfed filled seeds in consideration of polyembryony and zygotic lethals in *Pinus densiflora*. *Journal of the Japanese Forest Society* **72**: 277-285.
金指あや子・中島　清・河原孝行（1998）ヤクタネゴヨウの遺伝資源保全研究．林木の育種 **188**: 24-28.
金谷整一・池亀寛治・手塚賢至・寺川眞理・湯本貴和（2004）種子島におけるヤクタネゴヨウの新群生地の発見．保全生態学研究 **9**：77-82.
金谷整一・金指あや子・手塚 賢至・菊地 賢・吉丸博志（2006）屋久島における絶滅危惧種ヤクタネゴヨウの種子生産と受粉環境．第 117 回日本林学会大会講演要旨集.
山本千秋・明石孝輝（1994）希少樹種ヤクタネゴヨウの分布と保全について（予報）．105 回日本林学会講演要旨集：750.

第一二章　ヤクタネゴヨウのコピーをつくり危急に備える（細井佳久・石井克明）

細井佳久（2001）ヤクタネゴヨウ，ヒマラヤシロマツの組織，細胞培養．林木の育種 特別号：41-43.
Hosoi Y, Ishii K. (2001) Somatic embryogenesis and plantlet regeneration in *Pinus armandii* var. *amamiana*. Molecular Breeding of Woody Plants (eds. Morohoshi N, Komamine A.): 297-304, Elsevier Science B. V.
細井佳久・丸山エミリオ・石井克明（2003）絶滅危惧種ヤクタネゴヨウの不定胚形成細胞の誘導と分化．第 54 回日本林学会関東支部大会論文集：139-140.
細井佳久・丸山エミリオ・石井克明（2005）ヤクタネゴヨウ自生個体の未熟種子からの不定胚形成と茎葉分化．第 56 回日本林学会関東支部大会論文集：113-114.
石井克明（1993）ヒノキとクロマツの組織培養条件の検索．森林総合研究所研究報告 **365**: 131-167.
石井克明・細井佳久・丸山エミリオ（2006）絶滅危惧種ヤクタネゴヨウの発根．第 57 回日本林学会関東支部大会論文集：163-165.
石井克明・細井佳久・丸山エミリオ・金谷整一・小山孝雄（2004）絶滅危惧種ヤクタネゴヨウの成熟胚の培養による個体の発生．植物工場学会誌 **16**: 71-79.
Ishii K, Maruyama E, Hosoi Y, Kanetani S. (2005) *In vitro* propagation of three endangered species in Japanese forests. *Propagation of Ornamental Plants* **5**: 173-178.
金谷整一・玉泉幸一郎・齋藤　明（2003）絶滅危惧種ヤクタネゴヨウの胚培養における培地とホルモン濃度の検討．林木の育種 特別号：30-31.
Maruyama E, Hosoi Y, Ishii K. (2007) Somatic embryogenesis and plant regeneration in Yakutanegoyou, *Pinus armandii* Franch. var. *amamiana* (Koidz.) Hatusima, an endemic and endangered species in Japan. *In Vitro Cellular & Developmental Biology-Plant* **43**: 28-34.
最新バイオテクノロジー全書編集委員会（1989）木本植物の増殖と育種．農業図書.

第一三章　ヤクタネゴヨウの保全のススメ（金谷整一）

千吉良治・羽野幹雄（1995）ヤクタネゴヨウの種子の取り扱いに関する研究．日本林学会九州支部研究論文集 **48**: 35-36.
林　重佐（1988）ヤクタネゴヨウ（アマミゴヨウ）の保護と保存．林木の育種 **147**: 11-13.
林　重佐（1989）遺伝の目で屋久島の天然林を見る．生命の島 **12**: 61-66.
伊藤　哲・金谷整一・玉泉幸一郎（1996）屋久島破沙岳周辺におけるヤクタネゴヨウ実生の成立

秋庭満輝・中村克典・石原　誠（2000）ヤクタネゴヨウ枯損丸太からのマツノマダラカミキリの羽化脱出とマツノザイセンチュウ保持状況．日本林学会九州支部研究論文集 **53**: 103-104.

Fukuda K. (1996) Physiological process of the symptom development and resistance mechanism in pine wilt disease. *Journal of Forest Research* **2**: 171-181.

Guiran G de, Bruguier N. (1989) Hybridization and phylogeny of the pine wood nematode (*Bursaphelenchus* spp.). *Nematologica* **35**: 321-330.

林　重佐・馬田英隆・高橋泰子（1984）ヤクタネゴヨウ松の絶滅抑止に関する森林育種学的研究．鹿児島大学農学部演習林報告 **12**: 67-78.

岩堀英晶・二井一禎（1995）線虫の分類におけるＤＮＡ分析技術の利用：マツノザイセンチュウの場合．日本線虫学会誌 **25**: 1-10.

金谷整一・中村克典・秋庭満輝・寺川眞理・池亀寛治・長野広美・浦辺菜穂子・浦辺誠・大山末広・小柳剛・長野大樹・野口悦士・手塚賢至・手塚田津子・川上哲也・木下大然・斉藤俊浩・吉田明夫・吉村充史・吉村加代子・平山未来・山口恵美・稲本龍生・穴井隆文・坂本法博・古市康廣（2005）種子島木成国有林におけるマツ材線虫病で枯死したヤクタネゴヨウの伐倒駆除．保全生態学研究 **10**: 77-84.

岸　洋一（1988）マツ材線虫病－松くい虫－精説．トーマスカンパニー．

清原友也・徳重陽山（1971）マツの生立木に対する線虫 *Bursaphelenchus* sp. の接種試験．日本林学会誌 **53**: 210-218.

Kuroda K. (1991) Mechanism of cavitation development in the pine wilt disease. *European Journal of Forest Pathology* **21**: 82-89.

Mamiya Y. (1983) Pathology of the pine wilt disease caused by *Bursaphelenchus xylophilus*. *Annual Review of Phytopathology* **21**: 201-220.

Mamiya Y, Enda N. (1972) Transmission of *Bursaphelenchus lignicolus* (Nematoda: Aphelenchoididae) by *Monochamus alternatus* (Coleoptera: Cerambycidae). *Nematologica* **18**: 159-162.

森本　桂・岩崎　厚（1972）マツノザイセンチュウ伝播者としてのマツノマダラカミキリ．日本林学会誌 **54**: 177-183.

Nakamura K, Akiba M, Kanetani S. (2001) Pine wilt disease as promising causal agent of the massmortality of *Pinus armandii* Franch. var. *amamiana* (Koidz.) Hatusima in the field. *Ecological Research* **16**: 795-801.

Nakamura K, Akiba M, Kanetani S. (2006) Characteristics of the Resistance of *Pinus armandii* var. *amamiana*, an Endangered Pine Species in Japan, to Pine Wilt Disease. Proceedings: IUFRO Kanazawa 2003 "Forest Insect Population Dynamics and Host Influences": 94-95.

Tares S, Lemontey J-M, Guiran G de, Abad P. (1992) Use of species-specific satellite DNA from *Bursaphelenchus xylophilus* as a diagnostic probe. *Phytopathology* **84**: 294-298.

寺下隆喜代・松本憲二郎（1986）ヤクタネゴヨウに対するマツノザイセンチュウの病原性．日本林学会九州支部研究論文集 **39**: 159-160.

戸田忠雄・千吉良治・久保田権・中島勇夫（2001）ヤクタネゴヨウのマツノザイセンチュウ接種結果．林木の育種 **198**: 29-32.

全国森林病虫獣害防除協会（1997）松くい虫（マツ材線虫病）沿革と最近の研究．全国森林病虫獣害防除協会．

第一一章　ヤクタネゴヨウの種子の出来はなぜ悪いのか？（金指あや子・中島　清）

明石孝輝（1994）絶滅の危機にある有用な希少樹種の保全対策について．林木の育種 **171**: 1-4.

鈴木英治・薄田二郎（1989）屋久島瀬切川流域の温帯性針葉樹林の齢構成と更新過程．日本生態学会誌 **39**: 45-51.

武生雅明・大沢雅彦・尾崎煙雄・大塚泰弘・吉田直哉・本間航介・小野昌輝・江草清和（1994）屋久島原生自然環境保全地域におけるスギ林の 10 年間の群落動態.「屋久島原生自然環境保全地域調査報告書（環境庁自然保護局編）」: 3-19, 日本自然保護協会.

館脇　操（1957）日本森林植生図譜（II）屋久島の森林植生．北海道大学農学部学演習林研究報告 **18**: 53-148.

吉田茂二郎（1985）屋久スギ天然生林の林分構造とその成長について. 第 96 回日本林学会大会論文集：75-76.

吉田茂二郎・今永正明（1990）屋久島の固定試験地におけるスギ天然林の構造と成長について．日本林学会誌 **75**: 131-138.

吉田茂二郎・岸川芳久（1985）屋久スギ天然生林における種の平面・空間分布について. 鹿児島大学農学部学術報告 **35**: 9-19.

第八章　遺伝子から見たスギ天然林（高橋友和）

林　重佐（1989）遺伝の目で屋久島の天然林を見る. 生命の島 **12**: 61-66.

Moriguchi Y, Iwata H, Ujino-Ihara T, Yoshimura K, Taira H, Tsumura Y. (2003) Development and characterization of microsatellite markers for *Cryptomeria japonica* D. Don. *Theoretical and Applied Genetics* **106**: 751-758.

Tani N, Takahashi T, Iwata H, Mukai Y, Ujino-Ihara T, Matumoto A, Yoshimura K, Yoshimaru H, Murai M, Nagasaka K, Tsumura Y. (2003) A consensus linkage map for sugi (*Cryptomeria japonica* D. Don) from two pedigrees, based on microsatellites and expressed tags. *Genetics* **165**: 1551-1568.

Tani N, Takahashi T, Ujino-Ihara T, Iwata H, Yoshimura K, Tsumura Y. (2004) Development and characterization of microsatellite markers for sugi (*Cryptomeria japonica* D. Don) derived from microsatellite-enriched libraries. *Annual of Forest Science* **61**: 569-575.

屋久杉自然館（1999）屋久杉巨樹・著名木. 屋久杉自然館.

第三部　ヤクタネゴヨウの部

第九章　ヤクタネゴヨウの生きる道（永松　大）

伊藤　哲・金谷整一・玉泉幸一郎（1996）屋久島破沙岳周辺におけるヤクタネゴヨウ実生の成立環境. 日本林学会九州支部研究論文集 **49**: 75-76.

金谷整一・玉泉幸一郎・伊藤　哲・齋藤　明（1997）屋久島破沙岳周辺におけるヤクタネゴヨウの分布様式. 日本林学会誌 **79**: 160-163.

永松　大・小南陽亮・佐藤　保・齊藤　哲（2003）絶滅危惧種ヤクタネゴヨウの生態に関する研究－屋久島西部林道沿い照葉樹天然林の林分構造－. 九州森林研究 **56**: 204-206.

下川悦郎・地頭薗隆（1984）屋久島原生自然環境保全地域における土壌の居留時間と屋久スギ.「屋久島原生自然環境保全地域調査報告書（環境庁自然保護局編）」: 83-100, 日本自然保護協会.

武田義明・久保智美（2001）貴重種ヤクタネゴヨウの屋久島における群落生態学的研究. *Hikobia* **13**: 319-326.

第一〇章　ヤクタネゴヨウの立ち枯れに「材線虫病」の影を追う（中村克典・秋庭満輝）

Akiba M, Nakamura K. (2005) Susceptibility of adult trees of the endangered species *Pinus armandii* var. *amamiana* to pine wilt disease in the field. *Journal of Forest Research* **10**: 3-7.

natural forests on Yakushima. *Journal of Forest Planning* **7**: 1-9.
Yoshida S. (1999) Das Waltschutzgebiet von Yakushima und seine sehr alten Sicheltannenbestande. *Forst und Holz* **54**(2): 45-47
吉田茂二郎・今永正明（1985）屋久スギ天然生林の林分構造とその生長について．鹿児島大学農学部演習林報告 **13**: 75-88.
吉田茂二郎・今永正明（1990）屋久島固定試験地におけるスギ天然生林の構造と成長について．日本林学会誌 **72**: 131-138.
吉田茂二郎・岸川芳久（1985）屋久スギ天然生林における種の平面・空間分布について．鹿児島大学農学部学術報告 **35**: 9-19.
吉田茂二郎・松下幸司（1995）屋久島における保全と開発計画樹立のためのデータベース構築．鹿児島大学南西地域研究資料センター報告特別号 **6**: 59-63.
吉田茂二郎・辻本克己（1981）屋久島のスギ天然林の林分構造について．第 92 回日本林学会大会論文集：97-98.

第六章　スギ天然林のうつりかわり - 三〇年間の調査から -（高嶋敦史）

柿木　司（1948）屋久島林政沿革誌．熊本林友 **3**: 3-14.
小林繁男・加藤正樹・森貞和仁・高橋正通（1982）屋久島のスギ天然林（2）林分構造と更新過程．森林立地 **24**: 10-17.
熊本営林局（1982）屋久島国有林の森林施業．熊本営林局.
鈴木英治・薄田二郎（1989）屋久島瀬切川流域の温帯針葉樹林の齢構成と更新過程．日本生態学会誌 **39**(1): 45-51.
Suzuki E, Tsukahara J. (1987) Age structure and regeneration of old growth *Cryptomeria japonica* forests on Yakushima Island. *Botanical Magazine Tokyo* **100**: 223-241.
Takashima A., Kume A, Yoshida S. (2006) Methods for estimating understory light conditions using crown projection maps and topographic data. *Ecological Research* **21**: 560-569.
高嶋敦史・舛木順二・光田　靖・吉田茂二郎・村上拓彦・今田盛生（2003）ヤクスギ天然林 3 固定試験地における林分構造とその動態解析．九州森林研究 **56**: 42-47.
高嶋敦史・吉田茂二郎・村上拓彦（2004）ヤクスギの更新と光環境の関係について．九州森林研究 **57**: 185-188.
牛島伸一・高嶋敦史・吉田茂二郎・村上拓彦・溝上展也・木村勝彦（2006）ヤクスギ林内の切株に関する年輪年代学的研究．九州森林研究 **59**：150-153.
吉田茂二郎・今永正明（1990）屋久島固定試験地におけるスギ天然生林の構造と成長について．日本林学会誌 **72**: 131-138.

第七章　屋久島のスギ天然林の今と昔（新山　馨）

柿木　司（1940）屋久杉の成立に関する研究．研修 **25**: 34-55.
柿木　司（1948）屋久杉林政沿革誌．熊本林友 **3**: 3-14.
柿木　司（1963）屋久杉林政沿革物語．暖帯林 **18**: 2-20.
木村勝彦（1994）屋久島原生自然環境保全地域の常緑針広混交林の 10 年間の変化．「屋久島原生自然環境保全地域調査報告書（環境庁自然保護局編）」: 21-40，日本自然保護協会.
木村勝彦・依田恭二（1984）屋久島原生自然環境保全地域の常緑針広混交林の構造と更新過程．「屋久島原生自然環境保全地域調査報告書（環境庁自然保護局編）」: 399-436，日本自然保護協会.
岡田　淳・大沢雅彦（1984）屋久島原生自然環境保全地域におけるスギ林の構造と維持・再生機構．「屋久島原生自然環境保全地域調査報告書（環境庁自然保護局編）」: 437-479，日本自然保護協会.

Kusumi J, Tsumura Y, Yoshimaru H, Tachida H. (2000) Phylogenetic relationships in Taxodiaceae and Cupressaceae based on *mat*K, *chl*L, *trn*L-*trn*F IGS region and *trn*L intron sequences. *American Journal of Botany* **87**: 1480-1488.

高橋友和・平　英彰・津村義彦（2006）スギ天然林の遺伝解析．林木の育種 **221**: 6-9.

Takahashi T, Tani N, Taira H, Tsumura Y. (2005) Microsatellite markers reveal high allelic variation in natural populations of *Cryptomeria japonica* near refugial areas of the last glacial period. *Journal of Plant Research* **118**: 83-90.

Tomaru N, Tsumura Y, Ohba K. (1994) Genetic variation and population differentiation in natural populations of *Cryptomeria japonica*. *Plant Species Biology* **9**: 191-199.

Tsukada M. (1986) Altitudinal and latitudinal migration of *Cryptomeria japonica* for the past 20,000 years in Japan. *Quaternary Research* **26**: 135-152.

津村義彦（2001）集団遺伝学的見地から推察される針葉樹の分布変遷．植生史学会誌 **10**: 3-16.

津村義彦（2004）スギ・ヒノキの遺伝資源の保存と評価．遺伝 **58**(5): 63-68

津村義彦（2006）スギゲノム研究の成果と活用．林木の育種 **218**: 10-15.

Tsumura Y, Ohba K. (1993) Genetic structure of geographical marginal populations of *Cryptomeria japonica*. *Canadian Journal of Forest Research* **23**: 859-863.

Tsumura Y, Tomaru N. (1999) Genetic diversity of *Cryptomeria japonica* using co-dominant DNA markers based on Sequenced-Tagged Site. *Theoretical and Applied Genetics* **98**: 396-404.

Yasue M, Ogiyama K, Suto S, Tsukahara H, Miyahara F, Ohba K. (1987) Geographical differentiation of natural cryptomeria stands analyzed by diterpene hydrocarbon constituents of individual trees. *Journal of Japan Forest Society* **69**: 152-156.

第四章　屋久島のスギ林が受けた大災難（木村勝彦）

木村勝彦（1994）屋久島原生自然環境保全地域の常緑針広混交林の 10 年間の変化.「屋久島原生自然環境保全地域調査報告書（環境庁自然保護局編）」: 21-40.

Kimura K, Ooi N, Suzuki S. (1996) Evidence of vegetation recovery on Yakushima Island after the major Holocene eruption at the Kikai caldera, as revealed by the pollen record of buried soils under the old growth *Cryptomeria japonica* forest. *Japanese Journal of Historical Botany* **4**: 13-23.

木村勝彦・鈴木　茂（1994）屋久島のスギ林内埋没土壌の花粉分析と鬼海カルデラの火砕流噴火の影響.「屋久島原生自然環境保全地域調査報告書（環境庁自然保護局編）」: 169-177.

木村勝彦・依田恭二（1984）屋久島原生自然環境保全地域の常緑針広混交林の構造と更新過程.「屋久島原生自然環境保全地域調査報告書（環境庁自然保護局編）」: 399-436，日本自然保護協会.

第五章　スギ天然林の継続的な調査研究の方法（吉田茂二郎）

今永正明・吉田茂二郎（1986）屋久島の森林施業に関する研究（Ⅲ）－スギ天然生林に対する照査法による森林施業のための固定試験地の設定－．第 97 回日本林学会大会論文集：125-126.

今永正明・吉田茂二郎（1991）屋久島におけるスギ天然林施業に関する基礎的研究．日本林学会誌 **73**：178-186.

今永正明・吉田茂二郎・湯之上修（1985）屋久島の森林施業に関する研究　I．スギ人工林の生育立地解析．鹿児島大学農学部演習林報告 **13**: 67-74.

Inoue A, Yoshida S. (2001) Forest stratification and species diversity of *Cryptomeria japonica*

参考文献一覧

ここには、本文中で引用された文献、参考にした文献、執筆者が公表した文献などを、章別に分け、文献執筆者の名前のアルファベット順に示しています。

第一部　屋久島とはどんな島

第一章　屋久島の自然と歴史（金谷整一・吉丸博志）

青山潤三（2001）世界遺産の森　屋久島　大和と琉球と大陸のはざまで．平凡社新書 101．平凡社．

岩松　暉・小川内良人（1984）屋久島小楊子川流域の地質．「屋久島原生自然環境保全地域調査報告書（環境庁自然保護局編）」：27-39，日本自然保護協会．

鹿児島県環境生活部環境保護課（1996）屋久島環境文化村ガイド　図説・屋久島．（財）屋久島環境文化財団．

柿木　司（1948）屋久島林政沿革誌．熊本林友 **3**: 3-14.

柿木　司（1963）屋久島林政沿革物語（明治大正時代）．暖帯林 **18**(12): 2-20.

環境庁（2000）改訂・日本の絶滅のおそれのある野生生物レッドデータブック 8　植物 I（維管束植物）．自然環境研究センター．

吉良竜夫（1949）日本の森林帯．林業解説シリーズ 17．日本林業技術協会．

熊本営林局・屋久島森林環境保全センター（1996）屋久島の森．（財）林野弘済会熊本支部．

中田隆昭（2004）屋久島、もっと知りたい　自然編．南方新社．

大澤雅彦・山極寿一・田川日出夫（2006）世界遺産　屋久島－亜熱帯の自然と生態系－．朝倉書店．

田川日出夫（1994）世界の自然遺産　屋久島．ＮＨＫブックス 686．日本放送出版協会．

種子島地学同好会（1999）種子島の地質．西之表市教育委員会．

Yahara T, Ohba H, Murata J, Iwatsuki K. (1987) Taxonomic review of vascular plants endemic to Yakushima Island, Japan. *Journal of the Faculty of Science, the University of Tokyo Section III* **14**: 69-119.

湯本貴和（1995）屋久島　巨木の森と水の島の生態学．ブルーバックス B-1067．講談社．

第二章　屋久島の森林（田川日出夫）

堀田　満・新田あや・柳　宗民・緒方　健・星川清親・山崎耕宇（1989）世界有用植物事典．平凡社．

岩松　暉・小川内良人（1984）屋久島小楊子川の地質．「屋久島原生自然環境保全地域調査報告書（環境庁自然保護局編）」：27-39，日本自然保護協会．

鹿児島県環境生活部環境保護課（2003）鹿児島県の絶滅のおそれのある野生動植物　植物編　－鹿児島県レッドデータブック－．（財）鹿児島県環境技術協会．

上屋久町郷土史編集委員会（1984）上屋久町郷土史．上屋久町．

倉田　悟（1971）原色日本林業樹木図鑑　第 1 巻．地球出版．

黒田登美雄・小澤智生（1996）花粉と海生動物化石からみた琉球列島の第四紀の環境変動．陸橋および生物の移動．月刊地球 **8**：516-523.

牧野富太郎（1977）牧野新日本植物図鑑．北隆館．

田川日出夫（1994）世界の自然遺産　屋久島．ＮＨＫブックス 686．日本放送出版協会．

山口晴幸・徳田　淳（2006）水の島、屋久島の「水」を診る－前編．生命の島 **76**：37-42.

吉武　孝（2003）森林の多面的機能解説シリーズ第 5 回　沿岸生態系：魚つき機能．森林総合研究所所報 **22**: 3.

第二部　スギ天然林の部

第三章　スギのなかまと屋久スギ（津村義彦）

林　弥栄（1960）日本産針葉樹の分類と分布．農林出版．

屋久島《やくしま》の森《もり》のすがた　「生命《せいめい》の島《しま》」の森林生態学《しんりんせいたいがく》

2007年7月31日　初版第1刷発行

編著者／金谷《かねたに》 整一《せいいち》・吉丸《よしまる》 博志《ひろし》

発行人／斉藤 博
発行所／株式会社　文一総合出版
〒162-0812　東京都新宿区西五軒町2-5
Tel: 03-3235-7341　Fax: 03-3269-1402
URL: http://www.bun-ichi.co.jp
郵便振替: 00120-5-42149

印刷／奥村印刷株式会社

ISBN978-4-8299-0176-2